THE STORY OF SCIENCE
POWER, PROOF AND PASSION

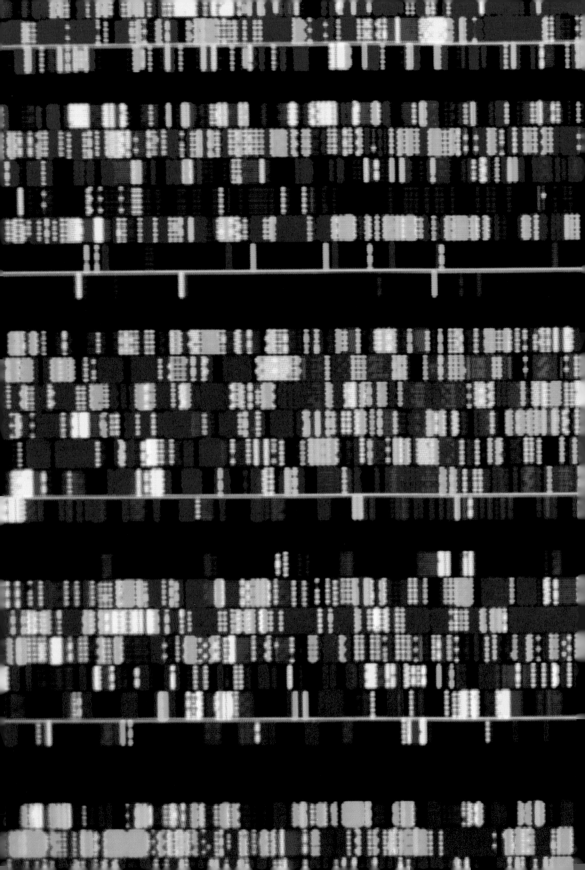

我们如何到现在

一部充满力量，证据与激情的科学故事

［英］迈克尔·莫斯利　　［英］约翰·林奇　著

王祖哲　译

左图：人类 DNA 呈现为一系列色带。"人类基因组工程"，多国共同描绘人类遗传密码，是雄心万丈的科学项目之一。

湖南科学技术出版社

图书在版编目（CIP）数据

我们如何到现在 / (英) 迈克尔·莫斯利, (英) 约翰·林奇著；王祖哲译. — 长沙: 湖南科学技术出版社,
2017.9

（第一推动丛书: 插图本）
ISBN 978-7-5357-9301-0

Ⅰ.①我⋯ Ⅱ.①迈⋯ ②约⋯ ③王⋯ Ⅲ.①科学技术 - 技术史 - 世界 - 普及读物 Ⅳ.①N091-49

中国版本图书馆CIP数据核字(2017)第124262号

The Story of Science: Power, Proof and Passion

Michael Mosley and John Lynch

First published in Great Britain in 2010 by Mitchell Beazley,

an imprint of Octopus Publishing Group Limited

Copyright © Octopus Publishing Group 2010

Text copyright © Michael Mosley and John Lynch 2010

By arrangement with the BBC

The BBC logo is a trade mark of the British Broadcasting Corporation and is used under licence.

BBC logo © BBC 1996

湖南科学技术出版社获得中文简体版中国内地独家出版发行权。
著作权合同登记号：18-2015-172

WOMEN RUHE DAO XIANZAI
我们如何到现在

著　　者：[英]迈克尔·莫斯利　　[英]约翰·林奇
译　　者：王祖哲
责任编辑：吴 炜 戴 涛 杨 波
责任美编：殷 健
出版发行：湖南科学技术出版社
社　　址：长沙市湘雅路276号
　　　　　http://www.hnstp.com
湖南科学技术出版社天猫旗舰店网址：
　　　　　http://hnkjcbs.tmall.com
邮购联系：本社直销科 0731-84375808
印　　刷：深圳市汇亿丰印刷科技有限公司
　　　　　（印装质量问题请直接与本厂联系）
厂　　址：深圳市龙华新区观澜街道观光路1219号
邮　　编：518110
版　　次：2017年9月第1版第1次
开　　本：710mm×970mm　1/16
印　　张：18.5
书　　号：978-7-5357-9301-0
定　　价：68.00元
（版权所有·翻印必究）

目　录

导　言   7

第1章　宇宙：天外有什么？   17

第2章　物质：世界是什么构成的？   57

第3章　生命：我们如何走到现在？   103

第4章　力量：我们能有无限的力量吗？   145

第5章　身体：生命的秘密是什么？   187

第6章　心灵：我们是谁？   231

推荐读物   278

索　引   280

图片出处   290

致　谢   292

导　言

淡蓝的小点

　　1990 年 2 月 14 日情人节，"旅行者一号"航天探测器飞离地球已有大约 60 亿千米，风驰电掣，离我们而去，揖别太阳系的众行星，投身外空。探测器留足了宝贵的燃料，为的是再显身手：就在那天，任务控制员发出了指令。名扬四海的天文学家卡尔·萨根（Carl Sagan），劝说大家让旅行者最后一次回望遥远的老家。信号以光速传送，花费 6 小时，到达探测器，探测器果然响应。它在转身之际，呈现在那个小小的照相机面前的，居然是整个太阳系——这个照相机，在 13 年的任务中，如实捕捉了令人振奋的外界影像，那是前所未知的影像。慢慢地，"旅行者"为它能看到的每一颗行星逐一拍了照，并在随后的 3 个月把照片传回地球。其中有一幅为亘古以来最强大的照片：行星地球，渺小得可怜巴巴，在万千光点的背景上几乎不可辨识，显得是一个淡蓝的小点，还不到一个像素的宽度，被捕捉在探测器光滑的表面反射的一缕阳光中。这幅照片，令人羞臊，令人深思——全人类，我们全部的业绩，我们的未来，我们全部的希望与梦想，就在这么一个微小的光点中。

左图：一枚巨神般的火箭，呼啸射入佛罗里达的苍穹，时间是 1977 年 9 月 5 日。它突破了音障，把"旅行者一号"送上进军太阳系边缘的征程。

　　但是，淡蓝小点的这幅照片，代表其他某种特别事情的登峰造极：那就是在彼时彼地，在历史上的那个时刻，捕捉这个小蓝点儿所需要的知识。探测器本身就是两千年科学成就的产物——遮盖其骨架的外壳所需要的材料化学；把它推入上空的能量掌控，即对火箭燃料的控制性爆炸；利用太阳系不可错过的准线，加速把探测器从一颗行星弹到另一颗行星，以及理解此事所需要的数学；让探测器的电子设备把关于那些新世界的宝贵观察结果发送回来所需要的量子物理学。在小小的航天器里面还有一批特别的货物，放在那里是为了在遥远的未来，万一遇到天外的智力。那是一个特制的磁盘，铜质镀金，凝缩我们来之不易的科学知识——其中有化学和数学定义、人的解剖结构和地质情况。除此之外，还有地球上的生命景象，甚至 55 种不同语言的问候语，贝多芬《第五交响曲》的演奏，以及黑人乐手查克·贝瑞（Chuck Berry）演奏的《詹尼乖乖的》（*Johnny B Goode*）。

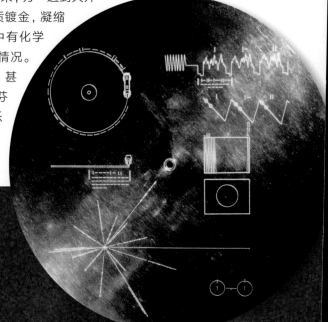

今日科学

今天，旅行者还在继续航行，现在离家大约 170 亿千米，在星际空间的边缘上推进，带着微缩的人类科学成就。其不凡的使命，是亘古以来每个人都问到的那些问题的产物 —— 那是些大问题：我们是谁；我们来自哪里；我们由什么构成；外空有什么。人类如何努力回答这些问题，这个故事就是科学的故事。在讲故事过程中，我们将揭示现代社会如何建立。因为科学完全嵌入我们的生活，所以我们如今几乎不注意其存在。我们的手机通信网，依赖轨道力学，轨道力学把卫星安置在天上；依赖火箭燃料的化学，把卫星发射出去；依赖材料，来制造计算机、手机和电池所需要的塑料和硅片。现代医学不仅依赖研究每个细胞的生物化学的那种相关的知识，而且依赖对物质原子结构的同样深刻的理解，以便审视我们的器官和骨头，以此诊病。为了给生活提供燃料，我们需要能源，这依靠我们对地球内部地质情况以及热力学定律的理解。我们种地养活人的本领，依赖生物学家摆布与我们生活在一起的那些动植物的进化过程。我们今天的所作所为，无不得到科学的探索。如果我们能理解我们何以能走到今天，我们就能更有本事应对未来。

"科学史讲起来，常常是一串伟大的突破、革命和科学英雄展现天才的时刻。但其实总有一个事前、事后的背景，一个历史的背景。"

科学史讲起来，常常是一串伟大的突破、革命和科学英雄展现天才的时刻。但其实总有一个事前、事后的背景，一个历史的背景，因为科学并不凭空而来，科学不是远离人间烟火的象牙塔。科学总是世界的一部分，就在世界中运作，而世界一直遭受政治、人品、激情和利益的纠缠。因此，随着这个故事的展开，我们会遇到一些人物，他们在政治和宗教气候的限制中工作，也和同代人一样受制于相同的压力。只有理解他们身处其中的世界，我们才能理解不同凡响的科学进展为什么在彼时彼地发生。

左上图：旅行者一号"金唱片"的封套提供指示怎样制造一台播放它的机器。碟片包含广大范围的人类声音和影像，连同一幅地图，确定旅行者探测器来自哪里。

左图：从 60 亿千米外看地球，宛如沧海一粟。这幅照片代表人类成就登峰造极，也可以是关于我们在宇宙中真正的位置的一个有益的提示。

天时地利

在科学史上，许多发现出自大约同一时代的不同的人，此乃常情。查尔斯·达尔文，在 19 世纪中期，以自然选择搞出了他的进化论。与此同时，另一个人，阿尔弗莱德·华莱士，在很大程度上独立发展出了一种理论，在许多方面与进化论非常相似。为什么两人都发展出了进化论？有以下几个原因：已经有很多人谈论关于进化这个观念或许能够解释自然世界的多样性；达尔文和华莱士，都是热衷于旅行与探索的那个世界里的人，两人都在航行中看到了让他们迷惑不解的东西；两人都读过托马斯·马尔萨斯写的一本书，解释人口如何受到饥馑和疾病的限制。但最重要的，两人都是一种历史气候中的人，当时的社会是一个被公然的竞争推进的社会。维多利亚时代的生活，被进步这个概念抓住了，能否适应一日千里的商业和工业环境的后果，社会各阶层都有感觉。正是在各种因素结合的背景下，人人都受到启发而得到一个结论：进化背后的驱动力莫非就是自然选择的压力。

　　为科学理解力的进步提供框架的，还不仅仅是一些历史大事。技术的发明与发现，直接和间接地，对我们的科学故事一直至关重要。15 世纪早期，印刷术（精确地说，活字印刷术）的发明，归功于德国的约翰·古腾堡（Johann Gutenberg），导致雪崩般的科学成果。单单这个事情的效果，从已知世界扩散开来，历经若干世纪，发动了第一次信息革命。在印刷术之前，下里巴人求知而不得，因为造书费用太高，不得不用手抄。15 世纪初，受教育的人若有藏书，也是区区几本。在印刷术问世之后，汗牛充栋就可能了。藏书的论题不同，观点抑或相左。书里通常写着关于全部论题的最新思考 —— 科学、文学与宗教 —— 鼓励质疑传统权威。但印刷术的问世还有一个方面，颇易为人忽视。读书如今是私人活动，不必在教堂里，不必受监督。此乃许多变化之一，有助于培养更个人主义的质疑头脑，在科学上有所成就，需要这种头脑。

　　更直接的，是新技术可求而得之，这常常导致科学领域的跃进，以前不可思议的事情突然可以得到测量和观察。最明显的例子是望远镜和显微镜的发明，使对大尺度的宇宙与小尺度的活细胞的理解，为之脱胎换骨。但是，随后的技术发明与科学进步，常常出于完全非科学的缘由，例如蒸汽机的出现是出于商业需要 —— 务实的工程师们的业绩，仅为赚钱。但是，蒸汽机一旦存在，就变成了一个研究对象，因为科学家们想理解其做功的力与能量。这就发现了支撑宇宙本质的物理学基本规律。

有钱能使鬼推磨

上图：烟草的成功有助于促进在全世界搜寻可资利用的新植物物种。新知识改变了我们对生命起源的观点。

正如各行各业，经济压力在科学进步中发挥重要作用。伽利略用望远镜研究天体，大致是钱闹的。他起先风闻"偷看镜"这个神奇的新生事物，急不可待地拿来一用，其原因是他囊中羞涩——他当时是一位中年数学教授，前途暗淡，急于改善地位与经济。望远镜问世的新闻，必定宛如天国福音，是一个为 17 世纪意大利富户里的新赞助人留下印象的机会。他为这个装置派了大用处，起先当然完全不知道这会改变研究宇宙的科学。

在更大的范围，在 17、18 世纪，探险家和收藏家远涉未知之域，搜寻植物，他们的动力起码部分地是发现新的植物物种，探险家以之谋利。早期探险家腰缠万贯，财源是发现像烟草那样的植物，在旧世界出售。搜寻经济植物导致全球生物新知识的发展，为身为动物的我们对于自己的来处增加了新理解。

"更直接的，是新技术可求而得之，这常常导致科学领域的跃进，以前不可思议的事情突然可以得到测量和观察。"

性格重要

全部科学发现，多归功于特别的历史背景。然而，有些科学发现却似乎非常依赖于发现者的性格。这方面的一个好例子是约翰内斯·开普勒（Johannes Kepler）。17 世纪初，开普勒在布拉格工作，发现了行星运动三大定律，及时改变了我们对太阳系的看法。若无宗教改革带来的政治和宗教的变化，他或许就不会有如此成就，因为宗教改革瓦解了当时权威的信念，并使他离开了老家。他需要神圣的罗马帝国皇帝鲁道夫二世的财政与政治支持——这位皇帝着迷于占星术，有钱雇用占星师。他的同事第谷·布拉赫（Tycho Brahe）多年费事搜集的数据，开普勒当然需要，但他也需要一个天才的火花和锲而不舍的性格。

在那个时代，几乎人人都相信地球是宇宙中心，开普勒热烈地相信太阳是上帝的象征，太阳产生一种力量，推动行星围绕太阳转。为证明此事，他意识到他必须为行星描绘轨道，轨道将与我们在夜空中看到的情况相符。他锲而不舍的性格在此就很重要了，因为这是一项复杂而乏味得令人不敢想象的工作。他锲而不舍，有五年之久，计算了几百页，终于得到了一个解答。如他后来写的："如果亲爱的读者烦了这种乏味的计算，那就可怜我一下，我不得不计算了 70 次。"

达芬奇性格迥异。他对星体过分着迷，但也对许多其他事情着迷。从某种意义说，这是他的问题，因为他很难长久地专注一事，有始无终。不提他的绘画和发明，他画了一些前所未有的最精细的人体解剖图，有心写一本解剖学课本。正如他干的许多其他事情，问题是他不曾善始善终。到他的成就再次被人发现，别人已经做成了他发起的事，他就一直被说成超越于时代的一个人。

另外一些在科学上留下印记的人，与开普勒或者达芬奇相比，表现出寡情的性格。艾萨克·牛顿爵士，性格怪异而固执，过分在乎名声，谁惹到他，他就爽快地败坏人家。罗伯特·胡克，许多年是牛顿学术上的对手，仅仅是忍受牛顿怒气和仇恨的人之一。然而，与发明家托马斯·爱迪生的求胜心相比，牛顿的恶行就相形失色了。试图展现其配电方法高人一筹，爱迪生默然支持电椅的研制——电椅用的是他对头的方法——表明直流电要人命，以此败坏他的对手的工作。

纯属好运

社会的压力与人事的成败，烦扰各行各业，科学进步也是其产物。但是，盲目的机会也在整个科学史中发挥重大作用。刘易斯·巴斯德（Louis Pasteur），细菌理论之父与加热杀菌法的发明家之一，有一名言："机会偏爱有准备的头脑。"意思是：天时地利是重要的，但只凭好运是不够的。侥幸的发现，最著名的例子之一，落在亚历山大·佛莱明（Alexander Fleming）手里。1928 年，佛莱明去度假，留下一个培养皿，任由细菌在其中生长。在大楼另一个地方，他的一个同事在研究真菌孢子，真菌孢子阴差阳错地跑进了佛莱明的实验室，安顿在那个培养皿上。天气碰巧温和，为细菌和真菌提供了理想的条件。因此，当佛莱明度假回来，拿起那个培养皿，他自言自语："我不明白了，什么东西杀死了细菌呢？"好运肯定站在他身边，他非常幸运，发现了青霉素的杀菌属性。但是，问题是他已经花费多年寻找某种能杀菌的东西，因此他很快意识到他眼前东西的重要性。他没有把那个培养皿扔掉，却开始研究它。

关于世界如何运作，科学提供的每一种解释，在很大程度上是其时代的产物。

化学家威廉·珀金（William Perkin）也得到了一项发现，完全在预料之外，表明在机会来临之际利用机会的那种灵活和机智。1856 年，珀金年方十八，在他父母的家里想合成一种治疟疾的新版本奎宁。他搞出来的不是奎宁的替代品，珀金却发现自己歪打正着地搞出了一种化学品，能把布染成深紫色。许多化学家或许把这个发现作为鸡毛蒜皮扔到一边，但珀金意识到其商业潜力。他不仅发了财，而且创造了工业化学这一重要的化学分支。

正如我们将在此书中展开的科学故事中看到的那样，历经若干世纪，历史、性格、金钱与技术的力量，凑集起来促成了迄今发生的伟大的科学发现。关于世界如何运作，科学提供的每一种解释，在很大程度上是其时代的产物。

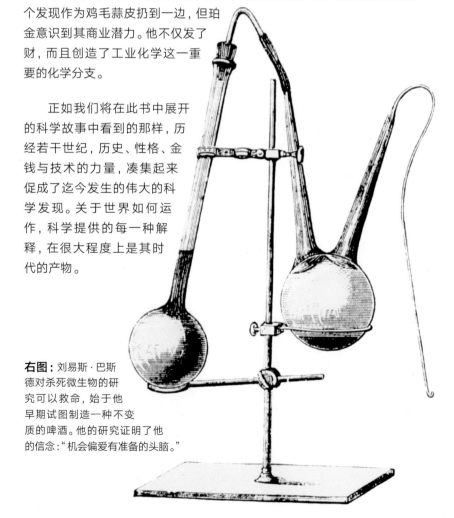

右图：刘易斯·巴斯德对杀死微生物的研究可以救命，始于他早期试图制造一种不变质的啤酒。他的研究证明了他的信念："机会偏爱有准备的头脑。"

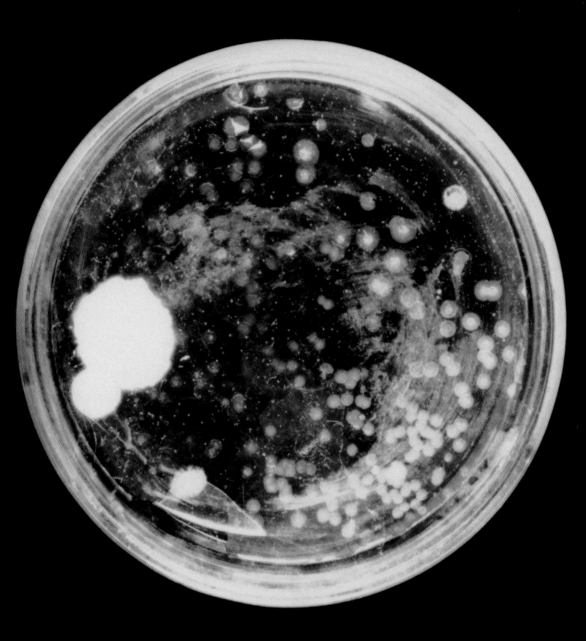

Print of the culture plate which started the work on Penicillin

并非常识

但是，随着科学进步，它也常常竭力让更广大的人接受科学。部分的问题，是我们早有关于世界的一些看法，一般而言，我们也尊敬那些看法。但是，说到科学，一大堆人的看法就不算数了。在这种意义上，科学不是民主的。许多真相是反直觉的，我们对世界的日常经验大致与科学进步无关。说到科学，常识行之不远。在地球和太阳之间有一种吸引力，跨越浩渺的真空，须臾不误地发挥作用，这可能吗？苍茫大地坐落在巨大的石头顶上，在融化的地核上漂移，这怎么叫人相信呢？我们，以及地球上的每一生物，果真出自同一个细胞吗？我们周围的世界似乎结结实实，那么当科学家告诉我们万事万物都是由原子构成的，而原子本身几乎全是虚空，这是个什么意思呢？

在日常生活中，我们对这些事情大致是姑且信之，因为在很大程度上这些事情也不直接影响我们。但是，证据与我们自己的念想或者个人观察发生了矛盾，此刻问题就出现了。今天，证明人能干涉气候的证据势不可挡，然而在关于全球变暖的争论中，许多人仍然不以为然，不相信那是真实现象——这部分是因为科学太复杂，细节太不确定，部分是因为全球变暖对我们生活的恶果令人难以接受。与此相似，达尔文的进化论是气味最冲的最大的科学理论，但许多人觉得，相信地球上作为生命的那种构造极端精巧的东西必定出自某个设计者之手，这么想才比较容易、比较可信。说我们周遭的万事万物，从蝴蝶的美丽，到人眼的巧构，居然能够单单从机会和生存压力中进化出来，接受此说太难了啊。但是，支持自然选择主导的进化的科学证据，是牢不可破的。

科学方法如今在地球的每个角落都实行，在证据基础上建立解释；如果出现了不符合这个模型的新证据，解释必须改变。这就是科学进步的方式。无论动机多么可疑，无论男女一出生就遭受的经济、政治、个人力量多么有影响，无论结论多么难以下咽，科学发展终究一直依赖于证据指引的方向。在探寻对我们那些大问题的答案的过程中，我们已经遵循的道路，宛如史诗，彪炳千古的人物，启迪人心的观念，熙来攘往，探究死胡同、克服障碍，常常采取始料不及的转折。这些是最富色彩、最令人兴奋的故事之一，我们能够讲一番。

左图：亚历山大·佛莱明当年的青霉素真菌的培养皿的照片。尽管无心插柳的本领在其最初的发现中发挥了很大作用，但其他科学家有条不紊的工作才把青霉素搞成一种可靠的治疗方法。

第1章 宇宙：天外有什么？

夜空晴朗，但愿你有幸找到一个僻静之处，凝视这夜空，敬畏其浩瀚；这种体验，让人谦卑，让人感动；星光灿烂的华盖，笼罩着你，令人遐思；万籁俱寂，一切安宁。但是，你其实在一块大石头上，大石头绕着自己的轴，以1000千米每小时的速度自转。我们和月球为伴，还沿着一个巨环，以每小时几万千米的速度绕着太阳旅行。名为引力的时空弯曲，把我们笼络进这种没完没了的旋转中。星系为数不知几万亿，我们仅仅是一个星系的一部分，被引向星际真空中的一个引力异常地带。这是一些在直觉上不能清楚把握的概念；确实，这些概念与我们全部的寻常经验作对，因为我们住在一个被朝升夕落的太阳照亮的静态表面上，如此旋转与我们的全部意图与目的不合拍。得到我们今天那种关于宇宙的理解，得到我们对"天外有什么"这个问题的答案，花费了很长时间，许多辛劳，很多痛苦，就不令人惊讶了。那是一个不同凡响的故事，围绕着大约400年前的一场惊人巨变。

左图： 哈勃太空望远镜的这幅照片，展示一个孤寂的螺旋形星系的细节，与我们的银河系相似。这个独立的星系有几十亿颗恒星，离我们太远，它的光要用7000万年才能到达地球。

教皇的宫廷

变革之力，横扫欧洲，摧枯拉朽，风驰电掣，伤人害命。新教改革始于 1517 年，乃是对罗马教会腐败的反抗，为欧洲羽翼未丰的各国带来了一个世纪的混乱。但是，历经紧随其后的全部这些暴力，人们深信不疑的一个信念，坚如磐石，一如此前几千年：不证自明，地球是万事万物的中心。围绕着我们的这个安稳的世界，诸天体在运行，闪着点点星光，连同游荡的行星，还有生命以及送来光明的日月；所有这一切都是上帝为我们安排妥了的，无论那个上帝是教皇的声明所协调的那样，还是路德派的《圣经》在字面上解释的那样。这么一个观念，教会和国家的权力和权威都得自它。然而，不声不响地，历经劫波，在 16 世纪接近尾声之际，逐渐累积起了势头，这个观念就被革了命，它认可的稳定与权威也土崩瓦解了。

这种乾坤巨变的根子，见于 1576 — 1612 年在位的神圣罗马皇帝鲁道夫二世花里胡哨的宫廷里的那些人物；此公还是波西米亚国王、匈牙利国王、奥地利与莫拉维亚大公。他是一位性情忧郁、离群索居的统治者，最大兴趣是玄学和学问，漠然于政治和治理的那些阴谋诡计。但最重要的是，鲁道夫是一位收藏家。他搜集了一动物园的珍禽异兽、原本的艺术品、钟表、科学仪器，还有一个植物园。他的布拉格城堡有一个特别的耳房，保存他特别的"珍奇"，其中无所不有，从一个镶嵌了珠宝的犀牛角，到他认为的凤凰羽毛，一条风干了的龙，以及一只独角兽的角。

鲁道夫还搜集人。他对学问的热情，把当时最好的头脑吸引到了他的宫里。他不介意不同的宗教信仰，在他周围创造了一种对话和讨论的氛围。与我们对天界的理解有关，我们故事里的两个最重要的人物 —— 科学故事里最怪异的一对儿 —— 到了布拉格的宫廷。一位是骄傲自大的丹麦贵族，带着一批当年最精细的天文仪器；另一位是穷困的德国数学家，正在逃离宗教动乱的路上。

下图：圣维特大教堂，俯瞰一群迷宫一般的建筑，那就是布拉格城堡。

易怒的丹麦人

第谷·布拉赫
1546 — 1601 年

他的假鼻子和明显变大的左眼，可见于这幅肖像。

1560 年在历史上默默无闻，但在当年的 8 月 23 日，有了大事，为我们刚才说的那两人的第一位留下了深刻印象 —— 日全食。在哥本哈根，大家所见的却是日偏食，但这个事件早就有人预言了，根据是关于星体与月球运动的观察记录表，此事对一位年轻的丹麦贵族少年第谷·布拉赫似乎意义重大，他心血来潮地观察星星。十五六岁，他研究法律，但也开始买天文仪器和书，开始了一辈子的夜空观察。自古传下来的星相观察记录表上的多变情况，年轻的第谷为之惊讶。年方十七，他写道："需要一个长期计划，旨在描绘天体，在几年的时间段里，从某个单一的位置开始做起。"那就是他着手干的事情，等到他行将就木的年月，他拿出了过硬的证据，可以用来回答"天外有什么"这个问题。

第谷走访了欧洲的几个重要学府 —— 威腾堡大学、罗斯托克大学、巴塞尔大学和奥格斯堡大学 —— 研究占星术、炼金术和医学，同时搜集了大量天文学仪器。然而，身为学生，发生了一件大事，让他出类拔萃。在舞会上，第谷跟另一位学者激烈争吵。我们不确定他们争的是什么，但事情以决斗了结，在晚上打架，结果是他丢了一块鼻梁骨。此后他一辈子鼻子上戴着一个特别的金属罩子 —— 据说他的日常罩子是铜合金的，金或银造的罩子算是正装。

"等到他行将就木的年月，他拿出了过硬的证据，可以用来回答'天外有什么'这个问题。"

右图：第谷最有名的成就，是一个巨大的天球模型，直径180厘米。此物在 1782 年毁于哥本哈根大学的一场火灾，令人扼腕。

第谷，刚愎而易怒，那个银鼻子，更强化了他身为贵族的名声；但他身为天体观察家的名声，在几年之后才树立起来，那时候夜空中出现了一颗引人注目的新星。而那时候，他已经回到丹麦。1572 年 11 月 11 日晚上，他从炼金术实验室往家走，注意到仙后座里的一个非常明亮的新东西。第谷看到的是如今我们所知的超新星——即老年恒星的爆炸性死亡。确实，在他为这个发现出版了一本书《新星》（*De Nova Stella*）的时候，正是第谷首创了"新星"（nova）这个词。他随后勤勉地观察了几个月，如今所知的 SN 1572，逐渐暗淡，但他看到的东西让他暗暗吃惊：那正符合他和周围的人持有的一个宇宙模型。等到他建立了一宗观察档案的时候，事情变得清楚了：那真是一颗恒星，不是一颗行星，不是一颗彗星。这是某种新玩意儿，出现在人人都相信是"水晶球面"的那个东西上，那上面都是上帝创造的那些固定不移、形状完美的恒星。一颗新星冷不丁出现了，那是一个叫人毛骨悚然的想法。

下图：在哈勃空间望远镜拍摄的这幅某"不规则"星系的照片中，新生的星体把用来形成恒星的大范围气团照亮了。

天体和谐

几个最早的古代文明，共同持有相同的基本宇宙观：大地居中。闪族人、巴比伦人和埃及人都认为太阳、月亮、恒星和行星都围着我们。具体的解释方式，古代社会各不相同，但到头来左右了欧洲人心灵的那些观念，是连续若干代古希腊哲学家建立的。我们趋向于把这些思想家都划拉成一块儿的"古希腊人"，但其实他们分布在许多国家里，他们的宇宙理论，在长达 600 年的时间里，得到了精炼。

恒星固定在一个天球或半球面上，天球面绕着我们转，与此有关的最初所知观念，归于公元前 6 世纪米利都的阿那克西美尼（Anaximenes of Miletus）。当时，他的模型把大地视为某种扁盘子，或者说是平顶的圆柱体，像个软木塞子一样浮在空中。萨摩斯岛上的毕德哥拉斯（Pythagoras of Samos），就是那个如今我们用他的理论来计算三角形面积的毕德哥拉斯，把盘子改为球，并把这个球放在若干同心球面的中心；太阳、月亮，以及每一颗恒星，各自占一个球面，而"固定不动"的恒星在距离最远的天球面上。就毕德哥拉斯而言，各天球面之间的间隔意义重大，他把七个行星天球面（包括月亮和太阳）和那个恒星天球面之间的七段距离的比例，看得和音阶一样。正是这个理论，为我们提供了"天球和谐"这个概念，在此后流传了 2000 年。

后来变得固定了的那个模型，出自大约在公元前 400 年的哲学家和数学家柏拉图提出的一个论点。在柏拉图看来，圆是完美形式，他于是相信行星、太阳和月亮必定在一个圆形的轨道上围绕着一个球形的地球旋转。他的学生们得到了一个挑战，要搞出一个模型，以便解释他的哲学。一个叫欧多克斯（Eudoxus）的人提供了一个别出心裁的解决办法，解决多重同心球

欧多克斯需要 27 个同心球面来解释天体运动，但这个搞法得到了他的一位同代人的打磨，那就是伟大的哲学家亚里士多德，他把它打磨成了一个更完善的模型。

面的问题。月球轨道展现这个想法。为了解释月球在天上貌似的运动，月球需要三个天球面：一个天球面每天旋转，以解释月升月落；第二个天球面每月旋转，以解释月球穿越黄道带的运动（比对着诸恒星的运动）；第三个天球面绕着一个稍微不同的轴每月旋转，以解释月球在其活动范围上的变化。在古代天文学家看来非常明显的那个问题，是众行星的行为怪诞：有时候似乎离地球较近，有时候似乎较远，有时候快起来，有时候慢下去，甚至于显得倒退。"行星"（planet）这个词，是希腊语表示"游荡"的那个词。欧多克斯需要 27 个同心球面来解释天体运动，但这个搞法得到了他的一位同代人的打磨，那就是伟大的哲学家亚里士多德，他把它打磨成了一个更完善的模型。试图把被观察到的现象搞得有道理，亚里士多德让 55 个同心球面围绕着地球，每一个球面负责诸天体的某种具体运动，那种运动总是在一个圆圈里的完善而永恒的运动，而运动是借助于他名为"以太"的那种物质。在这一切之外，他安放了"不动的推动者"，即在若干世纪之后代表无所不能的基督教上帝的那种力量。

　　若非也在萨摩斯岛上的阿里斯塔克斯（Aristarchus），在大约 200 年之后，正逢雅典人统治希腊的鼎盛期，那么上述这一切，以及本书这一章的分量，本来就无关宏旨了。从本质上讲，阿里斯塔克斯把一切都搞清楚了。他把太阳放在宇宙的中心，地球和其他诸行星围绕着太阳，其秩序正如今天我们知道的那样，而常居不动的恒星被摆在更远的距离之外。但他的这个想法，抗不住当时那种令人生畏的逻辑。首先说，他揭了柏拉图和亚里士多德的短处，此事干不得，但阿里斯塔克斯的想法不得人心的真正原因，是它貌似一目了然的不对。假如地球在空间中运动，那为什么向上扔一个东西，或者放一支火箭，它却笔直地掉在原处，而不掉在旋离你站的那个地方之外的地方？或者，即便不说其他麻烦，假如地球在空间中运动，为什么我们不感到有呼啸而过的风，甚至微风也没有，就好像我们在船上感到有风那样？不对啊，常识告诉每一个人，亚里士多德的解释才正确嘛。

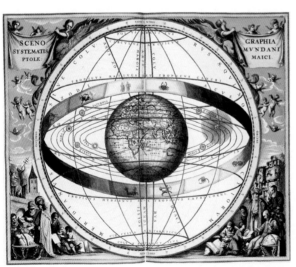

左图：
托勒密宇宙观示意图，地球在宇宙中心，太阳和诸行星绕地球转，整个系统笼罩在恒星所居的球面里，球面上也有黄道带。

确定之事

这一切不仅仅是哲学家和数学家们的沉思默想。亚里士多德的论著成了哲学柱石之一，在若干世纪之后，传进了基督教的教义，然后经历古罗马帝国时代及其崩溃。古希腊的一些哲学家，名为廊下派的亚里士多德学派，和新柏拉图学派，继续亚里士多德的思想，大大影响了近东的阿拉伯学者和早期的基督教人物，如圣奥古斯丁，其教义是基督教统治的核心部分。亚里士多德的宇宙学，或者基督教对他的宇宙学的解释，赢得了人心，因为它看似有道理，而诸天的"不动的推动者"显然代表全能的上帝。因此，正是亚里士多德关于诸天的说法变成了随后几千年教会权威的一种不可挑战的特色。

古罗马帝国分崩离析，迁都君士坦丁堡，古希腊的很多知识，在我们今天认为是欧洲的那个地方，是丢失了，但零散于中东。因为商人出入君士坦丁堡，君士坦丁堡成了拜占庭世界的核心。阿拉伯学者如饥似渴地研究，公元6世纪，随着伊斯兰教的出现，他们逐渐浪迹北非和西班牙。对伊斯兰学者而言，搜集知识是达成精神完满过程的一部分，而一些大图书馆的出现（储藏旧的或新的学问），标志着穆斯林哈里发的漫长统治，展示他们对功德圆满的追求。希腊语和拉丁语的文本被翻译成阿拉伯语，得到了研究和发展。阿拉伯科学为我们留下了数学的新形式，对光学的一种理解，以及医疗实践，这也确保了古代对宇宙的观察结果得以继续。

> "阿拉伯科学为我们留下了数学的新形式，对光学的一种理解，以及医疗实践，这也确保了古代对宇宙的观察结果得以继续。"

上图： 古典知识复归于欧洲，形式常常是插图漂亮的阿拉伯手稿。

圆圈套着圆圈

1085年，西班牙的托莱多市（Toledo）陷落穆斯林之手，此乃在地中海地区展开的基督徒与穆斯林旷日持久的矛盾的转折点，阿拉伯的知识储存的丰富程度变得明显了。等到托莱多市落到基督徒之手，他们发现了一些大图书馆藏着大量文本，其中有早被基督教欧洲忘记了的古希腊著作的阿拉伯语译本。其中有一本不同凡响的书，是《天文学大成》（the Almagest）。此书在公元2世纪编成，编纂者是数学家克劳迪斯·托勒密（Claudius Ptolemy），他有雄心壮志，要把观察到的行星与恒星运动的冰冷现实和亚里士多德哲学的那些圆圈与球面协调起来。

托勒密的地球中心宇宙

　　克劳迪斯·托勒密（Claudius Ptolemy）的《天文学大成》包含一套星表，可用来计算过去和未来行星在天上的位置；其中还有一个目录，记录古希腊人看到的 48 个星系。托勒密在公元 100 年之后的某个时候搞出来的那个宇宙系统，把地球摆在宇宙中央，然后外面是月球，然后是水星、金星、太阳、木星、土星，最外面是"常居不动的星"所在的天球面。那些星球全部都围绕一个固定的地球；为此，就需要众行星在一些小圆圈（本轮）里转动，围绕着虚空里的一些点转动，而这些点自己在较大的圆圈（均轮）里绕着地球转。希腊人在完善其最早模型的过程中，用的本轮更多，其中有一些是为抵消他们设定的那个核心的转动（偏轮）。现在，为了把观察到的行星运动搞得协调，托勒密加上空间中的点（均衡点）这么一个说法，由此轨道会显得是圆圈。这可复杂得令人惊讶了。

右图：中世纪晚期的一幅示意图，展示托勒密的本轮与均轮系统如何解释行星貌似的运动方式。

　　托勒密生活在亚历山大城，它属于在罗马统治下的埃及。他根据前人的星体观察结果，将其合并于他的天文图表的书与对他的宇宙模型的描述。如果说亚里士多德的 55 个天球面是哲学之梦，那么托勒密的解决方案则是数学噩梦，其中有许多本轮（轮子套着的轮子），以便让观察到的行星运动与地球居中不动这种常识协调起来。但是，正是这种叠床架屋，在此后历经世世代代传了下来。托勒密的《天文学大成》开始在西欧的天文学界流传，那么亚里士多德的哲学与托勒密的宇宙学的结合，就成了理所当然的智慧，而第谷的观察结果也在其中粉墨登场了。

　　第谷作为当年首屈一指的天文学人物的名声，是 1572 年的那颗新星建立起来的。丹麦国王弗里德里克二世，担心这么一位著名的人物到了丹麦会让自己相形失色，就给了第谷一个出格的奖赏：国王自己的一座小岛，沧海里 5 千米长的一个小点子，名为文岛（Hven），坐落在丹麦和瑞典之间。时至今日，370 名岛民从瑞典大陆到该岛，仍然只乘渡轮涉过很长的一段海域。在岛上，第谷建造了当时世界上最壮观的天文台乌兰尼堡。正是在那里，在 1577 年，他又有了一项轰动的天文学观察——观察到了一颗彗星。再一次，他对这颗彗星运动的仔细测量，让他能蛮有把握地说，它的路径正好越过诸"水晶天球面"，据说每个天球面把持着一个行星，而行星的轨道围绕着地球。这又是一个暗示，说在已经建立的诸天模型中，一切全都不协调。

贫穷的数学家

约翰内斯·开普勒
1571—1630 年

经年累岁，第谷越来越专横而自负，称霸文岛，宛如自己的封地，甚至以小错而监禁他的客人。最终他与这位新国王发生了争吵，在 1597 年离开丹麦。遍游日耳曼各邦两年之后，他与随从到了布拉格，受到鲁道夫二世的接见。结果他被奉为这位神圣罗马帝国皇帝的"皇家数学家"，住在贝纳提基城堡，离布拉格大约 35 千米，第谷在那里把他的仪器摆起来，继续观天。正是第谷把约翰内斯·开普勒请到了城堡——这位贫穷的数学家，我们那一对怪异的天文学家中的后一位——做了第谷的助手。

开普勒的命运，跟第谷·布拉赫刚好相反。他生于 1571 年，离今天的德国城市斯图加特不远。他穷，一生陷在混乱中。16 世纪的欧洲，战争不少，也不远。他父亲当雇佣兵，以此惨淡谋生。在开普勒十几岁之前，他父亲时不时地离家，然后一去不复返。年仅 4 岁，他得了天花，落得个眼神不济，一生皮肤有病。他后来作了一份家谱，也写到他的早年生活，其中多处可读成一份悲惨的目录，其中满是他的疾病和厄运。但是，他也记录他在童年经历的一些宇宙现象，这为他年轻的心灵留下了清楚的印象。1577年，身为一个小男孩，他回忆说，他在晚上被人带到外面，凝视广袤的宇宙——在他南边很远的文岛，第谷当时也在琢磨这个宇宙。

科学传记对有关人物的学术天才往往夸大其词，但说到开普勒，那就不会有过分的说法了——身为一个天资聪颖的数学家，他确实出类拔萃。

众星城堡

文岛上的乌兰尼堡（乌兰尼是掌管天文的缪斯女神），建有四层，有为第谷·布拉赫及其家人准备的房间，另外的房间给来访的天文学家住，阁楼归第谷的学生们。为了支持第谷的研究，这个地方的地下室有一个炼金术实验室，有一个草药园子，有几个鱼池，一个植物园，一个制革厂，一个磨坊，一个印刷所，一个造纸厂。在城堡的中心，是仪器，其中最有名的是一个很大的象限仪，半径 2 米，架在墙头。据说墙上还框着这位大天文学家在工作中的肖像，像中他的狗在睡觉，陪着他。

要编纂准确的天文学表，关键是对相对于地球位置的恒星或行星的运动进行持之以恒的观察。在第谷的年月，观察星体是出奇地困难，因为那是用肉眼看的，但他的象限仪和六分仪却是望远镜时代之前所有的最精确的东西。为了维持天文台和他那种破费的生活方式，第谷每年的开支，估计超过了丹麦国王全部收入的百分之一——就比例而言，比今天的美国航空航天局从美国政府那里得到的还要多。

他被送到图宾根的大学，他在那里还研究物理学和天文学。在这个大学里，他还暗地里了解到一种新近搞出来的理论，讲的是如何解释行星、太阳和月亮的运动。他的教授迈克尔·马斯特林（Michael Maestlin）为他的学生们公开讲授来自古希腊人的那个已经建立起来的模型——托勒密对宇宙的描绘，地球在一切的中心，连同其功德圆满的全部本轮。但不正式的，是马斯特林也为学生介绍更激进的哥白尼模型，一切都绕着太阳。这种"日心模型"就是开普勒着迷的那个观念。

波兰教士

　　尼古拉斯·哥白尼的真名字，叫米卡莱·哥白尼克（Mikołaj Kopernik），但他把这个名字拉丁化了，当年的知识分子都这么做。他是波兰弗龙堡的一位教士，因为他的职位其实是挂个名，所以他曾经若干年不在弗龙堡，而在意大利做研究。大约在16世纪初，哥白尼知道日心的宇宙概念，因为那是古希腊思想家阿里斯塔克斯（Aristarchus）琢磨出来的；他在意大利的帕多瓦研究的拉丁语和希腊语书籍，多半会提到这个宇宙概念。那不是一个新观念。古希腊的哲学家们争论过这个概念的合理性，阿拉伯和印度早期的思想家也争论过。哥白尼从中看出的门道，是能把从古希腊人那里传下来的那种复杂的宇宙学搞得雅致得多。

　　与常言相反，哥白尼没有革命性。他着手要干的全部事情，是要改善古人已经做过的事情。难处在于，不想背离希腊人深信的哲学太远，哥白尼仍然假定行星轨道是完善的圆圈（其实不是），然后努力要把来自实际观察的数据协调起来，他的模型也需要本轮。哥白尼试图要把模型

哥白尼的复杂性

　　行星不再围绕地球转，通过采取这么一个观念，哥白尼不仅消除了希腊本轮的复杂性，而且通过为众行星做了正确的排序（如我们今天知道的那样，水星最近，然后是金星、地球、火星、木星，最外是土星——其他行星当时尚未发现），他就把每个行星完成一周所需要的不同时间搞得可以理解了。然而，他的模型不是对今天每个小孩子学的那种太阳系的简单呈现。难处在于他假定行星轨道是完美的圆圈，并且为了把真实的观察数据协调起来，他安排众行星（包括地球）围绕着空间的一个孤点转动——但那不是太阳，而是处于稍微偏离太阳核心的地方——精确地说，那里离太阳的距离大约是太阳直径的3倍。最终的结果，是哥白尼使用的本轮数和他试图简化的古希腊模型一样多（即便不是更多）。

简化，结果却和古希腊模型几乎一样复杂。

他首先在一篇短文里发表他的模型，文章《短论》以手稿形式在 1510 年流传。这在天主教会里没有引起很大骚动。在教皇光临的一堂课之后，在梵蒂冈确实有平和的讨论。此事有些讽刺意味，当时新教改革翻开了新篇章，质疑教会权威，质疑教会拥护的世界观；与此同时，新教信念本身却趋向于更从字面上解读《圣经》的词句。因此，到 1543 年，哥白尼终于出版了《天体运行论》，这本小书无微不至地叙述他的理论。宗教改革运动的发动者马丁·路德为此暴怒，害怕这本书的，是路德而非天主教会。该书的出版，是路德派的一位牧师操办的，名字叫安德烈·奥西安德（Andreas Osiander），垂垂老矣的哥白尼，不打算惹乱子，也不认识他。奥西安德加了一个前言，声明这本书里的理论，仅仅是 —— 一个数学模型，它或许有助于描述行星的运动，并不暗示说行星真是那样运动的。事情微妙啊，可这种别具一格的路数也很重要。一位数学家能够提供他喜欢的任何模型，权当数学练习，但要步入解释上帝创造的世界这一领域，这么搞却是危险的一步。哥白尼几乎肯定不知道他的书在最后一分钟还加上了一个前言。故事是这么讲的：他躺在床上等死，有人把印出来的书的第一本，放在他的手里，他就安静地死了。

> "要步入解释上帝创造的世界这一领域，这么搞却是危险的一步。"

但是，这本书有人读。在 15 世纪 50 年代的某个时候，在德国的美因茨，约翰·古腾堡（Johann Gutenberg）及其同事发明了一种活字印刷术，此乃人类历史最重大的发明之一。仅在一代人中，这个发明就把知识和信息在欧洲各国的传播革命化了。在全部大城市里都有印刷厂，书籍的出版速度以指数增长。手稿的那种书，辛辛苦苦用手抄，被人珍惜和喜爱，有时候是神圣之物，在有钱有势之人的手里，而今印刷术印出来的书几乎人人可得。书籍市场，以印刷的《圣经》居多，但实用和做事之书很快印得多了。到 16 世纪末，大约 1.5 亿册书，包罗万象，从畜牧业到黄道十二宫图，欧洲各地都有印刷的。这让世界脱胎换骨了，哥白尼的书就出现在这个世界里，然后辗转就到了知识分子和学者的书斋里，他们都有兴趣理解天体运动。到 17 世纪初，该书的第一版远传瑞典、西西里、西班牙和爱尔兰南部。

上图：哥白尼提出的宇宙新模型的演示图。太阳坐落在中央，地球是第三颗行星，月亮绕着它转。在外围，宇宙被一个镶嵌着恒星的天球面笼罩着。

宇宙的神秘

开普勒对日心模型的兴趣，与神秘主义有关系，也与纯数学有关系。他是一位才华横溢的数学家，但也是一位占星家。其实，数学与占星在当

时手拉着手，占星术在许多人看来是一桩很严肃的事。政治领袖，如布拉
格的鲁道夫，不把占星图打开看看，简直就做不出几个决定。自从最早的
各文明出现，事情一直是这样。毕竟，昼与夜是太阳导致的。一年四季对地
球上的芸芸众生具有一目了然的作用，那么为什么其他行星和恒星就不会
对我们的生活也有强大的作用呢？从当年来看，这种思维方式给搞得怪有
道理。占星术因此需要仔仔细细计算对行星运动的描述方式，仔仔细细计
算行星在未来位置的预言。开普勒在图宾根毕业之后，他得到了一个职位，
在奥地利的格拉茨当了数学教授。他的薪水很低，他就用他的数学才能来
摆占星图捞外快。确实，他对他的家庭与成长的冗长描述，形成了他为自
己准备的那种扩展了占星术的一部分。到晚年，他回顾自己一生的一些方
面，诉诸占星术，来解释他的一些最倒霉的时候，如他死了两个孩子，他的

1596 年，在一本名为《宇宙的秘密》（*Mysterium Cosmographicum*）的书里，开普勒发表了这种宗教信念和天文学的奇怪混合物。此乃维护哥白尼理论的第一个出版物，也是对当时幼稚的科学思维的一种反思；那种科学思维，与神秘主义有关系，正如它与纯数学也有关系。开普勒，当时在奥地利的格拉茨，开始把他对生命、宇宙与万物的答案寄给欧洲的著名天文学家，他就声名鹊起。第谷·布拉赫收到了一份邮件，这两位就开始通信，结果是开普勒受到邀请，成了客居布拉格的丹麦大腕第谷的助手。开普勒得到这个职位，正逢其时，因为他的环境非常可怕，他实际上成了难民，逃离了吞没欧洲的那种宗教暴乱。

开普勒的几何规则

在他 1596 年的书《宇宙的秘密》中，开普勒设想一个立方体，置于把持木星与土星轨道的两个"天球面"之间。这两条轨道之间的相对距离（如哥白尼规定的）是如此这般，就使那个立方体的八个端点刚好碰到了土星"天球面"的内侧，而木星"天球面"的外表面刚好碰到了这个立方体的内侧面。这个想法或许怪异，但在开普勒看来，它意义重大，因为那个立方体是古希腊的柏拉图哲学所提到的五个"柏拉图多面体"之一。另外四个柏拉图多面体是四面体（B）、八面体（D）、十二面体（C）和二十面体（E）。开普勒把每个这种几何体放在每个行星"天球面"之间（从土星向内摆放，次序是：立方体或称六面体、四面体、十二面体、二十面体和八面体），然后把一个天球面放在中央，是为水星准备的。通过在这里或那里做一点手脚，并且将就着可以得到的那些质量差劲的天文学观察结果，他发现他能让众行星大体坐落在其合适的位置上。

天才相会

　　在布拉格的研究工作，得到了宗教改革的政客和王公们的推动；印刷术和最精细的天文学仪器等技术进步为其添柴加薪；这也对世世代代传下来的古代学术成就提出了质疑。当时的人都不知道，但这个特殊的时间和地点将是一个关键步骤，会改变我们对宇宙运作方式的理解，以及对我们在宇宙中的位置的理解；那将开始提供对这个问题的答案：天外有什么？

　　1600 年 2 月，开普勒到布拉格，带着他的书，其中有一册《天体运行论》，也带着决心，要把他的几何宇宙的数学搞得完美而管用。在贝纳提基城堡，第谷一如既往地霸道，只允许他的新助手接触他的星体数据的零零星星——那远远不足以修正一个宇宙模型。然后，在开普勒到此的 18 个月后，第谷突然死了。据说他拒绝离开宴会去小便，把膀胱胀爆了。不大可能是那样，其实无人知道什么事情要了他的命，但开普勒的日子为之大变，因为他发现自己接替了第谷的位置，成了教皇鲁道夫二世的"皇家数学家"。

　　对这个科学故事更重要的，是他如今接触到了第谷收藏的全部大量天文学观察结果。那是星体数据的宝藏。到第谷多彩一生的尾声，他已经精确画出了 777 颗"不动星"的位置。从当时的情况看，在地球上的任何地点，能见度要好，我们用肉眼看到的恒星为数不超过大约 2500。下次你浏览夜空，反思一下第谷一生孜孜不倦的观察成就，是值得的。常常有人说，第谷连续若干小时盯着天上的那些小小的光点，结果他的一只眼比另一只眼大。不大可能是那样吧，却真的存在他的一幅肖像，显示他的左眼肯定比右眼大——尽管那是不是画得真实，是不是艺术的任性，或者是不是自夸其德，至今不为人知。

下图：第一台印刷机，是约翰·古腾堡大约在 1439 年发明的，把知识传播的速度革命化了。

> *"那是星体数据的宝藏；到第谷多彩一生的尾声，他已经精确画出了 777 颗'不动星'的位置。"*

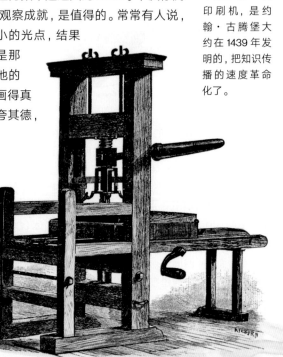

九十五条论纲

马丁·路德
483—1546 年

　　马丁·路德，奥古斯丁教团的一位教士，发起了新教改革，此公也是德国威滕伯格大学的一位教授。路德和北欧国家的一些人，对被他们视为弥漫于天主教会的腐败行为，批评之声越来越大。他们特别在意教会出售赎罪符。赎罪一说，本是谁自愿承认有罪，就可减免苦修。但是，到了 16 世纪，赎罪成了一种可以出售的商品，是某种小型的产业，周游各处的"宽恕者"发放印刷的纸，可以让人减少苦行、免受炼狱之苦，甚至不必到地狱里去——都各有相应的价格。16 世纪初，教皇列奥十世增加赎罪符销售，这是一种集资运动的一部分，用来翻新罗马的圣彼得大教堂，这种举措多半激起了路德的行动。1517 年，他把九十五条"关于赎罪符的力量与效能的论纲"钉在威腾堡教堂的大门上，一时沸沸扬扬。但是，虽然赎罪符问题或许引发了最初的抗议，但路德号召的改革却具有基础性质，对罗马教会的信条本身提出挑战。罗马教会不免要反击。在一个名叫"虫子"的莱茵河畔的小城（"虫子之餐"），神圣罗马帝国召开财政会议，路德被宣布为异端者。梵蒂冈谴责路德，拉开了一个世纪的冲突大幕，到血雨腥风的三十年战争算是登峰造极，世人看到新教徒与天主教徒公开搏斗，波及全德国和欧洲的大部分，到 17 世纪 40 年代才告消停。

　　在约翰内斯·开普勒看来，新教改革的结果太极端了。宗教分裂遍及神圣罗马帝国，形成了相当于一种南北之分的局面：新教统治北方，旧教把持南方。但是，每个国家的统治者可以做出宗教选择。这意味着得到许可的宗教能够立刻改弦更张，搞出一位新公爵或者新国君，但并非所有人都像布拉格的鲁道夫那样宽容不同的信仰。开普勒，身为坚定的路德派，不提他坚持哥白尼的宇宙观，却刚巧身陷天主教统治的格拉茨的那种改弦更张的境地中。起先，他的位置还能保得住，但 1596 年换了统治者，新教徒遭到镇压，开普勒的生活越来越不舒服了。

"路德号召的改革却具有基础性质，对罗马教会的信条本身提出挑战。罗马教会不免要反击。"

右图：现代宇宙探测器拍摄的火星照片。开普勒努力解释这颗红色行星在天上的复杂路径，有助于揭示太阳系运行的方式。

开普勒定律

古人的地心宇宙模型，最明显的麻烦之一，是观察到的火星运动。只有假定火星围绕地球转动，才能解释火星时而加速、时而减速，偶尔还倒退。开普勒对自己的数学能力很自信，认为能在一个星期里把火星轨道搞出来。结果那却是几年的劳累，但那也将是解开行星运动秘密的钥匙。

开普勒坚持自己的最终目标，改善他自己对宇宙的解释。哥白尼为了让自己的模型说得过去，就搞了许多复杂的设计，开普勒一个一个地解开了那些设计：轨道偏离太阳核心啊，行星速度全都一样啊，接着是最后的大事：圆圈形状的轨道这种基本形式啊。正是思维方式的最后一个转变，结果证明至关重要。起先，他试过鸡蛋形的轨道，但那不符合观察结果。但在他用椭圆代替鸡蛋形状之际，一切都神奇地各就各位。突然之间，全部本轮和逆向圈，烟消云散，却成了对于火星绕日轨道的一种完美的数学描述。开普勒的结论是：全部行星处在椭圆轨道里，太阳安顿在椭圆的一个焦点上。此所谓开普勒第一行星运动定律。从他那数学脑筋中，另两个定律也冒出来了，确定行星运动的相对速度，把行星绕日一周的时间与行星和太阳之间的距离联系起来。全部三条定律结果对牛顿的研究至关重要。大约 75 年后，牛顿确定了统摄太阳系的力，那就是我们如今知道的那样。

34 页图：1604 年，开普勒（正如他一代之前的导师第谷）观察到一颗"新星"，处在蛇夫星座中，以字母 N 作代号，在插图人物的脚上。插图来自开普勒关于这颗恒星的论文。今天，大家知道那是一颗超新星——一颗远比太阳巨大的恒星的暴烈死亡。

右下图：开普勒的《鲁道夫天文表》使天文学家和占星家能够前所未有地精确计算众行星相对于背景上的恒星的相对位置。

然而，在开普勒看来，存在一种令人不爽的失望：众行星的椭圆轨道。虽然这个答案清楚地符合观察结果，却意味着他自己的宇宙学，与柏拉图多面体的那个宏伟的方案不容易协调，他就在余下的研究生活中继续奋斗，试图把这两个观念协调起来。从本质上说，他的书《新天文学》（*Astronomia Nova*）在 1609 年扫除了古老而正统的地心宇宙模型的残余。这本该导致一场革命，但没有。读这本书的人寥若晨星，那些确实读过的人，发现它大体上读不懂，因为数学缠绕在他的神秘思维中，脑子不那么容易跟得上。

开普勒尽其余生，致力于第谷·布拉赫死时留下的任务：把这位丹麦人的星体数据编成一本天文表的书。他完成了任务，在 1627 年出版了《鲁道夫天文表》（*Rudolphine Tables*），这是一个让托勒密的《天文学大成》相形失色的大纲，成为几代人可得而阅之的最佳星表。尽管他的数学研究具有改天换地的性质，但在他于 1630 年去世之际，这些星表被视为他最重要的衣钵。他对"天外有什么"这一问题的革命性答案，几乎悄无声息地就溜过去了。让人们接受这么一种激进的答案，需要一位爱出风头的人，需要一位斗士，一个自我强大的人，一个比约翰内斯·开普勒更善于游说、关系也更硬的人物。

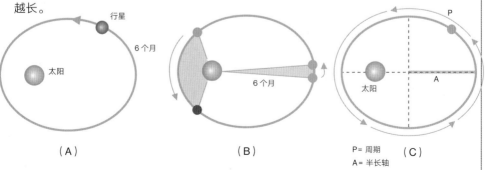

开普勒定律

1.（A）众行星在椭圆轨道中运动，太阳在椭圆的焦点上（不在中心）。

2.（B）行星的轨道速度不均，太阳与行星之间的连线在相同的时间段里扫过的面积是相同的。

3.（C）行星绕日一周的时间叫作周期 P，它与轨道的大小 A 相关。椭圆轨道半长轴的立方与周期 P 的平方之比是一个常量。这说明，行星离太阳越远，它绕日需要的时间就越长。

行星

太阳

6 个月

（A）

6 个月

（B）

P

太阳

A

P= 周期
A= 半长轴

（C）

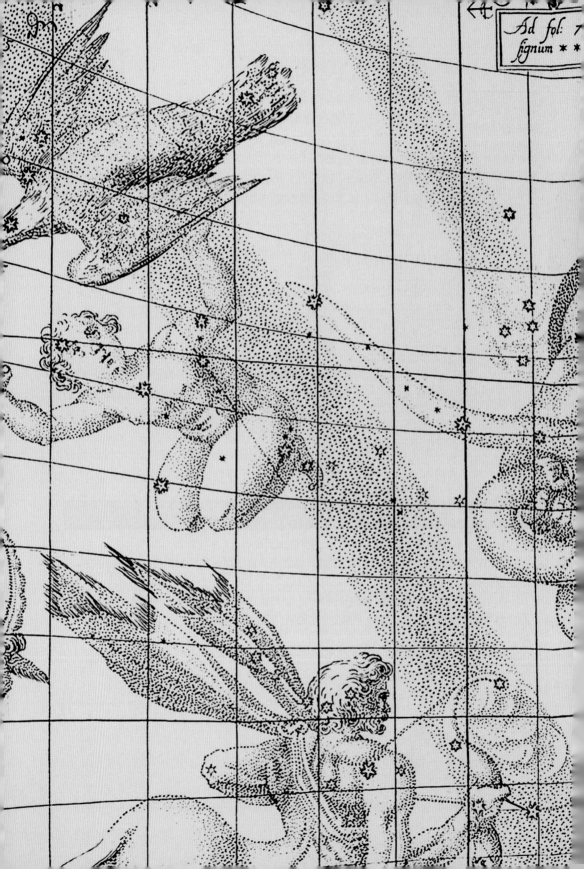

荷兰镜

整个 16 和 17 世纪，战争一直是科学的背景。1608 年后半年，尼德兰有一个和平会议，促成了八十年战争中的"十二年休战"，新教徒荷兰人在此期间奋战，以摆脱西班牙的统治。在会上，来自米德尔堡（Middelburg）的眼镜商汉斯·利伯谢（Hans Lippershey）给拿骚的莫里斯亲王看一种"间谍镜"。当时眼镜已经存世大约几百年，眼镜商掌握了制作凹透镜和凸透镜的技巧，用来矫正近视和远视，以利读书。利伯谢把一个凹透镜和一个凸透镜放在一起，制造了最初的望远镜。同年，他想为他的发明申请专利，但遭拒绝，因为另外两个人在大致相同的时候也声明自己才是发明者。为什么望远镜这个主意在荷兰突然冒出来，不清楚；但它在战场上的潜能，是一目了然的。那么在有许多外交官在场的会议上展示这个东西，意味着这个消息迅速传遍欧洲，与使者们带着那个令人高兴的和平消息来开会的速度一样快。到 1609 年上半年，小型的间谍镜在巴黎的新桥可以买到；夏季，意大利也有了。

"这个装置非常简单：一个圆筒，一头是凸透镜，另一头是凹透镜，能导致大约 3 倍的放大率。"

左图： 伽利略·伽利雷，1564—1642 年。此肖像年代在 1636 年，其时他被软禁在家里。

下图： 伽利略早期的两个望远镜，如今并排着展示在佛罗伦萨科学史博物馆。

这个装置非常简单：一个圆筒，一头是凸透镜，另一头是凹透镜，能导致大约 3 倍的放大率。当间谍镜的消息传到帕多瓦的一位数学教授耳朵的时候，他觉得自己也能制造一个。那位数学教授是伽利略·伽利雷，一个好斗、好辩之人，决心成大事，总是寻找机会，要在那些头面人物中提高自己的地位。一个能让他的潜在赞助人对他刮目相看的机会，来了。因此，他计划为威尼斯共和国总督制造一个间谍镜。他生活在总督的权威之下，在帕多瓦搞研究。1609 年夏，传来消息，说一个荷兰人要献给总督一个望远镜；凭着非同一般的动手能力，伽利略在 24 小时之内拿出了自己版本的望远镜，然后改善到 8 倍的放大率。这是他想方设法献给共和国参议员们的东西，跑在他的竞争者的前头，时间是那年的 8 月。结果是轰动。伽利略写道，他和威尼斯的达官贵人，好几次爬上城里最高的钟楼，看远处的东西，大大地放大了。他把东西呈给总督，强调它能为这个海洋国家提供优势，为抵抗土耳其人，望远镜不可须臾缺少。"我们就可以在海上远远地发现敌人，不必等着看清其船体和风帆，因此我们发现他们，要早于他们发现我们两小时。"这就是伽利略时代的办事路数：一份厚礼献给一位赞助者，顺便把自己的需要得体地暗示一下。总督心领神会，慷慨大方，给伽利略涨了一倍的薪水，批准他在帕多瓦大学的终生职位。然而，不便明言的事，就不那么尽如人意了：终生，真正的意思是他不准离开，而薪水仍然那么多。因此，伽利略把他的目光转向了别处。

完美的视像

右图：航天探测器揭示了伽利略发现的绕着木星的四个小光点却是四个小世界。此处的木卫一依娥（左）火山肆虐，木卫二欧罗巴冰雪覆盖，悬挂在木星本身云气翻腾的背景上。

　　16 世纪初，威尼斯走过了文艺复兴的高峰期。庞大的威尼斯划艇，曾经雄霸地中海的贸易，鼎盛时为数大约 3000 艘，如今被远涉重洋的船只取代了，在西方的洋面上游弋。君士坦丁堡的拜占庭城陷落在土耳其手里，导致古典知识的重新觉醒，因为人和书都跨越爱琴海到了意大利的安全地带，带来了理解力，有助于文艺复兴的文化与人文的爆发与繁荣。与此同时，需要找到奔赴远东的其他路线，以绕过土耳其人的势力，开始了探索和发现新世界美洲的推动力。结果是经济力量从意大利转到了北欧。但是，威尼斯仍然是一个文化发电厂，它的百工中有玻璃工艺。远远地回顾 13 世纪，威尼斯从中东带回了碳酸钠，这是制造极其纯净的水晶玻璃的关键配料之一。这种玻璃在威尼斯潟湖里的慕拉诺岛（Murano）上制造。确实，慕拉诺的手艺人被禁止离开威尼斯，这是为了把他们的那种特别技艺保守成秘密。正是这种玻璃使伽利略能够在 1609 年秋对他的望远镜进行彻底的改善；到了年底，他成就了 20 倍的放大率。

　　伽利略也开始把望远镜转向天界，开始研究月球。根据看到的景象，他把不同的月相揭示在八幅系列绘图中，令人震惊。亚里士多德的宇宙学声称星体是完全光滑的球体，他看到的却是嶙峋的山体、周边参差的边线和阴影。他继续看其他天体。1610 年 2 月，他看到了类似三颗小星的东西鱼贯出现在木星上；三个晚上之后，有一个消失了。再过三晚上，它又回来了，位置却不同了，他还看到了第四颗小星。他意识到这些"小星"必定在环绕木星的轨道上。他发现了这颗行星的四个"月亮"。伽利略本来就爽快

伽利略的月球观察

　　这些先驱性的观察结果，借助于伽利略在 1609 年制造的望远镜。伽利略看到昼夜线有时候不规则（上），有时候平滑（下）。他就推断不规则性归因于月球上的山峰，在天界首次发现了类似于地球的特点。这对当时存在的世界观形成了挑战，看来天体并非完美，并非不变。这里的图页采自伽利略 1653 年版的《星际信使》（*Sidereus Nuncius*）（1610 年 3 月）。

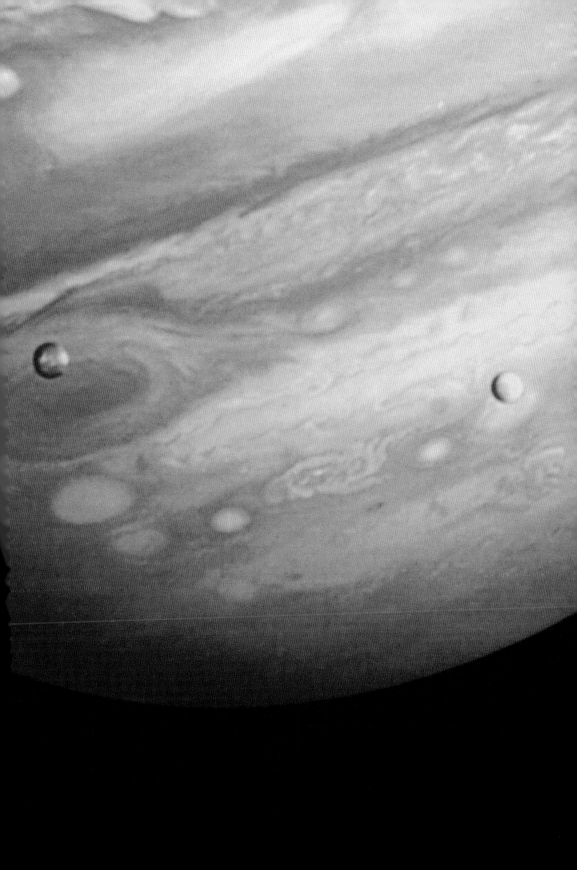

地青睐哥白尼的宇宙观，但现在有了强有力的证据，即便是间接的，支持哥白尼。因为假如木星有几个卫星在环绕它的轨道上，那么说地球处在宇宙万物的中央这么一个特殊地位上，就不再那么特殊了。伽利略决定发布他的那些发现，写了一本简短易懂的书，用意大利语而不用拉丁语，还带插图。他称之为《星际信使》。他一直在寻找出人头地的机会嘛，就把该书奉献给美第奇家族的大公科西莫二世，并提出用美第奇四兄弟的名字为这四颗新卫星命名。作为一种战略，这成功了。到 1610 年夏季，他被任命为佛罗伦萨的美第奇家族的宫廷数学家和哲学家，薪水也暴涨。他未来的地位和财富稳稳当当了。

"假如木星有几个卫星在环绕它的轨道上，那么说地球处在宇宙万物的中央这么一个特殊地位上，就不再那么特殊了。"

审讯

伽利略晚年的生活——他与教会的冲突，他为异端受审，他被监禁——作为科学史的转折点而令人瞩目，但事实不像常常演义的那样简单。到最后，事情和异端关系不大，跟权威关系更大。伽利略开始要做的事情，跌进了教会的一亩三分地，教会相信那决不容他人染指。伽利略用望远镜做的那些观察，让他更相信哥白尼的理论。他不仅看到了木星的卫星，看到了月球并不光滑的表面，还看到了金星的完整的位相——随着它在绕日轨道上运行而改变亮度，在它经过地球面前的时候，走进阴影，然后走出阴影。他的这些发现，起初被大家照实接受了。那就是看到的事实嘛，随后也没有做什么解释嘛，而且伽利略在 1611 年居然能让教皇听他讲课，结果跟佛罗伦萨的赞助人拉上关系，算是出尽了风头。但是，此后事情逐渐起了变化。他惹恼了一位颇有权势的耶稣会天文学家，口无遮拦地声称发现了太阳黑子，他也更公开地支持哥白尼主义。托斯卡纳大公夫人忧心忡忡，询问这个理论是否和《圣经》学说有抵触，伽利略回信，写的话很有名："人不可从《圣经》章节的权威出发，而应该从感性经验出发，从必不可少的证明出发。"这算是对我们如今所知的科学方法的最早表述之一了——首先是证据，接着是推断。但这也表明伽利略开始说，他的科学研究或许与神启具有一般高的地位。这可就越了雷池。1616 年，教皇的一个委员会下结论：哥白尼理论确实是异端邪说，此后伽利略得到指示，不可"坚持或者维护"这种日心看法。

左图： 照一个流行故事的说法，对伽利略的审讯结束，受了屈辱的伽利略被迫放弃其信念，却仍然小声嘟囔"但是，它（地球）在动嘛！"不幸的是，这个故事出现在审讯之后一个世纪，没有证据表明它确有其事。

DIALOGO
DI
GALILEO GALILEI LINCEO
MATEMATICO SOPRAORDINARIO
DELLO STVDIO DI PISA.
E Filosofo, e Matematico primario del
SERENISSIMO
GR.DVCA DI TOSCANA.
Doue ne i congressi di quattro giornate si discorre
sopra i due
MASSIMI SISTEMI DEL MONDO
TOLEMAICO, E COPERNICANO;
Proponendo indeterminatamente le ragioni Filosofiche, e Naturali
tanto per l'vna, quanto per l'altra parte.
CON PRIVILEGI.
IN FIORENZA, Per Gio:Batista Landini MDCXXXII.
CON LICENZA DE' SVPERIORI.

上图：伽利略用意大利语而不用拉丁语出版他的《对话》，确保最大数目的读者能够接触他的观念。

事儿就摆在那儿了，但伽利略又一次耽于公开吐槽耶稣会天文学家。在一篇文章中，他写到他们的彗星理论。在随后的另一本书中，他强化自己的哲学，说宇宙规律"是用数学语言写成的"。又来了，新教皇乌尔班八世召见了他。这位教皇和伽利略有私交，因此结果还好，伽利略得到鼓励，就写了一本书，把两种世界观放在一块儿比较 —— 托勒密与哥白尼的世界观 —— 当然，一个前提是他不曾断言哥白尼模型是真实的。结果就是1632 年的那本书《关于两大世界体系的对话》。在书中，他摆开了支持与反对两种世界观的论辩，形式是在三个人物之间的争论。大家一般都认为伽利略走得太远了，读者会把他等同于哥白尼的辩护者；他把托勒密的说法塞在他称之为"辛普里奇奥"的嘴里 —— 这名字的意思是"笨伯"。宗教法庭瞅准了机会，审讯伽利略，就粉墨登场了，说他违背不可为哥白尼主义辩护的禁令。众所周知，伽利略认罪，公开认错，《对话》成了禁书。伽利略被宣布为异端者，余生在家里接受软禁。但是，最重要的是，梵蒂冈掌控知识的权威得到重申：真理蕴含在天主教会的教诲中。

科学之父

正如世事的常道，长久压制的结果，并非教会内讧所希望的。伽利略的这本书被人偷偷带出意大利，欧洲的知识圈子都热切地读它。一代人之间，少数受过教育的人仍然相信太阳围绕地球转，虽然伽利略做的事丝毫不曾被视为不可反驳的证据。确实，还需要等待 1 个世纪，仪器才变得足够好，可以观察恒星视差 —— 即诸恒星与地球的相对位置发生的变动，因为我们绕着太阳转嘛。但是，伽利略之后，开普勒之后，问题变得不那么关心诸行星如何运动，而是更关心是什么力量把它们笼络在位。

我们蛮有理由说伽利略最伟大的业绩，处在"自然哲学"的一个全然不同的领域中。他尽其一生，在物理学、流体科学与力学领域中，做数学研究与实验研究。他列出了抛射物运动与落体加速的数学定律；他出色地证明大小与重量不同的物体以相同的速度下落（虽然故事讲到他从比萨斜塔上扔铁球，不过是故事）；他证明物体的密度而非性状决定它是否漂在水面。

伽利略死于 1642 年 1 月，终年 77 岁。软禁他的那座家宅，处在佛罗伦萨山区里的阿尔切特里，至今弥漫着一种世外桃源的氛围。在他行将就木的十年，这位老人逐渐失明而羸弱，把他一生的研究成果汇编起来，以此消磨时间。最重要的，是他做的全部事情都基于观察和实验 —— 搜集证据，根据能见到和重复的现象建立论点，此乃现代科学家研究工作的核心方法。伽利略被誉为"科学之父"，这大概就是理由。

远洋

克里斯多夫·哥伦布在 1942 年开辟了到美洲的海路，那些堪为英雄壮举的航海紧随其后，乾坤为之巨变。16 世纪是一个周游世界的时代，1519 年首次环球探险发起了欧洲海洋国家史无前例的领土扩张活动。以金银为形式的财富，从新世界攫取出来，往回运到了西班牙、葡萄牙和荷兰，而不列颠是日不落帝国。单是来自美洲的银，就占 16 世纪晚期的西班牙国家预算的五分之一。这种新的全球贸易和海洋探险，带来了一个更大得多的急迫需要，那就是要解决几个世纪就意识到的那个问题：如何精确测量经度，如何计算在地球上东边和西边的位置？在扩张活动的早期年代，存在真实的经济压力，就是要找到测量恒星、月亮和行星的方法。西班牙和荷兰政府都为解决方案提供奖金；法国建立了"皇家科学院"，责成它改善航海技术；在英格兰，皇家天文台于 1675 年建立于格林威治。天文学成了当年最重要的科学努力，是欧洲知识分子日常谈话的题目。

纬度与经度

早期的天文学仪器，如直角器、星盘或者象限仪，足以确定一位水手的纬度（在赤道的南边或北边的位置），手段是测量地平线与太阳或者所知恒星之间的夹角。经度是非常难搞的，因为地球自转一圈需要 24 小时，解决办法最终取决于具有如下能力：比方说，当你在海上正处于正午，你能够知道你老家港口的时间。这个时间差将告诉在地球上你离家多远。但是，一种可靠而精确的船载钟表（航行钟，得到约克郡的木匠约翰·哈里森的完善）到了 18 世纪后期才有，到了 19 世纪中叶才刚刚能买得起。一个替代方法是所谓"月距"，这依赖于知道月亮相对于在全球看到的在不同点上的恒星位置。这需要编辑月距表，依靠的是几千次的观察。直到晚近，船只总是带着月距表，免得他们的航行钟失灵。

赌注

到 16 世纪晚期，全球贸易为伦敦城带来了巨大的财富。瘟疫终于过去了，1666 年的大火引发了巨大的建设和重建计划。在这个京城的每个角落，咖啡馆纷纷开张，大家聚集其中，讨论时事，谈生意，争论关于世界的不同理论，听远方的故事，而最重要的是交流信息。1684 年，三个人在乔纳森咖啡馆和格拉维咖啡馆定期会面，很可能在这两个地方中的一处，他们同意打赌。克里斯多夫·沃伦（Christopher Wren），重建伦敦的建筑师；埃德蒙·哈雷（Edmond Halley），有待于与今天以他命名的那颗彗星发生关系；以及罗伯特·胡克（Robert Hooke），英格兰国家科学院（伦敦的皇家学会）实验室的主任，正在争论这个问题：什么东西把众行星笼络在它们绕日的椭圆轨道上？在当年，最受欢迎的解释是磁力。在谈话期间，他们互相挑战，赌注是两英镑——或者是大约 250 杯咖啡——来证明那种力量，无论那是什么，都得遵守平方反比律，就是说，那种力量与距离的平方成反比。这是一个被讨论了若干年的观念，但从数学上说，是一桩颇难证明的事。

> "正在争论这个问题：什么东西把众行星笼络在它们绕日的椭圆轨道上？在当年，最受欢迎的解释是磁力。"

下图： 在 17 和 18 世纪，咖啡馆是最常见的聚会之处，许多科学发明也在那里展示。

引力

那年晚些时候，哈雷访问剑桥，去见艾萨克·牛顿，那个大学的卢卡斯教席的数学教授，这个人的科学名声也大得可怕，特别是因为他对光学的研究。哈雷把平方反比的那个问题交给牛顿，牛顿说他已经把这个说法证明了，只是此时此刻他一时找不到那份纸面论证了，这叫哈雷大吃一惊。受到哈雷的鼓舞，这次会面刺激牛顿返回他大约 20 年前的研究，把成果编纂成书。公正地说，皇家学会早应该赞助此书的出版，哈雷和牛顿都是学会里的头面人物嘛，但学会最近为出版关于鱼的自然史的书而赔了大钱，那书是弗兰西斯·威洛比（Francis Willoughby）写的，卖不出去。因此，哈雷出面了，自掏腰包，付印刷费（得到了若干册那本关于鱼的书，算是补偿）。哈雷此举，大吉大利，因为牛顿的研究，在 1687 年出版，作为全部时代最伟大的科学贡献而永垂不朽。书名叫《自然哲学的数学原理》，简称《原理》。

科学史讲的常常像是一些灵光头脑的故事，灵感一现，人就从澡盆里跳出来，高叫"有了！"事实迥然不同：观念在时代精神中冒出来，成了大家的谈资；技术进步把事情搞得可见，或者可理解；历史事件提供了变化的机会或压力。总是存在一种背景。艾萨克·牛顿与他导致的进步，是这一切的一部分，但他确实是堪当"天才"这个词的少数伟人之一。1643 年出生于林肯郡的乌尔索普村，牛顿是一个复杂而闭塞的人。他的童年和青年悲惨。他曾威胁要把房子烧了，与他母亲和继父同归于尽。他背井离乡受教育，然后在 16 岁返乡务农，其时他继父死了。他拙于农事，就被送到剑桥大学当"旁听生"，处在这个地位上，他必须为其他学生当仆人，以此赚学费。然后，为了躲避瘟疫，他在 1665 年返回林肯郡。正是在那里，仅仅两年多，他搞的科学和数学，可保他得到最高的名声。他回到剑桥，在 1667 年成了三一学院的研究员，逐渐成了一个沉默寡言、离群索居、固执己见的人——然而却也是学术的巨人。容易设想牛顿及其成就是脚踏实地的科学思维的一个辉煌的榜样——一座启蒙的灯塔之类——但他持有旁门左道的宗教信仰，这使他近于异端者，把自己的主要目标视为解释上帝的心灵。更过分的，他的研究生涯的很大部分，花费在炼金术上。其实，一边是邪门歪道、神秘主义，一边是真正的科学的开始，他在这两者之间游移不定。

到哈雷在 1684 年造访他的时候，牛顿已经表明彩虹的彩光透过三棱镜，可合成白光，由此证明了光谱的本质。他已经发明了一种新形式的数学，我们如今知道那是微积分，能分析运动。如他对哈雷说的那样，把行星笼络在绕日轨道上的那种力量，他已经琢磨出来了。他做的数学，复杂得宛如魔鬼，表明那种力量会真的导致椭圆轨道，符合开普勒的行星运动定

艾萨克·牛顿，
1643—1727 年

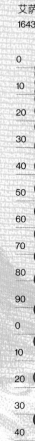
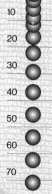

上图：自由落体定律，是伽利略确定的，此事尽人皆知，表明：撇开空气阻力，两个重量不同的物体，在地球的引力场中，将以相同的加速度下落，同时落到地面。

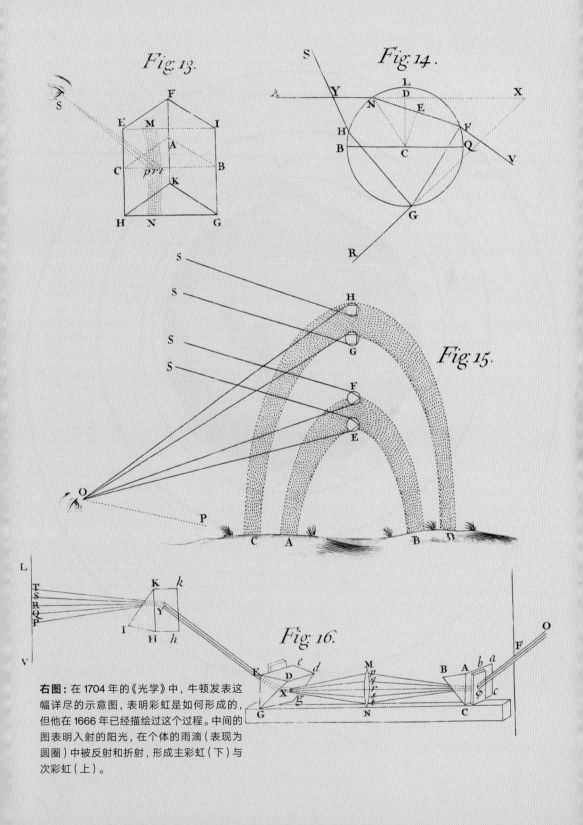

Fig. 13.

Fig. 14.

Fig. 15.

Fig. 16.

右图: 在 1704 年的《光学》中,牛顿发表这幅详尽的示意图,表明彩虹是如何形成的,但他在 1666 年已经描绘过这个过程。中间的图表明入射的阳光,在个体的雨滴(表现为圆圈)中被反射和折射,形成主彩虹(下)与次彩虹(上)。

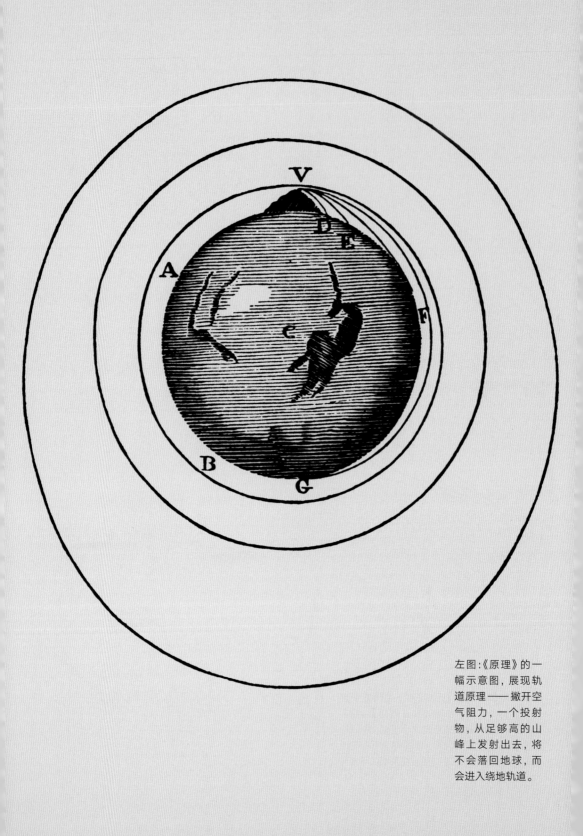

左图：《原理》的一幅示意图，展现轨道原理——撇开空气阻力，一个投射物，从足够高的山峰上发射出去，将不会落回地球，而会进入绕地轨道。

律。他把关于轨道的数学描述与伽利略抛射物和自由落体的实验结合起来，解释为什么行星会待在轨道上。

上图： 艾萨克·牛顿的《原理》终于在 1687 年出了三卷本。首版只印了大约 300 册，第二版大约是 1000 册。

普适定律

　　《原理》澄清了引力的本质，展开了万事万物的运动定律，从炮弹到月球，到绕着太阳转的行星 —— 到从树上落下的苹果。那个家喻户晓的故事，关于年轻的牛顿看到苹果掉下来，就意识到同样的力可以延伸到月亮，几乎可以肯定是一个彻头彻尾的演义 —— 那是牛顿本人在晚年杜撰的一个故事，是为了确保他真是那个发现的责任人，也是为了让自己永垂不朽。牛顿的性格有一个方面，大大地令人不愉快。他一辈子纠缠，跟皇家首席天文学家约翰·弗拉姆斯蒂德（John Flamsteed），跟皇家学会的罗伯特·胡克（Robert Hooke），恶意争吵，而胡克在光学和确定引力方面的成就，接近于牛顿，或者与之不相伯仲。牛顿甚至把这种吵闹带到了坟墓的那边。胡克死后，当时身为皇家学会会长的牛顿，居然允许在一次搬家过程中把胡克的肖像"挂错地方"，搞得子孙后代不知道他的死对头长什么样子。

　　牛顿定律最有力量的东西，是其普适的性质。在牛顿看来，他的研究让他接近自己的目标，那就是看透上帝的心思；但是，在科学史看来，那标志着一个少有的转折点。他已经表明，物理学规律能适用于万事万物。今天，我们的现代世界依赖于我们对这些规律的理解，比方说，把卫星送入太空的火箭的加速运动规律，以及卫星采取的那

牛顿运动定律

第一定律： 物体不受外力作用，则保持静止或匀速运动状态。例如，一个球会一直滚，除非摩擦力使其慢下来并停止。

第二定律： 作用于物体上的力等于它的质量乘以它的加速度。

$$F = ma.$$

第三定律： 相互作用的两个物体之间的作用力和反作用力总是大小相等，方向相反，作用在同一条直线上。例如，枪射出子弹的同时，产生后坐力。

　　为了表明引力如何把行星笼络在轨道上，牛顿设计了一个思想实验。他想象山顶上有一门大炮，远远高出大气层。他想：如果大炮慢慢射出一颗炮弹，那么引力将把炮弹拽回地球。然而，如果发射炮弹的力量足够大，炮弹就会挣脱引力，消失在空间里；但是，如果炮弹的速度刚好合适，它将围绕地球转动，引力把它笼络在一个很大的轨道上，正如月亮那样。

种与地球相对位置不变的轨道的规律，那使我们可以一直依赖现代通信手段。在牛顿出版其著作之后的那个世纪，普适规律这个观念就传开了，在许多其他领域也变得适用了：经济、生物体，甚至心灵。形容词"牛顿的"本身，代表这么一种想法：条理清楚、数学确定的理论，那是值得认真对待的东西啊。

跟着金钱走

18 世纪是天文学的光荣时代。孜孜以求要解决经度的问题，金钱就倾入对星体的研究。皇家天文台门庭若市，乔治三世（如今大家所知的"乔治疯王"）急不可待地赞助科学。望远镜变大了，太阳系跟着变大。乔治王或许会为在美国独立战争中丢失了殖民地而沮丧，但在 1781 年有了安慰他的补偿，当时天文学家威廉·赫歇尔（William Herschel）发现了一颗新行星，叫它"乔治星"，荣耀他的恩主嘛。然而，这个名字在国际上行不通，到 19 世纪中叶，世界已经都叫它"天王星"，这是出于德国天文学家的建议，用了希腊神话人物克罗诺斯的父亲的名字（相当于罗马神话的农神）。到那时候，还有另外一颗行星被发现了 —— 海王星，在 1846 年 —— 在颂扬牛顿定律的凯旋中，海王星的位置早就用数学方法得到了预言，因为天王星的轨道有可见的变形，这想必要归因于那颗尚未被人看到的行星的引力拉扯。20 世纪又有了另外一个发现，1930 年发现第九颗行星冥王星，算是功德圆满了。让冥王星伤心的是，它最近被降格为一颗"矮行星"，因此 21 世纪的太阳系只有八颗行星。

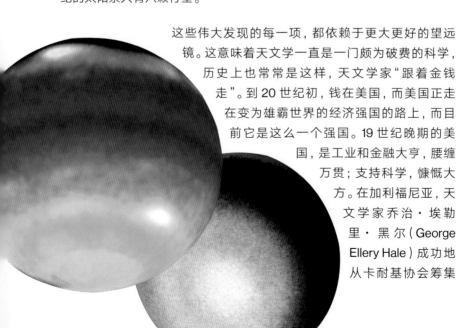

这些伟大发现的每一项，都依赖于更大更好的望远镜。这意味着天文学一直是一门颇为破费的科学，历史上也常常是这样，天文学家"跟着金钱走"。到 20 世纪初，钱在美国，而美国正走在变为雄霸世界的经济强国的路上，而目前它是这么一个强国。19 世纪晚期的美国，是工业和金融大亨，腰缠万贯；支持科学，慷慨大方。在加利福尼亚，天文学家乔治·埃勒里·黑尔（George Ellery Hale）成功地从卡耐基协会筹集

右图：100 英寸直径的胡克望远镜，做出了许多重要突破，包括银河系之外的星系证据。

左图：天王星（远左）和海王星 —— 这两个太阳系中最遥远的行星的发现，分别归功于望远镜技术的进步和数学天文学的进步。

了资金，在威尔逊山上建造了一座庞大的天文台。威尔逊山高高坐落在洛杉矶的圣加布里埃尔山区，天文台核心部位安装了一个直径 1.5 米的望远镜 —— 世界上最大的望远镜。它在 1908 年"开光"，但在它热闹起来之前，黑尔忙于另一个更大的望远镜：各种零件，建筑材料，以及 2.5 米的望远镜镜头，它是用骡子一块一块地拖上山路的，最终在 1917 年开始工作。它就是所谓胡克望远镜。在实业赞助者为这个巨镜付钱之后，它也获得了世界最大望远镜的名号，并一直保持到第二次世界大战之后。

> "在胡克望远镜开始工作之际，宇宙是否延展到银河系之外（如今我们知道银河系是我们的星系）仍然是一个争论的问题。"

在胡克望远镜开始工作之际，宇宙是否延展到银河系之外（如今我们知道银河系是我们的星系）仍然是一个争论的问题。黑尔雇了一位年轻的天文学家，名叫埃德温·哈勃（Edwin Hubble），用这个 100 英寸的望远镜工作。1923 年，哈勃观察到一种特别的星体，名为造父变星，其亮度变化的方式，恰恰就是其明暗可以用来提供一种方法，来测量它有多么远。哈勃观察到的造父变星在仙女座星云中，他计算得出结论：那东西太远，不可能是银河系的一部分。他观察到的仙女座和其他星云，必定属于另外的星系。突然之间，宇宙比我们曾经相信的广袤得多 —— 我们其实可以看到无数其他星系环绕着我们。

大爆炸

　　哈勃不止于此。如今的天文学家不再依赖直接用眼观察。造父变星是从照片上看到的，照片是用望远镜拍摄的，望远镜曝光时间很长，让我们能看到非常暗淡的东西。到 1929 年，那个 100 英寸的望远镜与光谱摄制仪连在一起，捕捉不同波长的光；正是这种联合，使哈勃进行了另一次了不起的观察。他看到了来自某些星系的光，与来自其他星系的光相比，是稍微更红的。这是一种所谓"红移"的现象：来自某个物体的光，正在离地球而去，将以稍微长的波长旅行。较长的波长，更趋于向光谱的红端变化颜色（牛顿令人信服地证明光谱是由白光的成分构成的）。这就是清楚的证据：宇宙的一些部分，正在飞离我们。哈勃还观察到，星系离得我们越远，就飞离得越快。我们在一个飞速膨胀的宇宙中。说宇宙是这么一个情况，哈勃不是第一人，但现在有了可见的证据，支持仅仅在几年之前出现的"大爆炸"这种宇宙起源理论。哈勃的那些具有历史意义的观察，把他置于天文学的名人榜中，这连带着把他的名字用作全部时代最强大的那台望远镜的名字：哈勃太空望远镜。哈勃望远镜从可见宇宙的最远处发回照片，不停地让我们心驰神往，货真价实地向我们显示天外有什么。

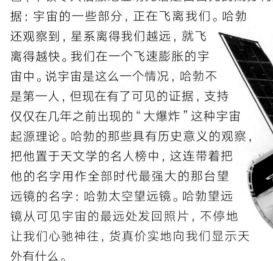

爱因斯坦

　　1905 年，阿尔伯特·爱因斯坦发表狭义相对论，确定光速不变，并发起时空这个概念——他也提供了著名的等式 $E = mc^2$，表明巨大的能量包含在很少的物质中（参见第 4 章），此乃关于原子能核心部分的理解。1916 年，他发表了广义相对论，把时空与引力结合在一起。他表明，时空因物质的在场而弯曲了，这种弯曲导致了引力，引力使物质运动。在把这个理论扩展到作为一个整体的宇宙的时候，他只能让广义相对论符合流行观点，即宇宙是静态的，手段是把一个"宇宙常数"加在他的公式上。后来，事情变得清楚了：宇宙其实在膨胀，爱因斯坦把他添加的那个常数叫作他"最大的错误"，就把它剔除了。在随后的年月，许多实际测量数据支持爱因斯坦的理论，他的理论如今蕴含在我们描绘宇宙运作方式的核心中。

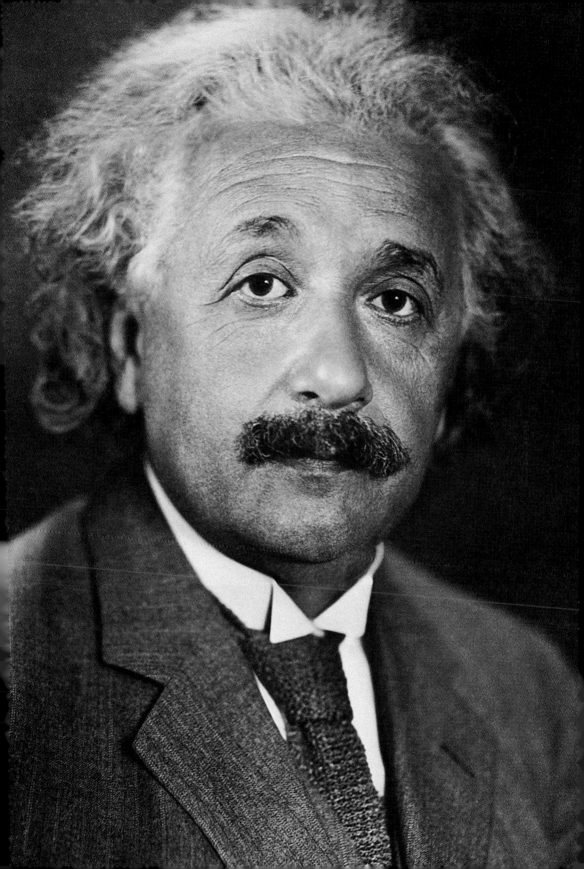

不确定性

哈勃太空望远镜被安置在轨道上，凭着我们有本事利用伽利略关于投射物的力学的理解，以及对开普勒行星运动定律和牛顿的引力定律的理解，反思这些事情，很是应该。但是，哈勃望远镜和其他测量宇宙构造的设备揭示的东西，不像那些定律所暗示的东西那样直白。爱因斯坦的相对论，问世于 1916 年，证明在宇宙中，时间、空间和引力，能够也确实是弯曲的。

> *"我们对夜空的看法，不再是一个伸手可触的世界，而是一个无限的、正在膨胀的宇宙，我们仅仅是其中的沧海一粟。"*

好像此事还不够糟糕似的，如今的天文学家爽快地接受黑洞的存在，光不能从黑洞里挣脱出来，他们看出需要 11 个维度的时空；他们谈弦论，谈膜论，谈平行宇宙，谈暗物质，谈暗能量，这都是无人知其本性的东西，却硬是存在。然而，这些现象看似怪异，数学却是又硬又可信，无论那些想法有多么异想天开。

对老百姓而言，现代宇宙学为"天外有什么？"这个问题提供的答案，必定惊扰人心，听起来也不大可能，正如 500 多年前说地球绕着太阳转这个念头一样。有所变化的是，今天的科学对它发现的证据的反应，努力保持客观态度，即便证据跟大家认可的智慧作对。我们对夜空的看法，不再是一个伸手可触的世界，而是一个无限的、正在膨胀的宇宙，我们仅仅是其中的沧海一粟。但是，更重要的事情，或许是我们整个的眼界变化了。我们用一种封闭的脑筋看世界，已经成为过往，而用一种一直被迫再思再想的脑筋看世界——把我们在天外看到的东西，这个令人敬畏而眼花缭乱的宇宙里的东西，搞得顺理成章。

左图： 1924 年，埃德温·哈勃表明：漂亮的仙女座星云是一个独立的星系，在 200 万光年之外。今天我们知道它是一个螺旋的星系，与我们自己的银河系相似。

右图： 哈勃太空望远镜提供了令人惊叹的照片，如这里的蟹状星云的肖像。

宇宙：大事记

哥白尼
1473—1543 年

第谷
1546—1601 年

开普勒
1571—1630 年

古希腊

罗马希腊

中世纪

伊斯兰科学

发现的时代

∧ 印刷机，1400 年

<哈勃太空望远镜，

我们的发现之旅，要发现天外有什么，是一些伟大的力量和信念规划的。一些完美的圆圈围着地球，这种古希腊的宇宙观，是人类历史上最持久的观念之一。破除它，依赖于别出心裁、野心勃勃之士搜集的精确证据。利用各种仪器，包括当时可得的最精确的象限仪，第谷·布拉赫一生能够编纂细致入微的天文学数据。约翰内斯·开普勒利用这些数据，以数学证明了更早的哥白尼日心宇宙理论。但是，只有等到伽利略把新近问世的望远镜改善了，开始观察天体，日心说才被世人接受。

历史背景也至关重要。文艺复兴时期的宫廷鼓励新知，为天体研究付钱。宗教改革时期

20 世纪

伽利略
1564 — 1642 年

牛顿
1643 — 1727 年

哈勃
1889 — 1953 年

爱因斯坦
1879 — 1955 年

宗教改革　　启蒙时代

21 世纪

∧ 威尔逊山望远镜，1892 年

∧ 伽利略望远镜，1690 年
∧ 第谷·布拉赫象限仪 1600 年

的宗教剧变，两种教会争夺霸权，创造了一种学术气氛，质疑权威就可能了。印刷机使知识以前所未有的速度传播。

在伽利略之后，对深究宇宙方法的探索一如既往，像牛顿这种才俊对发现的现象进行解释也是如此。到 20 世纪初，望远镜已经很大。最大的望远镜是美国的胡克望远镜，名叫埃德温·哈勃的天文学家揭示了宇宙在膨胀。他的名字被用来为最强大的那台望远镜命名 —— 哈勃太空望远镜，其照片把我们关于天外有什么这个问题的看法革命化了。

第2章　物质：世界是什么构成的？

世界是什么构成的，探索而理解这个问题，从表面看似乎是一种玄学圈子里的究诘。然而，这个问题有巨大的实际结果。塑料、化肥、汽车、计算机、互联网、遗传工程、移动电话、卫星导航——起码部分地说，这些东西都出自对这个问题的努力回答。

在这种回答的核心，蕴含着我们对全部物质构成方式越发自觉的意识，无论物质是固体、液体或者气体，终究都是由无数微小的粒子构成的——粒子是分子，由名为原子的更小单位构成，化学键把原子连结起来，形成简单或复杂的组合体，粒子也可能是原子本身。

原子与分子之间的相互作用，形成全部化学的基础。但是，科学家们才刚刚理解此事，他们就面对关于另一个更深结构层面的证据——一个亚原子世界，奇怪的是，这个世界既复杂化也简化了我们的物质模型。不是几十种元素，而是绝大部分的物质世界，如今可以如下方式来理解：仅仅是不多的基本粒子，但不多粒子的行为方式才确实可能是非常奇怪的。

我们孜孜以求以理解这个亚原子领域，最好的地方莫过于大型强子对撞机，坐落在瑞士的世界最大科学项目。在这里，两股粒子流以近于光速运动，然后迎头相撞，目的是创造大爆炸最后一瞥的那种条件，以便把宇宙创生以来被锁闭起来的某些粒子释放出来。

左图：大型强子对撞机内部一景，那是世界上最大、最野心勃勃的粒子加速器。在对撞机里，亚原子的粒子流以近于光速互相碰撞，以此探索物质的深层结构。

原子

　　世界以及其中的万事万物，是由原子构成的——原子是物质的微小而持久的零碎，那是在恒星核心里锻造出来的东西。这是今天家喻户晓的知识。原子确实是非常小。100万个原子，肩并肩地摆成一排，其长度也难得有这本书里每个汉字的一半的宽度。每一个原子都有一个核心，里面有质子和中子，一团电子云围绕着原子核。原子之间借用和共享电子，成其稳定状态，是全部化学的基础，但重新塑造原子核——无论是把原子核打碎（裂变），还是强迫原子核合起来（聚变），是原子物理学的领域。

　　另外，如今清楚了：质子和中子又是由更小的粒子构成的，其名为夸克；借助于互相交换名为胶子的"信使"粒子，夸克就抱成一团。谁知道还有什么更深的结构层面有待于发现呢？原子与亚原子世界的秘密深藏不露有若干世纪，那归咎于我们的仪器和思维都有时代局限，也归咎于把更小得过分的粒子分开所需要的巨大能量。因此，我们如何知道了我们现在所知道的事情，世界是如何脱胎换骨以至于今的呢？

> "原子确实是非常小。100万个原子，肩并肩地摆成一排，其长度也难得有这本书里每个汉字的一半的宽度。"

原子内部

　　世界是由大小不同的原子构成的。测量原子的大小，单位是皮米，或称微微米，相当于百亿分之一米（1/1 000 000 000 000）。一团原子可以搂抱一处，成为一个分子，如水分子（H_2O）；水分子由一个氧原子和两个氢原子构成。虽然大家常常把原子设想得很像毛茸茸的网球，但原子并没有这么一种外表面。原子却包含一个微小、致密、带正电的核，而一团带负电的电子云包围着核。然而，正像一个网球的内部，原子主要是一无所有的空间，这意思是宇宙中的万事万物，我们也在其中，绝大部分是由空无构成的。即便宇宙包含99.9%的原子物质，即原子核，这个东西是由质子和中子构成的，也仅仅占整个原子的一个微小的部分——从比例上说，原子核之于原子，相当于一粒沙之于一座大教堂。一个原子中的质子数，决定其原子序数，因此决定它是哪一种元素。一个氢原子，比方说，只有一个质子，因此其原子序数是一。另一方面，电子数决定一种元素的化学属性。一个氦原子有两个电子在它的"壳"里，意味着那个壳是满的，这就使它极端稳定。

德谟克利特
大约公元前 460 —
前 370 年

大笑的哲学家

　　让我们从古希腊人讲起，尤其从大笑的科学家"挖苦者"德谟克利特讲起。大约公元前 460 年，德谟克利特出生于色雷斯。作为一个年轻人，德谟克利特从他父亲那里继承了一大笔钱，花在周游世界、增广见闻上。他到过亚洲、中东，可能也到过埃及。在他人生道路的某个地方，他爱上了数学，也得到了数学知识；关于世界，他也是一个彻头彻尾的唯物主义者，一个决定论者。德谟克利特相信，万事万物都可以用自然规律来解释，只要我们知道那些自然规律是什么。

　　据传说，德谟克利特坐在家里，闻到新鲜面包的味儿：一个仆人端着面包上楼。他开始琢磨，他怎么能够闻到面包，得到了结论：面包的微小粒子必定逃脱到了空气里。他接着讲述了一个用奶酪做的思想实验。他说，设想你把一块奶酪切成两半，然后把一半再切为两半，如此等等。最后，你会得到某种东西，你切不得了，德谟克利特称之为"原子"。桌子是硬的，他说，奶酪是软的，因为构成奶酪的原子或者是松散的，或者是集结得不够紧凑。他大胆宣称："除了原子和虚空，无物存在；其他都是主观意见。"他正确地相信：原子是小的，是很多的，其实也是不可摧毁的。

　　他接着宣称：宇宙本来是由原子构成的，而原子随机地到处飘游，然后彼此撞在了一块儿，联合在了一块儿，组成了行星，如地球。另外，他说，地球是一个巨大的球，飘在虚空中，我们的宇宙仅仅是众多宇宙中的一个。当你想到他是在将近 2400 年前作此断言的，那真是不同凡响啊。然而，不幸的是，德谟克利特及其追随者没有原子存在的证据，也缺少对这些另类理论的支持。那都是哲学的猜测嘛，无非如此。

上图： 德谟克利特的宇宙学把地球和众行星放在宇宙中心，四周是恒星，是原子构成的"无限的混乱"。

　　德谟克利特一直活到 90 岁，那时候他已经瞎了。据说他当时是绝食而死的。但他活得足够长，意识到他在观念之战中失败了，败给了更年轻、更伶牙俐齿的亚里士多德。亚里士多德基于柏拉图，宣称全部物质由五种元素构成：土、气、火、水和以太。爱和吵闹这种"力量"控制着五大元素。德谟克利特的原子论认为全部生命、颜色和世界上的万般品类，可以用微小粒子的相互作用来解释；与此不同，亚里士多德的理论为事物赋予了目的。这个想法，即世界不是散漫的，而是浸透了目的，在某些人看来，是理解生命的一种更安慰人心的路子。或许正是因为这个，所谓原子论就被抛弃了超过两千年。亚里士多德成为一个非常有影响力的思想家，他关于此事和其他许多科学领域的看法（很多是错误的），不仅在古希腊非常流行，而且在后来被伊斯兰教世界捡到了，成为欧洲的炼金术和医学实践的奠基石，并一直稳稳当当地延续到中世纪。

炼金术

　　"世界是由什么构成的？"这个问题，如今变成了炼金术士的心事。最早形式的炼金术，是在两千多年前的中国发展起来的。炼金术的基础是一种与亚里士多德相似的对世界的理解。火、木、金和水的不同比例，解释为什么物质有不同的属性。希腊人享受哲学思考本身，并无其他目的；与此不同，中国的炼金术士在实用的方向上卖力。一系列的皇帝，害怕衰老和死亡；受到了他们的鼓励，中国的炼金术士着手寻找长生不老药——有人说那是可以喝下去的金子。令人哭笑不得的，他们最早发现的东西之一是火药，火药迅速变成了促死药。到 12 世纪，火药的配方，连同许多炼金术的信念，流传到欧洲；在欧洲，这些东西得到了发挥，进而塑造了世界史。

火药

　　火药是硫黄、木炭和硝石（硝酸钾）的混合物，比例大体是 2 : 3 : 15。大家普遍相信火药是中国的炼丹术士或者道士发明的，时间大约在 9 世纪，虽然也有一些争风吃醋的说法。中国人很快意识到火药的军事潜能，并用火药造炸弹、射火箭，用来打击蒙古侵略者，虽然那不是一种具有决定性的武器，因为蒙古人成功地征服了中国，在 13 世纪初建立了元朝。阿拉伯人多半从中国商人那里了解到火药的秘密，于是在 13 世纪后半期哈桑·阿尔–冉马哈（Hasan al-Rammah）写成一本关于火药配方的书，并入他的《军马与军械宝典》。此后，欧洲人也了解到火药，可能从阿拉伯人那里知道。罗杰斯·培根（Roger Bacon），英格兰的一位天主教修士和哲学家，写道："只用少量的这种物质，就可以制造强光外加骇人的巨响。用它破坏敌人的城池，是可能的。"

17 世纪

让我们向往昔跳到 1695 年，访问亨尼格·布兰德（Hennig Brand）的实验室（假定可以如此称呼）。布兰德是最后一批炼金术士之一。他相信他终于到了最后的门槛，接着就能发现传说的"哲人石"，这是一种超自然的、普适的清洗剂。像布兰德这样的炼金术士狂热地相信"哲人石"。据说这种石头能把贱金属中的不纯之物洗掉，把贱金属变为金子：全部金属中的最纯者，因为金子永远不腐嘛。与此相似，这种石头能把一个人的不纯之物洗掉，能祛除疾病，让他不死，让他的灵魂纯洁。世世代代如此众多的人，包括那些像物理学家牛顿那样毫无疑问的天才人物，都拿出一生的许多精力孜孜以求之 —— 这在当年是可以理解的。布兰德不算什么天才，但他极端自负。为了搞到这种石头，他已经花光了他第一任妻子的财产，就开始用他第二任妻子更大的财产披荆斩棘开创新路子。

布兰德断定他或许能在人尿里发现"哲人石"。在尿里找，似乎找错地方了，我们也悲哀地不知道啥玩意儿劝他如此尝试。像布兰德那样的炼金术士相信，他们正在发现被人类遗忘的秘密 —— 关于如何改变世界的那种知识的零零碎碎，一直追溯到古人。他们痴迷于密码和暗码，不仅为保护他们的职业地位，也为把可能危险的秘密保守在数目有限的人中。因此，关于布兰德的所作所为，虽然我们知道一些，大部分仍然在云山雾海中。他选择尿，可能因为尿为金色，也可随用随取；也可能因为大家已经发现尿具备有用和异常的属性。罗马人用尿洗衣服 —— 他们的自动洗衣店，散发着骚味。罗马人发现用尿除油渍颇为有效。人们还知道尿可用来

> "像布兰德那样的炼金术士相信他们正在发现被人类遗忘的秘密 —— 关于如何改变世界的那种知识的零零碎碎，一直追溯到古人。"

生产硝酸盐，那是火药的重要配料。13 世纪的一个配方宣称：生产力量最大的炸药，最好的资源是主教大人的尿。

我们确实知道布兰德从当地士兵那里搜集了几桶尿，放在那里发酵，他估计实验需要 5000 升尿。用了一系列复杂的玻璃烧瓶、管子和高温烤箱，他浓缩并蒸馏，然后加上沙子 —— 理由或许是沙子也有金色 —— 再蒸馏。那些尝试重复布兰德"实验"的人，倒是赏识了一位非常能干的技术员必须具有的本事。使用如此粗鄙的热源，在如此危险的条件下，烧沸、纯

左图：题目是"炼金术士寻找哲人石"，英国德比地方的约瑟夫·莱特（Joseph Wright of Derby, 1734 — 1797 年）的这幅辉煌的油画，捕捉了炼金术士的那种把神秘主义与科学研究的混合品性。

化、提取任何东西，也真算是非同一般的业绩，臭味就不提了。在如此忙活之后，那种白色蜡状的黏性物，起初是非常令人失望的。那里没有什么金子，也肯定没有"哲人石"。但是，黏性物确实有一种更不同凡响的属性：它在黑暗中发光。布兰德为它起名叫"磷"（phosphorus），在希腊语中这个词意思是"光"。不久之后，布兰德兜售磷，说那是一种壮阳祛病的万灵药，特别适用于治疗精神疾患。在 18 世纪的药典中，磷显得是一种非常有用的药，后来大家明白它非常有毒，于是就为它贴上"魔鬼元素"的标签。

我们现在知道布兰德已经分离出了一种元素。他做出了一项重要的发现；但是，关于发生了什么事情，他缺乏任何合适的解释。他有一种技术，有方法，但没有科学。

起先，布兰德有很多自鸣得意的事情。磷如此稀少，比等量的黄金更值钱。一盎司磷售价大约六个金币。不叫人惊讶的，是布兰德试图对生产方法保守秘密，有一段时间也得逞了。但是，需要大量的尿，以及生产过程产生的气味，意味着别人一定会很快知道那个秘密。

"磷如此稀少，比等量的黄金更值钱。"

制造磷

　　磷首次发现于汉堡，后来在第二次世界大战中，同盟国在炸弹里使用磷，把汉堡夷为平地，此事荒诞而可悲。亨尼格·布兰德生产磷的确切技术细节不很清楚，因为他把自己做的许多事情搞成秘密了，但大体是让尿发酵，然后蒸馏成浓缩液体或称糊状物，再把这东西加热到高温，蒸馏、混合，再加热，直到最后产出磷。布兰德需要大约1000 升尿，来制造区区 60 克磷。正如实情，发酵尿，既有味儿，也不必 —— 与从鲜尿里提取的磷一样多。他的生产方法也非常缺乏效率，因为在蒸馏之后，他把产物之一扔掉了，那里包含着尿里的好大部分的磷。布兰德的 1000 升尿本应该产出超过 20 倍的磷，因为每升人尿其实含有大约 1.4 克磷。尽管费用大，提取过程令人不快，人尿仍然是磷的主要来源，直到 18 世纪瑞典化学家卡尔·谢勒（Carl Scheele）表明磷可从骨灰中提取。

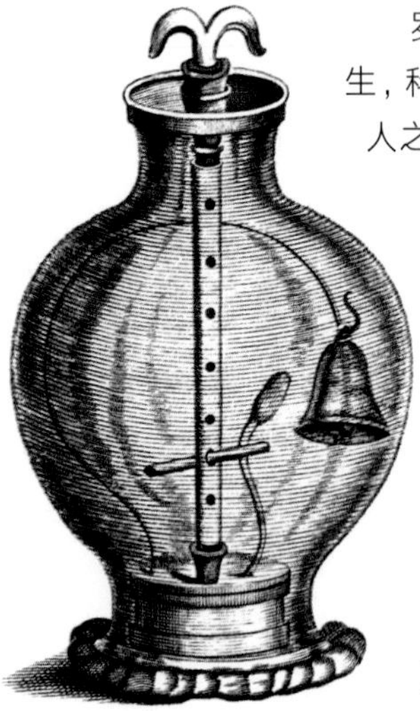

罗伯特·波义耳（Robert Boyle），一位伦敦医生，科克男爵的小儿子，是最早识破布兰德秘密的人之一。有人告诉他，磷是取自"某种属于人体的东西"，他就得出了正确结论。他从尿里制造了磷，但跟布兰德不同，波义耳意识到磷大有用处。波义耳不曾用磷去毒害他的病人，而用它制造火柴。火柴是一个大发明：第一个生火的可靠方法，不用敲打燧石，不用摩擦棍子，不用保留火种。

左图：罗伯特·波义耳最有名的实验之一的展示图，他用一个真空泵表明一个响着的铃，只有借助于空气，才能被听到。

然而，波义耳不仅仅造火柴。他早先相信炼金术，就对炼金术的自称自诩深深地怀疑，决心把炼金术搞得更"科学"。1661 年，他出版了《多疑的化学家》，这本书终于重新把原子（他称之为"小体"）这个观念引入西方思想。撇开其他事情不谈，波义耳用压缩空气做实验，方法是把水银注入一个 U 形的玻璃管，把管的一端封起来。他发现在他施加的压力与封闭的空气体积之间的一种关系。这个"定律"，就是如今的波义耳定律，宣称：把气压翻倍，封闭空气的体积将缩小一半。波义耳的结论是：这个现象的最佳解释是，空气是由小体构成的；增加压力，就迫使那些小体靠得越来越近。然而，这个设想不曾被大家采纳，原子观念再次消失在主流思想的背景中。

我们或许会嘲笑布兰德的信念，即任何人都能从人尿里提取长生不老药，但事实是：布兰德这样的炼金术士为波义耳这样的科学家铺平了道路。炼金术士发展了技术，特别在浓缩、分离和蒸馏方面；这些技术，对现代化学的发展，对更好地理解物质的本性，到头来是至关重要的。

化学革命

继续走 80 年，到了 18 世纪中叶，火药和大炮，中国炼丹术士的那些发现，被别出心裁的欧洲人发扬光大，臻于真正特别有效的水平。大炮轰垮城墙，大城堡的时代结束了。虽然如此，宗教分歧为横扫欧洲的几乎连续不断的战争火上浇油，因此国家的命运仍然依赖于大炮的制造。目标是建造更大的大炮，更多的大炮，大炮还必须不在炮手的面前爆炸。炮兵学校在英法建立起来，以便建造一种新档次的技术优越的武器。

"到了 18 世纪中叶，火药和大炮，臻于真正特别有效的水平"

制造大炮需要好战的国家发展对造炮所需要的金属的理解。孜孜以求更好的金属，点燃了对开矿与冶金的兴趣。最重要的，是此事导致对气体的新兴趣，在试图理解物质的下一阶段，气体将至关重要。

怎样制造大炮

虽然有一些证据，证明古代世界使用多种大炮。我们今天能够认出是一门炮的那种最早的构造，几乎可以肯定起源于中国。那是简单的纸制或者竹制的管子，把中国的另一种发明物火药装入其中，再装上金属碎片，这东西对使用者的危险性，不下于对敌人的危险性。后来，炮是金属造的，用铁或铜。中国人把成千上万的这种炮架在长城上，试图抵抗蒙古人而徒劳无功。来自中国人，大炮技术似乎是被伊斯兰世界采纳了，然后是欧洲人采纳。大炮到了欧洲，战争形式为之一变，特别是在围攻之际。正如意大利政治哲学家马基雅维利评论的那样，"炮兵无坚不摧，为时区区几天；任何城墙，无论多么厚，无济于事。"到他写书的年月，也就是 16 世纪早期，人们意识到炮管越长，炮弹就飞得越远。结果就是大家开始造货真价实的巨炮。炮管 3 米，重量超过 9000 千克，如此巨炮并非不常见。然而，从早期的竹炮开始，就有不一般的危险：炮管会炸开，把炮手炸死了。

J. Priestley

普里斯特利的"气"

约瑟夫·普里斯特利出生于 1733 年 3 月，是一个穷裁缝的儿子。约瑟夫尚未成年，裁缝就死了。家里太穷，不得不把约瑟夫寄养在亲戚家。他无师自通，在当地学校里学会了拉丁语、物理学和哲学，进而成了一位不信奉英国国教的牧师。和他生前的艾萨克·牛顿一样，他结果相信三位一体那个观念是胡说，加入了一个名为唯一神派的宗教派别。

> "在几千年里，气被理解为一种单一的、不可破开的物质，但到普里斯特利的时代，人们开始意识到存在不同的气，其属性也非常不同。"

普里斯特利很快养成了一种对实验的热情，他的主要兴趣之一是气体，或者是他所说的"气"。在几千年里，气被理解为一种单一的、不可破开的物质，但到普里斯特利的时代，人们开始意识到存在不同的气，其属性也非常不同。普里斯特利住在英国利兹市的一家酿酒厂的近旁，他开始用气做实验。他的特殊兴趣是所谓"固定气"或称"酸气"——发酵过程产生的那种气，如今我们知道那是二氧化碳。这种固定气是在发酵的酒精上面的厚层中形成的，很容易搜集。普里斯特利发现，放在这种气中，蜡烛很快就灭了。他还发现把固定气溶解在水里，就制造出一种精神为之一爽的饮料，他称之为"碳酸饮品"（mephitic julep）。他把方子给了英国海军，期望那能治疗远航中发生的坏血病。其实，他发明了如今为人所知的苏打水。"碳酸饮品"能让他发大财，但他没看到这东西的潜能，把东西留给了约翰·雅各布·施维普（Johann Jacob Schweppe），此公是一位瑞士钟表匠，留给他去利用这项发现。在无意之间，笃信宗教的普里斯特利成了软饮料工业之父。

1774 年 8 月，普里斯特利还有另一项更重要的发现。他发现快速加热朱砂（如今我们知道那是氧化汞），就产生一种属性非同一般的气。他还注意到把蜡烛放在这种气里，蜡烛就剧烈地燃烧，烛焰迅速蹿高，更明亮，也更热。后来，他用自己的身体，用老鼠，检验这种气体。他发现吸入这种气，让他感觉清新而振奋。他思忖这种"纯净的气"或许会成为一种时髦的奢侈。无论这种气是什么（普里斯特利自己不肯定那是什么），它无疑是一种非同凡响的东西。虽然他为这种气赋予了一个相当笨拙的名字"缺乏燃素的气"，普里斯特利发现了氧气，或者毋宁说（事情很快就清楚了）他重新发现了氧气。氧气根本不像他想象的那样有治疗作用，普里斯特利的"缺乏燃素的气"多半对健康有危险——是从氧化汞中产生的，这种气会混入不少有毒的汞。

在他做出了这项重大发现之后 3 个月，普里斯特利旅行到巴黎，运气不佳：他的恩主谢尔本伯爵是他的旅伴。在巴黎，他应邀出席一次隆重的宴会。

宴会

安托万·拉瓦锡，宴会的主人，是世故的城里人。他继承了一点遗产，当了所谓税务官，家底稍厚。他向政府付了一笔费用，换来了为法国政府收税的权利。税务官常常腐败，可想而知也极端地遭人恨。成了税务官队伍中的一员，拉瓦锡最终毁在此事上。

25 岁，不谙世事，拉瓦锡被选进科学院，很快就得到了大出风头的项目，如为巴黎街道设计更好的照明方法。他有一个年轻的妻子玛丽-安，娶她的时候，她年仅 13 岁，是从一个更老的男人的鼻子底下把她抢出来的。她是他的科学精神伴侣，大多数日子他们在他的实验室里工作五小时。星期天，他们说那是他们的幸福日子，他们就努力在实验室待一整天。在他们的合作中，玛丽-安的角色至关重要。她学会了英语，因此她紧跟海峡对岸的研究进展。她勾勒实验方案，细致地记录实验结果。

拉瓦锡是一个野心勃勃的人，非常知道自己多才多艺，但也很清楚：尽管倾尽他的财力和努力，他迄今没有做出真正不同凡响的发现。1774 年10 月，正是普里斯特利在餐桌上透露的东西，最终引导拉瓦锡做了他的一些最著名的实验。普里斯特利或许被这个场合搞得有点忘乎所以：美食、奢侈的摆设，以及拉瓦锡本人，他有钱、随和、魅力十足。普里斯特利在信里告诉妻子"城里大多数哲学人物都出席了"。在宴会期间，普里斯特利把他最近的发现统统告诉了拉瓦锡，关于那种有助于燃烧的气体。他甚至告诉拉瓦锡和宴会上的客人，他如何搞出了这种气体。隔着餐桌，拉瓦锡听得专注；他知道这是某种非常重要的东西。普里斯特利注意到拉瓦锡夫妇和其他客人"表现得大吃一惊"，他们很应该吃惊。如此公开地谈论他最近的发现，普里斯特利的做法与时代精神并行不悖——科学的公开性——即便英法是敌人。但是，如此坦率，他很快就要后悔莫及了。

> "在宴会期间，普里斯特利把他最近的发现统统告诉了拉瓦锡，关于那种有助于燃烧的气体。"

左图：画中拉瓦锡与他的妻子玛丽-安在一起。拉瓦锡为几种主要的元素命名，其中包括氢和氧。

宴会后，拉瓦锡立刻冲到自己设备齐全的实验室，去重复普里斯特利的实验。麻烦从这一刻开始了。下面发生的事，把这两个人变成了死对头。搞到纯净的朱砂，比较简单——汞盐是治疗痘疹的不多有效药之一，当时巴黎正流行这种病。拉瓦锡加热朱砂，搜集了气体，正如普里斯特利做过的那样。他发现他搜集的这种气体具有普里斯特利描述的那些属性。但他做了另外某种事儿，某种非常重要的事儿。他断定把这个实验反转过来，手段是在氧气中加热汞，看看这能不能产生氧化汞，答案是能。

氧气

在科学史上，有很多人声称"发现"了氧——远早于约瑟夫·普里斯特利或通常享有这一荣誉的安托万·拉瓦锡。1620年，据说有人造了一艘潜艇，以桨推进，游弋在伦敦泰晤士河中。传说，一种炼金术制备（可能是氧气）使潜艇里的空气保持新鲜。有人或许也说，牛顿的敌人罗伯特·胡克，火柴和波义耳定律的发明者罗伯特·波义耳，在17世纪研究燃烧的时候发现了氧气。他们首先把空气从瓶子里抽出来，证明木炭在瓶子里不能燃烧。波义耳发现，如果他往瓶子里加上硝酸钾（火药的成分之一），木炭就又燃烧起来。他意识到空气和硝酸钾里都有某种东西，能促进燃烧的东西。我们如今知道，那是氧。

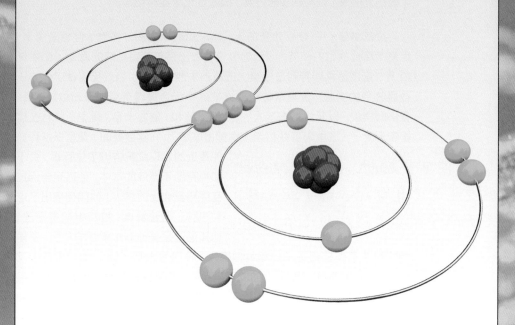

上图：对氧结构的一种现代解释，表明微小的亚原子电子绕着中央的核转动，核里有更重的质子和中子。在原子的外"壳"里，发生电子的交换或者分享，导致分子捆绑在一起，因此这存在在化学反应的核心里。

拉瓦锡如今把他的那份会计师的脑筋用在实验上 —— 他毕竟是一个税吏嘛。他为这个实验的各种成分称重，称得非常仔细，在反应之前和之后，他发现反应前后的物质重量是完全一样的。汞加氧的重量与产生出来的氧化汞的重量是相同的。与这个实际的发现本身相比，在许多方面，反应前后重量相等一事，都是远远重大的一步。拉瓦锡理解了化学反应 —— 物质能够结合起来，然后也能分解开来；物质是由简单的元素构成的，元素结合成不同的组合，构成我们看到的这个世界。他也为那种神奇的气想出了一个名字：氧气。氧气的发现，是科学中的一块里程碑。氧气是养生之气，是我们呼吸的空气的关键部分。维持燃烧的，也正是氧气。

> *"氧气的发现，是科学中的一块里程碑。氧气是养生之气，是我们呼吸的空气的关键部分。维持燃烧的，也正是氧气。"*

回到英格兰，普里斯特利情有可原地怨恨，恨拉瓦锡的剽窃，恨拉瓦锡把他的发现改了名字。他写道："他应该承认，我跟他讲过那种气体，那是我从氧化汞得来的气体，这才导致他在我离开之后去看看那种产生的气体是什么东西。"其实，普里斯特利并非产生和研究氧气的第一人。一位瑞典化学家，名叫卡尔·舍勒（Carl Scheele），在 1772 年加热氧化汞，产生了氧气，比普里斯特利早两年。舍勒把他的发现写在一本书里，最终在 1777 年出版。

普里斯特利与拉瓦锡的分歧，不限于为拉瓦锡不曾充分承认自己的成就而愠怒。拉瓦锡并非仅仅重复普里斯特利的实验；关于这个实验的真实意义，他还公开讲出了全然不同的结论。当时，化学家们相信：当有东西燃烧时，它就失去了一种名为燃素的物质。按照流行理论，在封闭空间中燃烧的任何东西，将很快熄灭，因为它周围的空气的燃素会饱和。普里斯特利把他发现的这种气体称作"缺乏燃素的气"，因为把一根点燃的木棍放在这种气体中，木棍就会燃烧剧烈，发出强光，这意味着这种气体几乎完全不含燃素。

拉瓦锡热心于揭穿这个理论，他正确地认为这个理论有漏洞，是误导的。他写道："把化学家们拉回更严格的思维方式，是时候了。"普里斯特利无疑首次公开做了这个实验，并讨论他的发现；但是，首次充分理解这个实验的真实意义的，却是拉瓦锡。那是一个英国的发现，却是一个法国的解释。然而，要点在于拉瓦锡意识到氧气不仅仅是另外一种气体；氧气是一种建造物质的基本预制块，是一种元素。在安托万·拉瓦锡看来，对气体的这种兴趣才刚刚开始，那会导致他得到关于物质本质的一种现代理解。

气球战，毒气战

1783 年，在巴黎那次出事的宴会之后将近十年，法国陷入了气球狂热中。事情起于法国南方的阿诺奈，当时两个造纸商，孟高尔费兄弟，展示他们最近的发明。这个发明，是一个大气球，用纸和帆布制造，下面有一个很大的开口。人站在气球开口边缘的四周，把气球扯起来；同时，一些草捆堆放好了，在气球下小心地点燃。他们把一个筐子绑在气球下面，然后装上三位乘客：一只绵羊、一只公鸡，和一只鸭子。气球胀满，大家就把它放上天。大约 6000 人的一群人，为这一奇妙之物欢呼雀跃。

孟高尔费兄弟是务实之人，不是大理论家，主要对气球的商业和军事潜能感兴趣。他们制造了我们如今所谓的热气球，但他们相信把气球带上天的那种力量，是一种气体，其中包含他们所谓的"轻浮"之物，是从燃烧的木柴里来的。他们把这种气体叫作"孟高尔费气"。

不久有一场比赛，有人出钱设奖，看谁能把第一个人送上天。有一段时间，有一场热烈的讨论，谈的是谁会首飞。国王明显为安全担心，就把机会让给罪犯。不久，1783 年 11 月，孟高尔费兄弟用一个直径 15 米的巨大气球，把两个人送上了天，这是第一次飞行。南风带着这两个乘客飞了 8 千米，耗时 25 分钟。

> "氢气比空气轻 13 倍，因此它的提升力是巨大的。"

仅仅十天之后，就有了正经的比赛。一个气球飞上了高天，动力是一种"易燃气体"，是英国人亨利·卡文迪许（Henry Cavendish）发现的，很快被拉瓦锡更名为"氢气"。氢气比空气轻 13 倍，因此它的提升力是巨大的。40 万人——巴黎的一半人口——观看放飞。这个氢气球飞了 43 千米，证明它比孟高尔费兄弟的热气球能飞得更远。它的力量也更大得多，因此只需要一半大小。然而，出于公平比赛的考虑，科学院裁判孟高尔费兄弟获胜——他们毕竟是首创者。与此同时，拉瓦锡被点名参加一个委员会，进一步研究气球，看到了氢气的潜能，就把心思用到在商业规模制氢问题上来。在这个过程中，他将发现分离物质的方法。

右图：孟高尔费气球第一次载人升空，它载着两个志愿者——医生德罗齐埃（Pilâtre de Rozier）和达尔朗德侯爵（Marquisd'Arlandes），他们说服国王不要让罪犯参与如此具有划时代意义的飞行。

劈开物质

亨利·卡文迪许首次制出了氢气，方法是把酸滴在金属上，然后把气体搜集起来。气球旅行家仅仅在大规模上重复这个过程。他们在罐子里装满铁屑，加上酸和水，把气体抽出来，用来充气球。这个过程，有两个麻烦。首先，它搞出好多水蒸气，纸制气球不耐水蒸气。其次，制酸需要硝酸钠；因为硝酸钠也是生产火药的主要配料，而这种东西不多。

拉瓦锡的办法，优雅、简单而便宜。氢气的发现者卡文迪许，已经表明氧气和氢气封闭在烧瓶里，在其中释放电火花，就爆炸并产生水。拉瓦锡意识到，这意味着水是两种元素构成的化合物：氢和氧。他还意识到，如果他能反转这个反应，他就能把水分为氢和氧。

从本质上说，拉瓦锡所依赖的，是一种加快了的生锈过程。他搞来一段1.2米的铁管，那其实是一个炮管，他把这个东西以一个角度放在烧红的煤炭上，因此管子的中段就被烧红了。然后他向管子里灌水。水流下管子，水里的氧与炮管的金属发生反应。这种反应留下蒸汽和氢气的混合物。通过冷凝这种混合气体，他就能搜集到纯净的氢气。在把他的技术完善之后，当着30多位绅士的面，拉瓦锡重复这个实验。他想让他们看到并注意他干成了什么。

法国政府立刻意识到氢气球的军事潜能。氢气球很快用在战场上，侦查敌军的行踪，而拿破仑后来建立"气球驾驶军团"，意欲用气球入侵英格兰。这个计划遇到挫折，他就带了一些气球入侵埃及。他们还没有行动，英国舰队副司令霍瑞修·纳尔逊（Horatio Nelson）就把那些气球毁了。后来在第一次世界大战期间，氢气飞艇被用于侦查和轰炸，但不曾用作载客飞行器，这部分因为标志性的兴登堡灾难，这个灾难把公众对飞艇安全性的信心毁了。

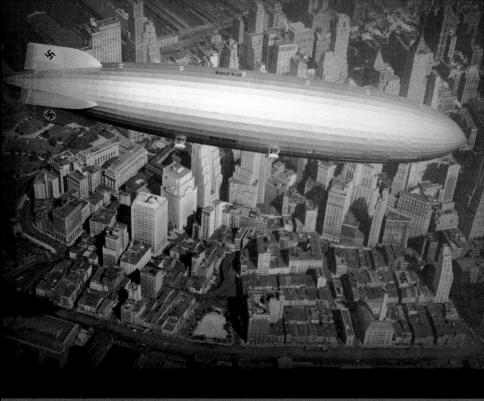

兴登堡灾难

　　兴登堡灾难是古往今来最著名的航空灾难之一。事情发生在 1937 年 5 月 6 日星期四，那个巨大的飞艇，试图降落在新泽西，起火了，不到一分钟就烧毁了。其实只有 36 人死在飞艇里，从许多方面看，这是一个相对小的灾难。然而，飞艇毁灭的速度，连同它在燃烧时候被拍了电影这个事实，把这个灾难搞成了航空领域的一个标志性时刻。确实没有人知道是怎么起火的，但是一旦火势起来了，氢气就名副其实地是一种高度易燃易爆的气体。令人哭笑不得的是齐柏林飞艇具有超出一般的空中安全记录，兴登堡飞艇仅仅是其中的一艘。在这次火灾之前，乘客从来没有受伤的，却有齐柏林飞艇已经飞行了几百万英里的事实。兴登堡飞艇的毁灭，宣告飞艇作为一种先进客运手段寿终正寝。很快，飞机取代飞艇，成为跨越大西洋的最受欢迎的工具。

左图： 学校里的一个受欢迎的化学实验，展示充满氢气的气球被蜡烛点燃，就会发生爆炸。

革命

　　1789 年，巴黎人进攻巴士底狱，发起了后来所知的法国革命。正是这一年，拉瓦锡出版了他的名著《化学元素》。这本书总结他一生的研究，把炼金术的秘密世界的最后残余一扫而光。化学物被赋予了合乎逻辑的名字 —— 描述它能干什么。许多人认为这本书蕴含着现代化学的开始。不幸的是，拉瓦锡命短，无法享受他孜孜以求的名声。

　　拉瓦锡的生活方式，他的化学研究，仗着他当收税官搞来的资金支持。收税官在今天也不是最受欢迎的人，而在革命的法国，他们特别遭人痛恨和蔑视。让－保罗·马拉，革命的领导者之一，曾经遭到拉瓦锡的斥责，现在拉瓦锡就成了马拉报复的对象之一。"拉瓦锡一度被奉为全部发现的鼻祖，此话甚嚣尘上。他自己没什么想法，他剽窃别人的观点。因为他很难赏识那些观点，他轻易抛弃，一如他轻易采取。他改变自己的体系就像换鞋子那样随便。"

　　被控偷钱和反革命活动，拉瓦锡在 1794 年上了断头台，终年 50 岁。当时一个人悲哀地评论说："片刻就掉了脑袋，一百年也不足以产生另一颗像那样的脑袋。"死前的那个晚上，拉瓦锡写信给朋友，希望自己被世人记得，"稍给我一点哀荣"。拉瓦锡或许会高兴他现在所受的待遇。他不曾做出任何巨大而原创的发现，但通过解释别人的那些发现，与大多数人相比，对我们关于世界的理解做出了更大的贡献。

上图：拉瓦锡的《化学元素》（*Elementary Treatise*）出版于 1789 年，他妻子画插图，普遍被认为是第一本现代化学课本。

左图：拉瓦锡是所谓"律师之家"的 32 名收税官之一，被捕于 1793 年 11 月。6 个月之后，他们中的 28 名在断头台上被处决。

浪漫的化学家

汉弗莱·戴维
1778 — 1829 年

拉瓦锡死后几年，伦敦升起了一颗新星。他的名字是汉弗莱·戴维（Humphry Davy）。打从他在 1801 年粉墨登场，他就赢得一片喝彩。

他吸引了大批时髦而浪漫的年轻人听他说话，皇家学会之外的大街（他在此处表演）常常车马嘈杂。为应对这个局面，市政府把阿尔伯马尔街搞成了伦敦的第一条单行线。戴维的巨大成功令人惊讶，那是因为他事实上是一位化学家，他的表演是化学课程。但是，戴维当然知道如何制造惊人的景象。除了制造令人满意的爆炸，他还展示那个时代的新奇妙，即"电"，来让他的观众开心。

1799 年，亚历桑德罗·伏打（Alessandro Volta），意大利帕维亚大学的物理学教授，创造了世界的第一个电池（见第 4 章）。大家很快发现，这种电池，当时名叫伏打电堆，可以用来把水分解为氢和氧。戴维意识到这是一项发明，可以用来扬名，也可以让公众订购大量伏打电堆来赚钱。他用伏打电堆做的早期实验之一，涉及向一种极端具有腐蚀性的物质碳酸钾放强电。当他把电极置于一个充满碳酸钾的容器之际，他搞出了一种物质的小球粒，这种物质具有"一种明亮的金属光泽，其可见的特点与水银非常相似"。这种物质，他称之为钾，在燃烧时爆炸，并产生耀眼的火焰。钾的发现让戴维兴高采烈，在公开场所重复试验，以娱乐他的观众。

用电分解不同的化合物，戴维发现了许多其他元素，其中有钠、钙、锶、钡、镁和氯。他感觉他揭开了一个以往不为人知的秘密世界。戴维意识到全部物质都是由元素构成的，一种元素就是一种物质，这种物质个能被"任何化学过程分解"。他也推断：因为电可以把物质分开，那么把物质拢在一起的那种力，在性质上或许也是电的。这都是一些巨大的发现。

> "戴维当然知道如何制造惊人的景象。除了制造令人满意的爆炸，他还展示那个时代的新奇妙，即"电"，来让他的观众开心。"

左图： 伏打电堆，堆放了几对芯片和铜片，用浸过浓盐水的布隔开。当电路用电线接通的时候，电就开始流动。

但是，他最大的成就或许是普及化学，激发他的观众的想象力，其方式前无古人。他的演示吸引了许多年轻的女士，都想认识他。"他的眼睛"，他的很多崇拜者之一说，"浪费在实验上"。

但更重要的，是他的课程也吸引了羽毛未丰的实业家和厂主——这是一些严肃的人，孜孜以求对商业有用的某种东西。戴维让他们开了眼，这种新的科学领域或许能赚钱。

戴维也拿出时间帮助一位同事约翰·道尔顿（John Dalton）改善其讲课技巧。戴维让道尔顿把稿子读出来，他自己坐在教室后面，做笔记。道尔顿如今也名声大噪，因为他试图重新引进原子这个观念。与罗伯特·波义耳一样，道尔顿对气体做了大量研究，从而坚信气体对密闭容器产生的压力归因于原子在其中胡乱碰撞。他断定每种元素都是由其固有的、独一无二的原子构成的，而这些原子结合起来，就形成"复合的原子"。然而，这些观念大体是被人忽视了。

戴维早夭，年仅51岁。他拿自己做实验，用的是多种多样的有毒化学品，积累的效果多半把他的健康毁了。除了许多发现（其中有矿工用的安全灯），他对科学发展还有另外一种颇为微妙的作用。在兴高采烈地追随戴维课程的许多女子中，有一位是玛丽·雪莱（Mary Shelley）。当她写《弗兰肯斯坦》（Frankenstein）的时候，她书里的一个人物的原型就是戴维，而创造人工生命这个想法，肯定是从戴维演示电的力量中得到了灵感。

左图：剧烈的紫色火焰，是钾在空气里燃烧之际发生的，让戴维和他的公共课的听众大开眼界。

雪莱的书，特别是根据此书拍摄的电影，有助于在公众心里制造一种科学家的形象：他才华横溢，但也跟他们其实不很理解、也不大能控制的一些力量玩闹。

戴维的另一位朋友，诗人柯勒律治（Coleridge），对"科学家"这个词的炮制也有贡献，用来描述像戴维这样的实验家的所作所为。有许多年，"科学"是一个意思广泛的词，涵盖一大片知识领域。你可以谈音乐的科学，你可以谈道德的科学，但以前的那个覆盖面很广的术语"自然哲学家"被认为是太不接地气了，而"科班人"（scientman）这个词也太丑陋了。

元素与周期表

希腊哲学家亚里士多德，宣称世界的万事万物是由五大元素构成的，是如此描述元素的："其他物体都可以分解成这五大元素的某一种，但五大元素的每一种都不能被分裂成其他物体。"这个想法，即一种元素是某种不可分的东西，一直顽固地存在，然后大家清楚了：元素其实是由小得多的原子构成的。元素的现代定义，基于我们对原子论的理解，如今一种元素被定义为一种纯净的物质，是由单独的一种原子构成的。氧、碳、氢、氮、铁、铜、金和银是比较常见的元素。已知元素的数目，经年累岁，慢慢地增加。在 18 世纪，拉瓦锡创造了第一份现代的元素表，在他的书《化学元素》里列举了仅仅 33 种元素。不提其简短，这个列表将使今人皱眉，因为在那些我们今天仍然承认的元素（如氧）之外，他还加上了"光"和"热"。如今我们知道 94 种自然发生的元素，以及 23 种人造元素。最近的一种人造元素，借用哥白尼的名字命名，叫"镥"。它的原子序数是 112，元素符号是"Cp"。

1	2	3	4	5	6	7	8	9	10	11	12	13	14	15	16	17	18
1 H 1.007 Hydrogen																	**2 He** 4.002 Helium
3 Li 6.941 Lithium	**4 Be** 9.012 Beryllium											**5 B** 10.811 Boron	**6 C** 14.011 Carbon	**7 N** 14.007 Nitrogen	**8 O** 15.999 Oxygen	**9 F** 18.998 Fluorine	**10 Ne** 20.180 Neon
11 Na 22.990 Sodium	**12 Mg** 24.305 Magnesium											**13 Al** 26.982 Aluminium	**14 Si** 28.085 Silicon	**15 P** 30.974 Phosphorus	**16 S** 32.065 Sulfur	**17 Cl** 35.453 Chlorine	**18 Ar** 39.948 Argon
19 K 39.098 Potassium	**20 Ca** 40.078 Calcium	**21 Sc** 44.945 Scandium	**22 Ti** 47.867 Titanium	**23 V** 50.941 Vanadium	**24 Cr** 51.996 Chromium	**25 Mn** 54.938 Manganese	**26 Fe** 55.845 Iron	**27 Co** 58.933 Cobalt	**28 Ni** 58.693 Nickel	**29 Cu** 63.546 Copper	**30 Zn** 65.409 Zinc	**31 Ga** 69.723 Gallium	**32 Ge** 72.64 Germanium	**33 As** 74.922 Arsenic	**34 Se** 78.96 Selenium	**35 Br** 79.904 Bromine	**36 Kr** 83.798 Krypton
37 Rb 85.468 Rubidium	**38 Sr** 87.62 Strontium	**39 Y** 88.906 Yttrium	**40 Zr** 91.224 Zirconium	**41 Nb** 92.906 Niobium	**42 Mo** 95.94 Molybdenum	**43 Tc** 98 Technetium	**44 Ru** 101.07 Ruthenium	**45 Rh** 102.906 Rhodium	**46 Pd** 106.42 Palladium	**47 Ag** 107.868 Silver	**48 Cd** 112.411 Cadmium	**49 In** 114.818 Indium	**50 Sn** 118.710 Tin	**51 Sb** 121.760 Antimony	**52 Te** 127.60 Tellurium	**53 I** 126.904 Iodine	**54 Xe** 131.294 Xenon
55 Cs 132.905 Caesium	**56 Ba** 137.327 Barium	57-71 Lanthanoids	**72 Hf** 178.49 Hafnium	**73 Ta** 180.948 Tantalum	**74 W** 183.84 Tungsten	**75 Re** 186.207 Rhenium	**76 Os** 190.23 Osmium	**77 Ir** 192.217 Iridium	**78 Pt** 195.084 Platinum	**79 Au** 196.967 Gold	**80 Hg** 200.59 Mercury	**81 Tl** 204.383 Thallium	**82 Pb** 207.2 Lead	**83 Bi** 208.980 Bismuth	**84 Po** 210 Polonium	**85 At** 210 Astatine	**86 Rn** 222 Radon
87 Fr 223 Francium	**88 Ra** 226 Radium	89-103 Actinoids	**104 Rf** Rutherfordium	**105 Db** Dubnium	**106 Sg** 264 Seaborgium	**107 Bh** 277 Bohrium	**108 Hs** 268 Hassium	**109 Mt** 271 Meitnerium	**110 Ds** 272 Darmstadtium	**111 Rg** Roentgenium	**112 Cp** Copernicium	**113 Uut** Ununtrium	**114 Uuq** Ununquadium	**115 Uup** Ununpentium	**116 Uuh** Ununhexium	**117 Uus** Ununseptium	**118 Uuo** Ununoctium

57 La 138.905 Lanthanum	58 Ce 140.116 Cerium	59 Pr 140.908 Praseodymium	60 Nd 144.242 Neodymium	61 Pm 145 Promethium	62 Sm 150.36 Samarium	63 Eu 151.964 Europium	64 Gd 157.25 Gadolinium	65 Tb 158.925 Terbium	66 Dy 162.500 Dysprosium	67 Ho 164.930 Holmium	68 Er 167.259 Erbium	69 Tm 168.934 Thulium	70 Yb 173.04 Ytterbium	71 Lu 174.967 Lutetium
89 Ac 227 Actinium	90 Th 232.038 Thorium	91 Pa 231.036 Protactinium	92 U 238.029 Uranium	93 Np 237 Neptunium	94 Pu 244 Plutonium	95 Am 243 Americium	96 Cm 247 Curium	97 Bk 247 Berkelium	98 Cf 251 Californium	99 Es 252 Einsteinium	100 Fm 257 Fermium	101 Md 258 Mendelevium	102 No 259 Nobelium	103 Lr 262 Lawrencium

合成的世纪

　　直到 19 世纪，化学家的拿手好戏是把物质分解为元素。然而，他们很快开始把不同元素凑成不同凡响的组合物，创造了一个人工产品开始称霸的世界。那种能够生产许多新产品的原材料被搞出来了；非常怪异的，是那种原材料是煤。到 19 世纪初，煤不仅仅是燃烧以产生热和力的东西，它也被转变成气体，然后被用作室内照明。煤气生产的一种副产品，是煤焦油，这是一种令人不愉快的黏性物质。19 世纪 20 年代，查尔斯·麦金托什（Charles Macintosh）用煤焦油制造防水布，创造了麦金托什雨衣。他的成功鼓励其他人为煤焦油寻找其他用途。奥格斯特·威廉·冯·霍夫曼（August Wilhelm von Hofmann），伦敦皇家化学学院的第一任院长，意识到煤焦油是碳、氢、氧和氮的一种复杂组合物，那么重新摆布这些元素，以合成奎宁，想必就是可能的。奎宁是世界上最难得的药物。奎宁是当年治疗疟疾的唯一药物，而疟疾是地球上最大的杀手之一。霍夫曼没有成功，但他的研究将歪打正着地搞出了工业规模的化学品生产。

　　疟疾，一种古老的疾病，在往昔曾经导致许多帝国的覆灭，到 19 世纪仍然是热带地区的主要死因，是英国人那样的殖民者将面对的最大健康问题之一。军官发回关于这种疾病的惨烈报告，单是在印度就有 2500 万人患疟疾，每年死亡大约 200 万人。没有人非常肯定什么导致疟疾（疟疾与蚊子的联系尚未建立），但迷信的人相信，你身上带着一个装在果壳里的蜘蛛，可以治疗疟疾。与疟疾作斗争的紧迫性，变成英国和其他有海外帝国的国家的当务之急。

　　疟疾药奎宁来自金鸡纳树皮，这种树首次发现于南美安第斯山脉的山坡上，当地人称其为"发烧树"。传说，一个印第安人在山里迷了路，发烧了，发现自己来到一个小湖边，湖边就有这种树。他尝了湖水，味是苦的，就认为水有毒，但病到这个份上，他心智迷乱，也顾不得了。他喝了水，沉睡，等他醒来，烧已退去。这种树的秘密由印第安人传给耶稣会牧师，牧师买了树皮样本，带回欧洲。当年，疟疾在意大利和许多欧洲国家是地方病。医生们很快发现"耶稣粉"对治疗疟疾有奇效。问题是如何得到足够的树皮来治疗几百万病人。金鸡纳树长得很慢，对地域也非常挑剔。

左图： 19 世纪之前，疟疾常常被归咎于沼泽和湿地的瘴气——到了 19 世纪 80 年代，疟疾才被视为由蚊子传染的寄生虫感染。

疟疾如何进入血液

今天我们知道疟疾归因于一种微生物，名叫疟原虫。母蚊子吸被感染的人类或动物的血液，吞了这种微生物。疟原虫在蚊子的肠道里繁殖，产生了一些卵囊；卵囊破裂，就污染了蚊子的唾液腺；蚊子去咬另外一个动物寄主，疟原虫的卵就进入新寄主的身体。

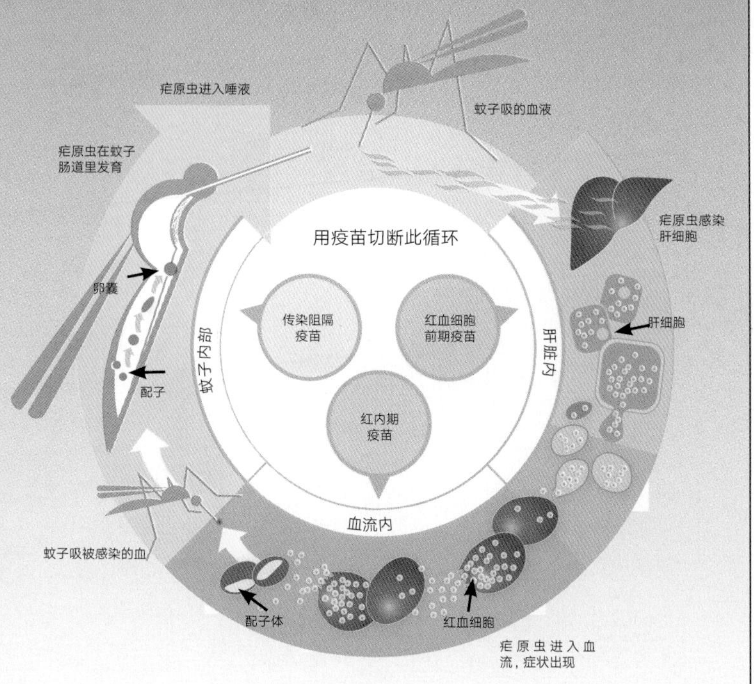

疟原虫进入唾液

蚊子吸的血液

疟原虫在蚊子肠道里发育

疟原虫感染肝细胞

用疫苗切断此循环

卵囊

蚊子内部

肝脏内

传染阻隔疫苗

红血细胞前期疫苗

肝细胞

配子

红内期疫苗

血流内

蚊子吸被感染的血

配子体

红血细胞

疟原虫进入血流，症状出现

单是在印度控制疟疾，英国每年就需要 750 吨金鸡纳树皮。非常需要一种又好又便宜的方法，来保护人不患疟疾，就不奇怪了。英国政府转向科学。到 19 世纪中叶，大家知道金鸡纳树皮里的有效成分是奎宁。发现合成奎宁的方法，就是一个挑战了。

在伦敦的西头，一个年轻人叫威廉·珀金（William Perkin），是越来越多的科班出身的化学家之一，决定合成奎宁，发一笔大财。出生于1838年，他在晚近建立的皇家化学学院上学，在伟大的霍夫曼的指导下做研究。霍夫曼鼓励他看看能不能从煤焦油里提取出奎宁。珀金在他父母的阁楼里开始工作。他先对苯胺硫酸盐进行氧化，这是从煤焦油里得到的一种东西。

"疟疾药奎宁来自金鸡纳树的树皮，这种树首次发现于南美安第斯山脉的山坡上。"

结果是一种不起眼的黑色粉末。但是，当它把这种东西溶解到"葡萄酒精"里的时候，结果颇为壮观。珀金发现了一种完全新的颜色——淡紫色。他染了一方丝绸，给朋友们看，大家都颇感新奇，建议他的发现或许可以用来赚钱。

与珀金的淡紫色最相近的自然颜色是紫色。罗马皇帝通常用紫色染他们的大氅，紫色染料也非常昂贵，因为制造这种染料的唯一办法，是海洋软体动物分泌的黏液。珀金的染料制造起来便宜得多，在许多方面也更好——能够产出完全相同的色调，没有腥味，最重要的是暴晒而不褪色。珀金的淡紫色大为风行。1858 年，维多利亚女王穿了这种颜色的服装，参加她女儿欧仁妮公主的婚礼。这位女王是时髦的标志。很快，伦敦的大街小巷熙熙攘攘的人群都穿淡紫色——"淡紫风疹"大爆发了。这种染料为维多利亚时代增光添彩，女王就授予威廉·珀金骑士封号。淡紫染料打

"珀金的淡紫色大为风行。很快，伦敦的大街小巷熙熙攘攘的人群都穿淡紫色。"

开了闸门，新的颜色纷至沓来，生产染料的新产业也问世了。染料是在工业规模上生产的第一批化学品之一；另外的化学品，包括化肥、肥皂和炸药，也接踵而至。人造品、合成物，接手天工。

启发珀金的那个人，是德国人霍夫曼。珀金以前的同事很快步其后尘。德国专业的化学家来到英格兰，获悉了珀金的秘密，打道回府。到 1878 年，英格兰的煤焦油产品价值有 45 万英镑，而德国达到 200 万英镑之多。德国化学家在一个大学系统中研究，他们鼓励研究，发现了全新的一系列合成染料。德国人不再进口自然染料，却变成了领先世界的合成染料的出口商。

德国人的另一项重要的革新，是弗里茨·哈伯（Fritz Haber）和卡尔·博施（Carl Bosch）发明了一种把氮气从空气中"固定起来"的方法。这就能大规模地生产氨，这导致产生了化肥。由此导致的食物生产的暴增，又导致大量人口增加。今天，如果没有人工肥料，世界的很多地区的人都会挨饿。但是，人造的硝酸盐也可以用来制造炸药，也很快这样办了。与此同时，染料制造过程产生了大量有毒的氯气，这是一种副产品。军队对氯气感兴趣，用来发展了一种不同的武器——毒气。

左图： 威廉·珀金 年 方 18 岁，有了"淡紫"染料这一大发现。他一生继续研发新染料，甚至合成香水儿。

右图： 一瓶珀金原本的淡紫色染料，保存在伦敦科学博物馆。

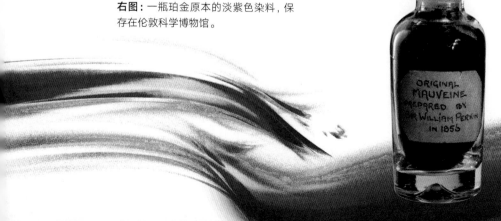

世界大战

　　战争不可避免。德国、法国和英国都在争夺销售市场。他们扩张而好战。炸药得到改善，成了一种前所未有的破坏性力量。氢气球被用来观察和轰炸。然后有了毒气战；氯气和其他有毒物质释放在不受保护的士兵中间。第一次世界大战成了所谓"化学家大战"。如何摆布物质，这种知识把战争本身的特点完全改变了。但是，即便战争到了血雨腥风的巅峰，在德国和英国的实验室里，第一批用来制造具有大规模破坏性的新武器的元素，却正在周期表上寻找位置。原子弹是 20 世纪对物质世界理解的一个产物，但其根源则可追溯到 19 世纪。

毒气

　　第一次世界大战有时被称为"化学家大战"，因为它首次展现了毒气的广泛使用，化学家们在工业规模上制造毒气。得到利用的气体有氯气、光气、催泪瓦斯和芥子气 —— 这不是特别致命的毒气，但人非常恐惧，是因为其可怕的效果。在 1917 年的诗《为国捐躯》（*Dulce Et Decorum Est*）中，诗人威尔弗雷德·欧文（Wilfred Owen）描绘了毒气战的那种真正毛骨悚然的景象："毒气！毒气！快点啊，小伙子们！ —— 连滚带爬，勉强来得及扶正歪斜的头盔；但仍有人在叫喊，在蹒跚，宛如人在火焰或者石灰中挣扎 …… 昏暗，透过模糊的头盔眼镜与浓厚的绿光，好像沉没在绿海之中，我看到他要淹死。在我全部的梦中，在我无助的眼前，他向我扑来，喘息，咳嗽，溺毙。"

思想之物

下图： 克鲁克斯管鬼气森然的表现，其壁发亮，能转动轮子，看似无力量，却是早期的证据，证明一个不可见的亚原子世界的存在。

如我们已经看到的，物质由"原子"（不可摧毁的小颗粒）构成，这个观念起于几千年前。每过几个世纪，这个观念就重现，却只是又被抛弃。当然，没有人果真看到原子，因此原子的存在一直在争议中。恩斯特·马赫（Ernst Mach），声速单位用他的大名，宣称原子不过是"思想之物"。然而，马赫属于少数派。到 19 世纪 90 年代，化学家们广泛同意氢、氦、碳和全部其他的，都是不可分的元素，各自都由独特的原子构成。一个新突破将出自何处，颇不明朗。

物理学家也断定他们知道了他们可能知道之事的大部分。电、光、磁全都可以用几个比较简单的方程式来描述。那是一个走向更加令人兴奋的研究领域的时代。当然，存在几个未得到解决的问题 —— 如太阳。按照现有理论，太阳本该在它的前 3 万年里烧光其全部燃料。但是，对科学自满的致命一击，来自一个完全始料不及的方面。有一个人，在许多方面，发起了物理学与化学的下一场革命，这场革命将让原子再次登场，并使 20 世纪脱胎换骨。此人就是威廉·克鲁克斯（William Crookes）。

真不算一个家喻户晓的名字，克鲁克斯发现了铊，获得了一点小名气，但他的一生遭到科学界的贬低，因为他有另外一种巨大的热情 —— 研究招魂术。克鲁克斯，16 个孩子中的老大。他的弟弟菲利普死于黄热病，他似乎在此后不久对招魂术感兴趣。他断定，身为科学家，他有义务调查全部貌似不可能的现象，争辩说此乃发现任何新东西的不二法门。他研究招魂术，带着怀疑，但被亲眼所见之事彻底折服了，声称自己看到了幽灵飘在半空，看到一部自动演奏的手风琴。克鲁克斯感觉自己发现了证据，指向"一种外边的智力存在"。

他目睹的事情究竟是如何发生的，他意识到他不能解释，但指出许多科学家（他自己在其中），一天到晚在实验室里也是对付同样费解的现象。克鲁克斯困惑不解的科学神秘，是一个发光的玻璃管。他和一个助手搞了一个真空管，一个密封的玻璃管，一端一个电极。他断定让这个玻璃管发光的放射线，一定是一种粒子流，因为那种放射线能把一个小小的蹼轮（他仔细地安置在玻璃管的中间）推得转动。然而，他被自己的发现搞糊涂了，并把这个现象称为"辐射物"。他断定那是一种新型的物质，能以某种方式与灵魂世界发生联系。

左图：克鲁克斯画的插图，真空管里发光，发表于 1879 年。

右图：伦琴的一幅早期埃克斯射线照片，揭示肌肉、骨骼和金属对埃克斯射线的吸收不同。

其他科学家，用经过改善的克鲁克斯管，用更大的电力，很快就开始有了更令人惊讶的发现。一位默默无闻的物理学教授，名叫威廉·伦琴（William Röntgen），年已半百，必定认为好日子已经过去了，却注意到：每次通上电，放在真空管近旁的一个屏就发亮。遵循"不要想，去调查"的格言，他发现真空管产生不

可见的高能射线，能穿透人体组织。因为他对这种射线一无所知，他就称之为"埃克斯射线"。向世界宣布这项发现的那篇论文，附带一幅埃克斯射线照片，显示他妻子的手。

埃克斯射线

　　埃克斯射线是电磁辐射的一种形式，可轻易穿过人体。埃克斯射线的存在一旦报道，就有人几乎立刻意识到其医学用处。然而，正如放射性物质，人们充分认识这种神秘的新射线的危险性，却花费了很长时间。约翰·霍尔–爱德华兹（John Hall-Edwards）少校，倡导在医疗中首次使用埃克斯射线，过分照射，结果丢了一条胳膊。毫无疑问，过分暴露于埃克斯射线也折了许多研究者的寿。除了医疗用途，埃克斯射线有许多其他应用。1912 年，科学家注意到晶体使埃克斯射线发生衍射，导致了一个新的研究领域，即埃克斯射线晶体学的问世。届时，埃克斯射线晶体学将揭开 DNA 的结构（见第 5 章），大大推进了现代遗传学的进展。

　　并非全部的埃克斯射线都是人造的。极热而致密的恒星，如中子星和旋转的黑洞，也产生大量埃克斯射线。我们行星上的芸芸众生非常幸运：这些射线被地球大气挡住了。

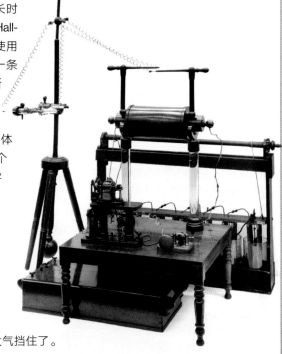

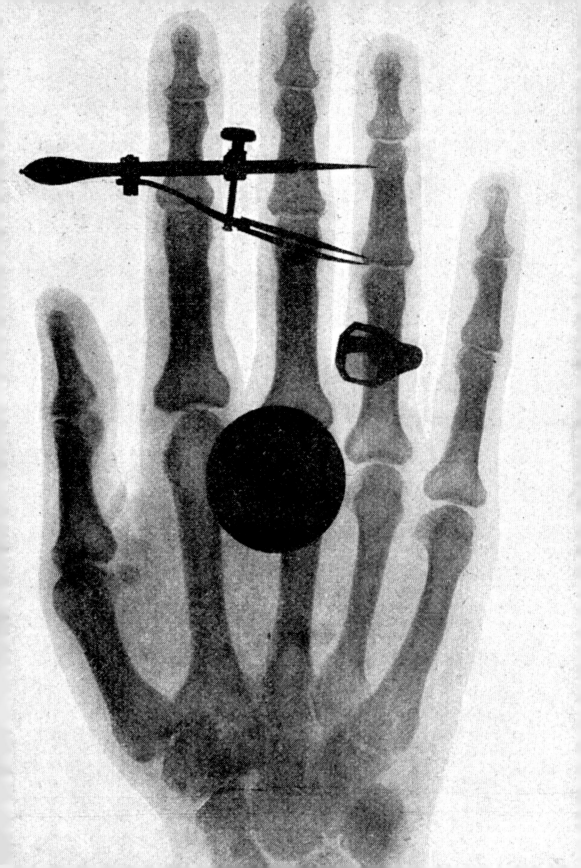

神秘的射线

亨利·贝克勒尔
1852—1908 年

受到伦琴发现的启发，一位法国物理学家亨利·贝克勒尔（Henri Becquerel），决定调查其他发光物质，看看它们是否也产生埃克斯射线。贝克勒尔的祖父是一位著名的晶体收藏家，他的晶体在黑暗中发光，其中一些是铀盐，因此贝克勒尔就用这些晶体做实验。他先把铀晶体放在阳光下暴晒，以此为铀晶体"加能量"；然后把铀晶体放在照相底版下，照相底版包得仔仔细细，看看那会发生什么事。果然，底版随后就显出那块晶体的痕迹。他重复这个实验若干次，然后决定把一个铜十字架放在晶体和照相底版之间。在前几次，在做实验之前，他总是暴晒晶体以便为它"加能量"。这一次，或者是故意的，也兴许是因为巴黎凑巧是一个阴天，就没有暴晒。让他大吃一惊，照相底版显示那个十字架的形状。这种铀盐发出神秘射线，或许与埃克斯射线属于同类吧，不需要"加能量"。

对这个发现，贝克勒尔明显不当回事，因为他把事情交给了他的学生玛丽·居里。玛丽与她丈夫皮埃尔合作，很快发现沥青铀矿（提取铀的那种矿石）产生大量的能，却不明显地丧失质量。这叫人非常困惑，因为这种矿石似乎无中生有地产生能量。时候一到，事情就清楚了：沥青铀矿不稳定，正在衰变，释放不同形式的放射和大量的能。以其开创性的研究，玛丽·居里两次获得诺贝尔奖。在她研究期间，她也暴露于大剂量的放射，这最终杀死了她。她的实验笔记本，到现在也有强放射性，结果这件历史文物在今天也必须保存在用铅衬里的盒子中。

上图：研究了 4 年，居里夫妇提炼了一吨多的沥青铀矿，提取了仅仅一克的十分之一的新元素，镭。

左图：玛丽和皮埃尔·居里的工作照，他们在巴黎的工业化学学院的实验室里。

伦琴研究克鲁克斯管产生的神秘的埃克斯射线，与此同时，物理学家汤姆森（J.J. Thomson）在剑桥的卡文迪许实验室（以氢的发现者亨利·卡文迪许的一位亲戚的名字命名）研究克鲁克斯的发光物质。他同意那种射线是由微小的粒子流构成的，但他的实验却表明那些粒子比有待于发现的原子更小得多。汤姆森宣布："一种物质状态，能够切割得比原子更精细，这个假定令人震惊。"汤姆森发现了证据，亚原子粒子存在 —— 电子。

原子

　　到 20 世纪初，事情变得清楚了：不像人们曾经宣传的那样，原子不是宇宙中最小的、最不可摧毁的单位。克鲁克斯管与放射线的发现，清楚地指向远比原子小得多的粒子的存在。问题是：小得看不到，如何研究如此小的东西？新西兰的欧内斯特·卢瑟福（Ernest Rutherford）与两位同事汉斯·盖革（Hans Geiger）、欧内斯特·马斯登（Ernest Marsden）合作，决定用原子来研究原子。

　　卢瑟福发现放射性物质，在衰变的时候，产生两种非常不同的放射物：阿尔法粒子和贝塔粒子。他用阿尔法粒子（最重的，最缺乏穿透力的）作为探针。卢瑟福手拙得要命，他把货真价实的实验工作委托给盖革和马斯登，他们一天到晚地在一个黑屋子里向一片金箔发射阿尔法粒子。他们可以看到阿尔法粒子的下落：在金箔后面放置硫化锌薄幕，阿尔法粒子打到硫化锌薄幕，薄幕就有一个光点。大多数时间，阿尔法粒子直线穿过金箔，但经常有一个粒子会偏斜。卢瑟福说，事情令人惊讶，那好比他发射一颗直径 38 厘米的炮弹，打一张纸；结果炮弹被弹回来了。卢瑟福由此得出结论：一个原子大致是由虚空构成的，小小的原子核包含原子的大部分物质。带正电的原子核，他说，被带负电的粒子包围着 —— 那是电子。

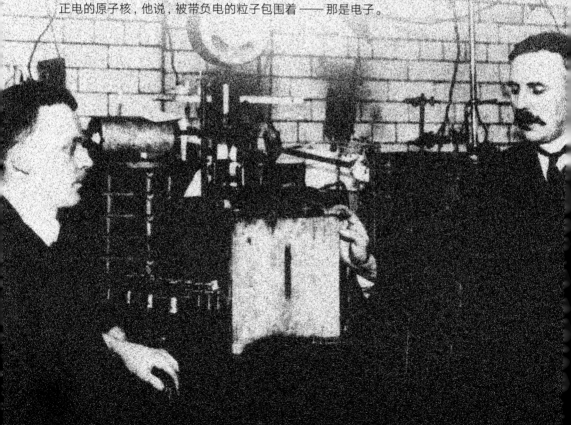

大教堂里的一只苍蝇

给你一点比例的感觉吧，卢瑟福设想把一个原子吹成艾伯特音乐厅那么大。原子核，原子的几乎全部物质都待在里面，将是一只昆虫那么大——或者像报纸说的那样，要找到原子核，好比在一个大教堂里找一只苍蝇。一只小苍蝇，在一个大教堂里嗡嗡地转，固然令人惊奇，实话实说却是错误的。仍然用大教堂这个比喻吧，原子核其实将比一粒沙子还小。然而，卢瑟福宣称原子的绝大部分是虚空，却是正确的。我们，以及我们周围世界的万事万物，几乎全是由虚空构成的，几乎什么也没有。

我们心里的原子形象，是一个微小的太阳系：电子像行星，穿过巨大的虚空，绕着太阳或者原子核转动。这个景象，并非没有道理，卢瑟福起初也是这样想象原子的。但是，正如其他物理学家很快指出的那样，原子无论如何不可能像这个样子。与行星不同，电子带负电荷，而古典物理学预言：一个带电粒子，在加速运动的时候，会发出能量。如果电子发出能量，那么它们会很快塌陷进原子核。但是，它们显然没有。

> *"我们，以及我们周围世界的万事万物，几乎全是由虚空构成的，几乎什么也没有。"*

卢瑟福的一位同事，名叫尼尔斯·玻尔（Niels Bohr），对这个问题太着迷，度蜜月的时候也研究它。他的解决办法非常激进，意思是他的许多同事感觉不可接受。玻尔本人曾经宣称：任何人首次听说量子论而不勃然大怒，那就是没理解它。玻尔的意思是：电子只在固定轨道上运行；电子更像有轨电车，而不像公共汽车。一个电子常常跳到一个离原子核更近的轨道上；当它这么做的时候，它就发出分离的一包或者一个量子的能量。这就是所谓"量子跃迁"。其实，"跃迁"这个词是误导的，因为他说的这个事情更像是心灵搬运。

其他人迅速在玻尔的模型上搞建设，创造了关于原子的一种说法，那与常识相去甚远，我们大多数人不得其门而入。在原子的世界里，物理学家遭遇了宇宙中的一个领

左图： 汉斯·盖革（左）和欧内斯特·卢瑟福在曼彻斯特大学的实验室里。

右图： 玻尔的原子模型的简化示意图，电子在分离而规定的轨道上绕原子核运动。

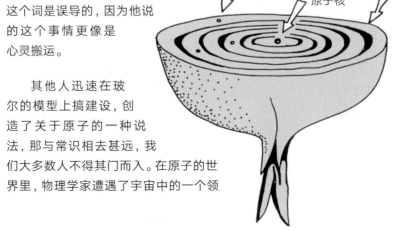

电子在轨道上　原子核　受限区域

域，我们大脑的构造原不为理解这种领域。在量子力学的世界里，到头来大家知道，电子可以被说成粒子和波两者。电子的精确位置，不可能预知，因为在电子被观察之前，它们其实不存在。它们是概率波。电子不仅能心灵搬运，而且偶尔能无缘生灭。更过分的，电子是亚原子粒子，展现出一种与心灵感应类似的能力。电子有一个双胞胎，通过所谓"量子纠缠"的现象，总能互相联系。如果双胞胎彼此隔开，其中之一的旋转改变了，另一个就立刻在相反方向上开始旋转，无论它们相隔的距离多么遥远。此事到底是如何发生的，至今仍然不清楚，但这导致了即时通信的可能性——信息的运行比光更快。

量子力学或许显得深奥，最好留给理论物理学家去琢磨吧；概率波、电子同时无所不在、也无处存在，如此亚原子世界似乎离我们的世界遥远得难以想象。但是，量子力学的见识，其他的不提，提供了开发晶体管（属于现代电子世界核心里的一个部件）的数学框架。

消费社会

关于原子分裂的故事，导致了原子弹和核电站的发展。从许多方面说，这个故事讲的是一次颇为令人失望的旅程，不曾把早期的希望之火燃烧起来。曾有人宣称，原子弹将使世界成为一个更安全的地方，而核裂变将使能源非常廉价，大家甚至可以随便使用。当然，这些异想天开的大梦不曾成真——起码现在还没有成真。话说回来，电子的故事，却完全出人预料。

回想 1945 年的美国，大战终于消停，那是一个乐观的时代，需求即将暴涨的时代。长时间的繁荣开始了，而那将导致如今的现代消费社会。那也是一个日益依赖真空管的世界，真空管是克鲁克斯管的遥远后裔。比方说，收音机——20 世纪 40 年代主要的娱乐形式——在本质上是一个装满真空管的大笨盒子。电话在大众中增加，但是电话交换机需要很多很多真空管。第一台计算机，名曰"巨人"（Colossus），需要一千多个真空管，挫败了德军的"伊尼格码密码机"（Enigma Code），为赢得大战助了一臂之力。

真空管基本是一个用来控制电子运动的装置。真空管的用处是接通或者截断电流，也可放大电流。但是，不仅昂贵而且易碎，真空管的麻烦是太费电，变得极热——为了释放电子，真空里的金属块必须加热。

威廉·肖克利（William Shockley）入场了。二战之末，他写了一篇报道，声称如果美军试图用常规武器入侵日本，则必有巨大伤亡，影响了向日

上图：巨人程序计算机，在 20 世纪 40 年代建造于英国的布莱切利园，帮助盟军赢得二战，然后被毁，保密长达几十年。

次页：肖克利（中）、巴丁与布拉顿，发明晶体管，于 1959 年分享诺贝尔物理学奖。

本投放原子弹的决定。战后他受雇于贝尔实验室（电话公司），牵头一个小组，寻找代替真空管的方法。联系万众的电话业务刚刚起飞，贝尔需要更好的方法把电话线上的信号放大。贝尔的研究主任相信答案或许在一种新材料中，名叫半导体。他相信电子在半导体中的行为可以得到操控，像真空管那样做相同的事。这不仅意味着耗电较少，也意味着速度更快。

"若无肖克利的晶体管和晶体管孵化出来的数字处理器，就没有便携式计算机，没有移动电话，没有现代世界。"

肖克利才华横溢，却也是一个令人不快的老板。1947 年下半年，他的小组搞出了第一个晶体管，他们没有把肖克利的名字写在专利书中。肖克利的反应，是把自己锁在一个旅馆房间里，在四个星期中，他设计了一种更结实而合用的晶体管。那是今天的晶体管的前身，今天存在的几乎全部电子设备，都用晶体管开关和放大信号。若无肖克利的晶体管和晶体管孵化出来的数字处理器，就没有便携式计算机，没有移动电话，没有现代世界。1965 年，戈登·摩尔

分裂原子

分裂原子相对容易；每次你开灯，你都剥离了一些电子，都分开了原子。真正的挑战是分裂原子核。欧内斯特·卢瑟福，及其同事，揭示了原子结构，手段是用阿尔法粒子轰击金箔，努力若干年，然后在 1919 年取得了首次的部分成功。他向氮气发射阿尔法粒子（氦离子），把质子从原子核中轰出来。质子与氮的碎片结合，产生少量的氢。但是，裂变量太小，因此这种特别路数的研究走进了死胡同。14 年后，在 1932 年 4 月，在剑桥的卡文迪许实验室卢瑟福的小组，使用名叫"直线加速器"的机器，产生加速的质子，取得了大得多的成功。他们向一个用锂做的靶子发射质子，发现质子流能把锂原子破碎成阿尔法粒子。此时，卢瑟福及其同事不知道他们的实验有什么特别的用处，更不必说那会导致某种力量前所未有的炸弹了。

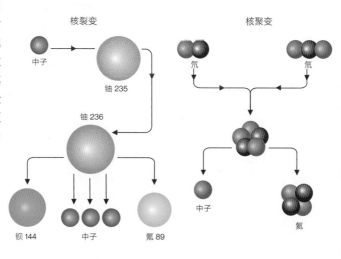

核裂变　　　　　　　　　核聚变

中子　　　　　　　　　氘　　　氚

铀 235

铀 236

钡 144　　中子　　氪 89　　中子　　氦

（Gordon Moore）宣称：一个集成电路片上的晶体管数目，每两年就加倍——摩尔定律。

他说对了。领先世界的晶体管制造商英特尔公司估计，每年出厂的晶体管为数超过 10 倍于百万的三次方（1 后面 19 个 0）。这等于地球上每个人有超过 10 亿个晶体管。

1956 年，威廉·肖克利获得诺贝尔奖，就带着满腹苦楚和怨恨离开了贝尔实验室，到了旧金山附近的一片橘子林。他有名声，能把美国的最佳头脑召集起来，但跟他工作，他们很快受不了。关键人物都离开了公司，但留在旧金山——把橘子林变成了硅谷，加利福尼亚的高科技中心。

半导体

半导体是半导体收音机的核心，因此全部现代电子产品，如计算机、手机和电视，也是这样。半导体的关键，是它能控制电流通过它的比率。材料的导电性各个不同；比方说，金属趋向于是良导体，而橡胶和塑料趋向于相反——良绝缘体。半导体这种材料的电阻率（它抵抗电流的有效程度）处在导体和绝缘体之间。若要严格，其电阻率可以通过添加杂质来得到调整。硅，是氧之后地壳中最常见的元素，占了将近四分之一的分量，广泛用于制造半导体。我们谈论硅片和硅谷，理由在此。硅谷在旧金山，晶体管技术在那里首次起飞。

晶体管其实仅仅是开关。晶体管里的半导体材料允许电流向某个方向流动，并且控制电流的大小。一股小电流通过晶体管，就改变半导体的导电性，这改变通过半导体的电流量。如此一来，一股小电流可以被用来控制和开关大得多的电流。

未来

　　元素的发现，激发了化学革命；化学革命导致药品、塑料与各种合成
材料的开发。深入一层，我们到了原子。探索原子世界，不提其他，导致了
核能、分子生物学、遗传工程、分子医学、计算机、激光和微波激射器。据
估计，量子论的产品大约占了工业国家的国民生产总值的三分之一。

　　欧洲粒子物理研究所（CERN），大型强子对撞机的老家。目前，在
那里的科学家们正在以出格的高速把粒子撞在一块儿，期望理解更深一
层——夸克，它可能是，也可能不是物质的真正预制块。一个有用的副产
品是互联网，1989 年在 CERN 开发。实情是我们仍然不知道世界是由什么
构成的，可能我们永远不会知道。不管怎样，这项研究却大有裨益。

物质：大事记

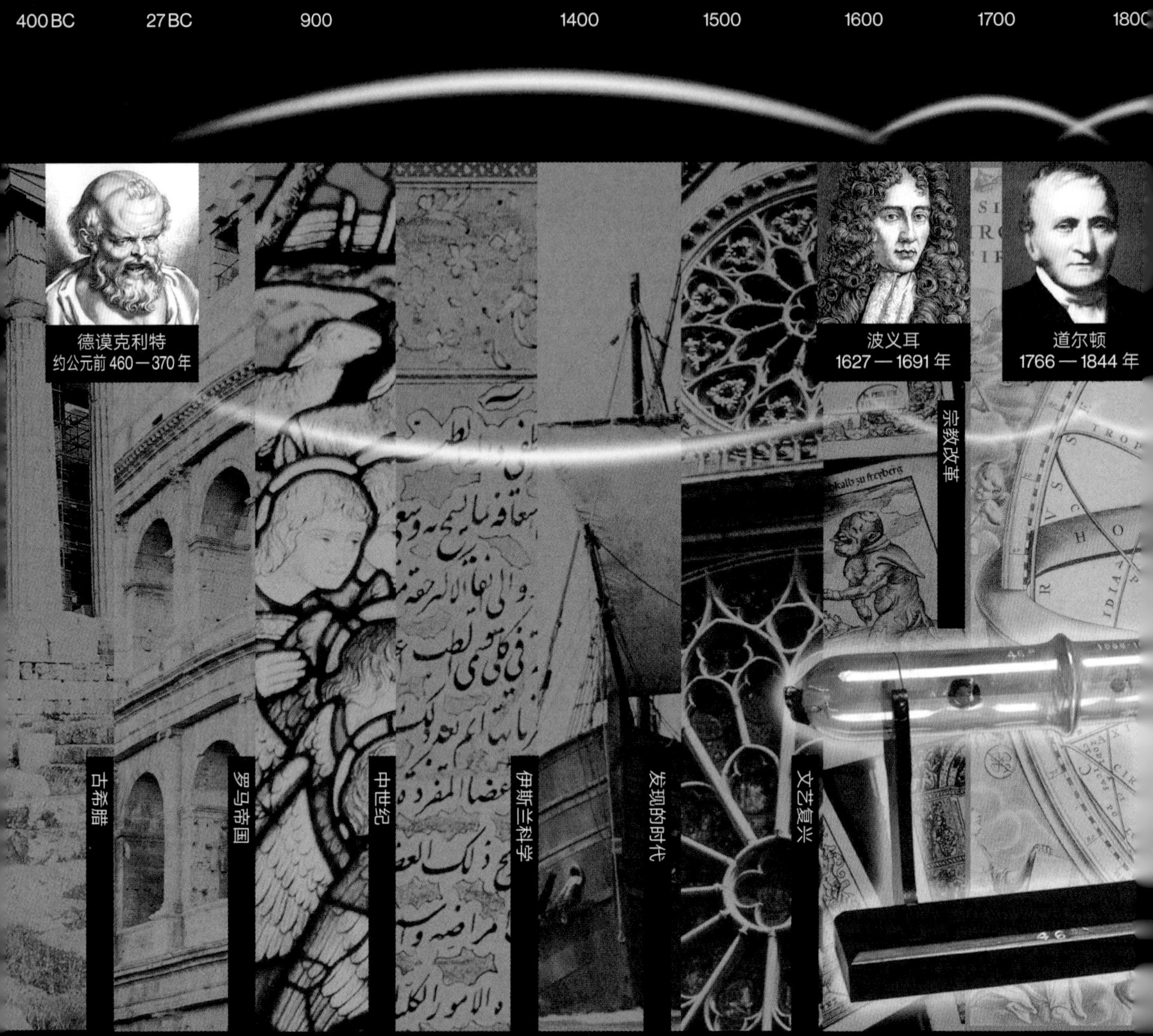

400BC
27BC
900
1400
1500
1600
1700
1800
德谟克利特
约公元前 460—370 年
波义耳
1627—1691 年
道尔顿
1766—1844 年
古希腊
罗马帝国
中世纪
伊斯兰科学
发现的时代
文艺复兴
宗教改革

^ 克鲁克斯管

正如故事常讲的那样，古希腊人碰到了正确和错误的答案——却是错误答案占了上风。德谟克利特的理论说，万物是由名叫“原子”的微小粒子构成的，却被亚里士多德的五大元素观念（土、气、火、水、以太）蒙上了阴影。中世纪的炼金术，乃半神秘主义的研究，试图改变物质，响应亚里士多德的信念。

受了气体研究的推动，波义耳和道尔顿试图重新引进原子论，却没有成功。然而，与此同时，化学中发生了革命——先是理解元素，把元素分离出来，然后操控元素，合成新材料。

到 19 世纪末，大多数化学家同意原子存在，但他们认为每种元素有其独特的原子，并

且是不可分割的。突破起于对克鲁克斯的带电真空管的神秘发光的研究，以及对埃克斯射线的研究。汤普森意识到这种射线是由粒子构成的，这种粒子比原子更小：电子。基于这一真知灼见，卢瑟福明确描述的原子结构，其中包括如下这个惊人的事实：原子绝大部分是虚空。他的同事玻尔解决了剩下的那个问题：电子如何在轨道上绕着原子核转，开辟了量子力学的那个令人头晕目眩的世界。

　　理解原子结构，为分裂原子铺平了道路 —— 核裂变。卢瑟福在 1919 年取得了分裂原子的部分成功。到 1932 年，他成功了，原子时代的倒计时开始了。

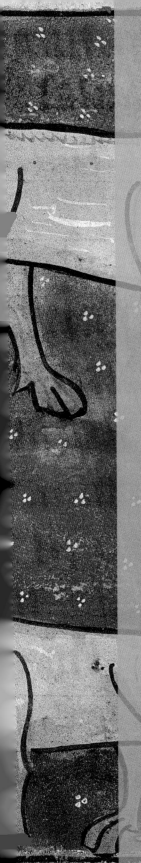

第 3 章　生命：我们如何走到现在？

中世纪后期，人们相信狮子是兽类的大王——狮子的拉丁语名字"列奥"（leo）字面意思就是兽王。人们还相信，狮子用尾巴扫灭自己的爪印，蒙骗猎人；狮子睁着眼睡觉，幼狮出生时是死的，其父在三天之后，才把生命吹进小狮子的身体——正如据说基督死了三天，然后起身升入天堂。

全部这些知识，可以在"中世纪动物寓言集"中找到，那是世界动物的列表——起初总共有 40 种动物——是在 1 世纪之后由一个匿名的希腊人编纂的。历经几个世纪，阿拉伯人和基督教的学者研究它，因此时有增益。抄传，再抄传，加上了漂亮的插图，此书每次再出，就变得越发不真实。到了 17 世纪，此书是关于动物界的确定知识之源。因为书中的动物增加了，动物就被分为若干"族"，但这也囊括了一些神话的兽类，无人曾经见过，岂止有凤凰、龙和独角兽。全部动物都被染上了宗教的道德意义，那些动物据说存在，是遵循神圣的计划。某种海马必定存在，因为土地上有马，而神圣的对称需要海洋里也有马。

我们待在哪儿合适呢？我们如何走到现在？这个问题，在基督教的欧洲确实不曾有人问过。我们坐在芸芸众生的塔尖上，在一大串存在物的端点上，往下伸展到动物、昆虫、植物，一直到最低形式的生命，各就各位，是万能的上帝把我们摆在这个位置上的。但是，当时的人开始鼓足勇气，走出去，去看，去搜罗，去原原本本地研究自然界，正是这种做法势不可挡地导致这么一种意识："我们如何走到现在？"这个问题是需要回答的。

左图：14 世纪的一本手稿的插图，把中世纪对真实动物如大象的解释，与野人和龙这些异想天开的角色，混为一谈。

有用的植物

汉斯·斯隆
1660—1753 年

这种探究的起点，是欧洲人所谓美洲"新世界"的发现。人类历史的这件大事的余震，我们至今可以感到。但是，对金银的求索、侵略、征服、战争、为帝国而战，如果我们把这些事情搁在一边，对动植物界的冲击也同样是革命性的。在其后的两个世纪，欧洲有成千上万的人，探险家、征服者、种植者和总督，远涉重洋，不畏艰险，亲自到新世界看个究竟。但是，发现的事情也刺激了一种好奇心，一种欲望，要目睹和体验欧洲之外的土地上的自然世界。

1678 年，一位爱尔兰医生兼植物学家，名叫汉斯·斯隆，历时 3 个月，跨越大西洋，首次把眼光投向牙买加。斯隆在牙买加为这个岛屿的总督阿贝玛公爵（the Duke of Albemarle）当私人医生，但他的主要兴趣是自然界。他后来写道，他来到西印度群岛，要"看看我能看到什么东西，在自然中那是不同凡响的"。在牙买加，他发现了比他能够梦想的更多机会，可以把他沉浸在对自然的激情中。

但是，观察自然世界远远不是消磨日子的一种愉快方式。在自然中（尤其在植物界）坐落着帝国力量的根基。发现了美洲，揭开了一个自然宝藏。胡椒、辣椒、西红柿和土豆，被带回欧洲的神奇植物岂止这几种。牙买加本地的生活，围绕着甘蔗，甘蔗开发把这个岛屿从海盗窝变成了大英帝国的一块奠基石，于是就有了可怕的后果，即把成千上万的奴隶运到那里经营种植园。高峰时期，牙买加的土地每年生产 77 000 吨蔗糖。不仅仅是蔗糖，棉花和烟草运出美洲，茶叶和调味品运出东方。连船本身也似乎完全是用植物制造的：橡木制造结构和甲板，棉花制造风帆，麻制造缆绳，松脂制造柏油，为船体防水。

下图： 斯隆收藏品中的一个早期的标本抽屉。

全球贸易依赖于植物，西方还在搜寻更多的植物。科学好奇心与可能的利益相连，斯隆也并非没有牟利之心。与《中世纪动物寓言集》相似的东西，在植物中就是《药草》，类似于是从一位生活在罗马帝国时代的希腊人的著作中传下来的。然而，《药草》也包括有用的信息 —— 植物被编目成册，按照其作为食物或者调味品的用处，或者按照其医疗属性。比方说，小红萝卜，是被如此描述的："引起放屁，味道辛辣 …… 可用来治疗呕吐。"因为两千多种植物被用来治病，把我们的日子搞得稍微舒服一些，但《药草》其实是一本"单项"目录：每一种植物提供一种药品。身为医生，斯隆对确定或许有医疗价值的新植物特别有兴趣。

上图： 可可树和种子标本，由牙买加的斯隆收藏，与斯隆收藏图册之一中的该植物插图保存在一起。

收藏家

斯隆当私人医生，一有空闲，就骑马探索牙买加岛，搜集并绘画其动植物。他不久之前被选进皇家学会，也是新生的科学绅士之一。这些绅士沉迷于搜集并编目自然物这个念头，为的是充分描述和理解上帝的伟绩。他的工作道德是一位具有新教徒严格教养的人的道德。他的那位雇主，恰恰相反，沉溺于暴饮暴食，斯隆到达牙买加仅仅 15 个月之后，总督就死了。斯隆不得不对尸体做防腐处理，以便船运回国，然后，他把自己的标本收拾起来，也打道回府。他坚持维护了他那个时代的一份无微不至的学报：关于那个岛，记录他看到的任何事情，从岛上的天气到民风和地理，搜集了大约 800 份动植物标本，连同对开本的不可保存的标本的详细绘图。他甚至想把一条蛇、一条鬣鳞蜥和一条鳄鱼带回家，但全都死在横跨大洋的航行中。斯隆搜集的一份植物标本，是可可树豆。他观察到当地人把这种东西搞成一种饮料，为了治病的目的。他如此描述其效果："令人作呕，很难消化。"然而，他发现，把可可豆与牛奶混合，味道就颇为令人愉快；在返回伦敦的时候，他就为饮用巧克力申请专利，促进"其对胃的滋养"。若干年后，可可豆为他带来了可观的收入，吉百利家族最终正是买了斯隆的配方，成就了今天的那份成功的产业。

伟大的存在之链

　　"伟大的存在之链"是一种哲学观点，说的是宇宙与宇宙中的生命秩序。这个观念衍生自古希腊的一些哲学家的想法，尤其是亚里士多德，却得到了基督教神学的精炼和采纳，由4世纪和5世纪的圣奥古斯丁促成。基督教的教义看宇宙，把上帝摆在顶端，自上而下是天使、人类、动物、植物，以及垫底的无生命物体，如石头和矿物。每一个连环，都可以进一步扩展，因此在人类之中，国王在贵族之上，然后是自耕农、农民、农奴，等等。就动物而言，狮子第一，然后往下到了家养的牲口、狗、猫等。就矿物而言，金高高在上。在中世纪，有学者争论天使究竟同属一族，还是有所分别。关键在于：链条中的每一个连环都有东西，由某单一的"种"做代表，因此连环之间没有鸿沟需要填平。如此一来，在自然秩序中就没有变化的可能。

分类

左图：伟大的存在之链的一幅演示图，在《克里斯蒂安那修辞学》(Rhetorica Christiana)中发表，此书是方济各传教士地亚哥·德·法拉德斯(Diego de Valades)在墨西哥传教的旅程记录。

　　斯隆离开牙买加，他对收藏的热情不稍减，其实，那是他收藏的开始。他返回英格兰，他搜罗的物件，品类多样，颇可惊人，甚至把别人的藏品悉数接手。到行将就木之际，凭借来自巧克力的收入，他的上流社会客户，聪明的投资，以及与富户联姻，他成了富人，他就积累起世界上最大的奇珍收藏。有 265 册平压的植物标本；12 500 多件"植物与植物产品"；6 000 枚贝壳；9 000 件无脊椎动物标本；1500 件鱼标本；1200 件鸟类、鸟蛋与鸟巢标本；3 000 件脊椎动物标本，有骨架，有填充的标本；以及人类"奇珍"。矿物、岩石和化石各有几千件，首饰、装饰、勋章、硬币、艺术品、人种志物件，外加 50 000 册藏书。收藏如此巨大，如此特别，在他于 1753 年死后 6 个月，政府建造了大英博物馆来保存之。他的藏品就是今日大英博物馆、大英图书馆最初的家底，成就了世界上文化、图书和科学知识的最重要的宝库。他也真的响应他身为医生的号召，斯隆也为伦敦著名的切尔西药用植物园(Chelsea Physic Garden)提供了宅基地。

　　然而，斯隆的巨大收藏仅仅是全球收藏活动的例子之一。随着越来越多的收藏家带回来（或者报告）越来越多时人未知的生命，事情就变得清楚了：神创世的描述，流传了若干世纪，是全然不恰当的。斯隆这样的人被他们看到的巨量多样的藏品震撼了。即便简单的颜色，也难以描绘，斯隆感慨道，藏品种类太繁多了，没有足够的名称把它们都记下来。

约翰·雷伊
1627 — 1705 年

　　更当务之急的，是把生物精确地互相区别开来的方法。在牙买加，以及在后来的收藏活动中，斯隆努力运用的那种分类系统，是博物学家约翰·雷伊（John Ray）主张的。雷伊是铁匠的儿子，受到他母亲的影响。他母亲是一位药草医生，用植物治病。他在学校里，在剑桥大学研究期间，是一个聪明的学生，然后被任命为牧师。接着，在英国内战和皇权复辟之后，他陷入政治与宗教纷争，发现自己身为牧师，不能承担世俗工作，也不能为教会服务，因为他的原则是不信奉英国国教。万幸他受到剑桥的一位贵族朋友弗兰西斯·威洛比（Francis Willoughby）的保护，两个人到欧洲旅行三年，一边走一边研究动植物。雷伊住进威洛比的家里，威洛比死后，就拿出几年时间完成了他的故友起头的一本关于鱼的书 —— 就是几乎把皇家学会搞破产的那本书，而当时牛顿在力劝学会出版《原理》（见第1章）—— 然后雷伊出版了他自己关于植物学的鸿篇巨制。

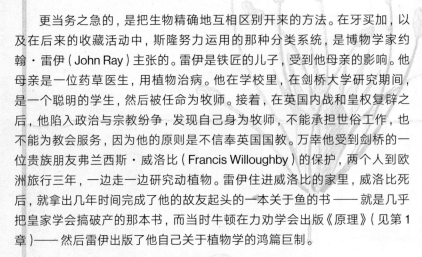

　　雷伊为大约 18 000 个植物物种的分类，是根据其产地、分布、形态与生理。这是科学第一次严肃地试图为自然世界赋予秩序。当时，他最重要的贡献，是定义现代意义的"物种"这个概念，以及如下见解："一个物种不能从另一个物种的种子里长出来。"正是这个观念，被一位刚愎自用而自我中心的瑞典人卡尔·林奈（Carl Linnaeus）采纳了，并把它变为植物的分类系统，一直用到今天。

　　林奈被大家熟知的是他的拉丁语名字，虽然在他得到贵族地位的时候，他把他父亲采取的名字形式反转过来，自称卡尔·冯·林奈。生于1707 年，他总对植物感兴趣，小时候得了"小植物学家"的绰号。他研究医药，然后当了瑞典的乌普萨拉大学的植物学讲师。1732 年，他得到资助，进行一项探险活动，经过拉普兰，他在那里报告一些戏剧性的冒险和不同寻常的艰难困苦，其实他的旅行既不那么费力，也不那么艰险。他"借用"别人对一些地方的描述，甚至他的游记也来自以前的一位探险家的日记。林奈有一种执拗的欲望，要把万事万物秩序化、系统化。但是，他的个人性格刚好适合把植物科学建立在坚实的基础上这种事情。他坚持植物有性繁殖这种意见 —— 此事以前不曾被人考虑过 —— 并创造了一个为植物分类的系统，根据是雄性与雌性的性器官（分别为所谓雄蕊与雌蕊）的补充说明。这吓着了 18 世纪的文雅社会，他对植物生殖的描绘有些不雅，使用像

上图：林奈关于自然分类的著作，从区区 7 页的手册，到第 13 版的时候，发展成 3000 页多卷本的百科全书。

自然系统

在《自然系统》（*Systema Natura*）中，卡尔·林奈设计的为生物分类的系统，基于一种层级结构：三个界（kingdom），再分为纲（class），再分为目（order），再分为属（genera），最后分为种（species）。芸芸众生，各就各位。这个大进步是：这意味着为动物或植物的命名，也提供一个界定，告诉它处于自然秩序的位置。人在动物界（kingdom Animalia）、哺乳纲（class Mammalia）、灵长目（order Primate）、人属（genus Homo）、现代类（species Sapiens）—— 因此就是智人（Homo sapiens）。林奈引进哺乳动物这个名字，是根据乳腺，因为那一组的全部成员都是用乳养育后代的动物。到林奈的书出了第十版的时候，它为 12 000 多个动植物物种分类。这反映这么一种时代信念：神话动物被认为是真正存在的，在人属中也包括了其他人类物种，如穴居人（troglodyte）、山矮人和其他此类生灵。如今，林奈的系统得到了完善，包括生命之树分杈的更多类别，但二词命名系统的整洁性延续了下来，一直是生物学的一种重要工具。

"同一个婚姻中二十个雄性或者更多"这样的措辞。他也发明了两词拉丁语命名系统，使用至今。他的《自然系统》出版时，他还不到 30 岁。他继续完善之，在此后的 20 年出版的版本中，把它用于动物和无脊椎动物界。

对一个为芸芸众生（林奈甚至为其他植物学家分类）制作名单的人而言，不可避免的是人类也要包括到他的格局中。林奈是把人摆在兽类中的第一人，敏锐地知道他将面临的潜在批评。虽然如此，林奈像当年几乎每个人一样坚定地相信物种的永恒性。但是，大量新发现并得到分类的生命形式，提出了一些令人不舒服的问题，那与上帝的格局有关。面对一个主题的如此多的显然无的放矢的变奏，似乎令人困惑不解——为什么上帝创造了如此多的不同物种的甲虫，或鱼，或开花灌木？但那些物种偏偏存在，它们没有改变。它们一直存在，它们不会忽然出现然后消失。然而，那种确定不变性即将被瓦解，货真价实地要瓦解。

上图：在林奈的时代，像这个菊石那样的化石被解释为反常的矿物构造，或者是《圣经》大洪水之前的动物残留物。

化石如何形成

化石（fossil）这个名字，来自拉丁语，意思是"从地里挖出来"。直到 17 世纪，大多数人认为化石仅仅是反常的石头——他们没有意识到化石能够提供关于往昔的宝贵信息。我们现在知道化石是生物的遗体，在生物死后保存在沉积岩里。一个死了的动物或植物，被淤泥或沉积物盖住了，化石就形成。因为沉积物固化成坚硬的石头，过程很慢，一个一个的分子聚在一起——在整个过程中，生物保持其结构——有机物被周围的沉积矿物取代了。如果一个动物被埋没得很快，食腐动物还没来得及破坏那个尸体，化石将保存得更完整。以前的河床和火山灰土地因此就是保存完善的化石的好地方。有时候活组织完全腐烂了，在周围岩石上只留下其形状的印痕，这种化石叫痕迹化石。

史密斯地层

上图：弗兰西斯·伊格尔顿，第三世布里奇沃特公爵，着迷于用运河把煤从沃斯利运到曼彻斯特。他再接再厉，雄心更大，计划把曼彻斯特和利物浦连接起来。

到 18 世纪后叶，工业革命已经开始在英国站住了脚。纺织与制造业正在机械化，有了像珍妮纺纱机和走锭纺纱机那样的机器。约书亚·威治伍德（Josiah Wedgwood）的新工厂名叫"伊特鲁里亚"，地处斯塔福德郡，使用机械化的陶轮和车床，把大规模生产带到了陶瓷业。钢铁生产的新技术，见证了用金属构成的全新结构。随着英国工业的发展，一种巨大的力量才刚刚开始出现，那就是新开发的蒸汽机。但是，比任何事情都重要，工业革命的基础是采煤，并把煤运到工业中心：煤支持鼓风炉和炼铁厂；煤为蒸汽机提供动力；煤为工业城市日益增多的家家户户的炉子提供燃料。正是煤在英国的运输，连同工业生产的沉重货物，刺激了全英国开挖运河的巨大工程。1761 年布里奇沃特公爵运河的开掘，从他在沃斯利的煤矿，流到东边大约 10 千米的曼彻斯特，把城里的煤价降低了一半。紧接着来了一个所谓"运河狂热"的阶段，在此后 60 年中，英伦三岛建造了超过 100 条运河，把煤运给工业当燃料，把工业产品运到港门行销海外，把海外植物园的原料源源不断运回英国。贸易的"良循环"的全部都为英国的经济添柴加薪。

威廉·史密斯出生在牛津郡的一个农户，1787 年年方 18 岁，开始当助理勘测员。他最终在萨摩瑟特煤矿工作，并建造萨摩瑟特煤炭运河。在矿坑里，他开始意识到岩石出现在不同的地层中。沉积物水平分布，但不知道为什么以不同角度变形了，这个原则在一个世纪之前就建立了，但史密斯意识到地层似乎是连续不断的，不同的地层能够延续很长的距离。他的慧眼的关键，是他在岩石中看到了反常的东西——化石。

左图：16 千米长的布里奇沃特公爵运河，实际上是当时最伟大的工程师詹姆斯·布林德利（James Brindley）建造的。

右图：威廉·史密斯手绘的英国彩色地图，建立了一个原则，即用不同颜色代表不同岩石单位，该图与现代地图仍然有非常明显的相似性。

　　史密斯小时候就对化石感兴趣，记得把一种亮晶晶的腕足类动物化石当玻璃球玩。现在，在煤矿的岩层中，在运河工人劈开的石块中，岩石中的每一层可以辨认出来，手段是看每一层含有的不同化石的性质。因此，虽然岩层现在或许走向偏斜，甚至折叠起来，潜没不见，或者起皱或者折断，岩石中的那些具有特色的岩石表现，不论出现在哪里，都使我们能够追索这种岩石跨越很长的土地。基本上说，年轻的岩石必定存在在较老的岩石的上边，这意味着具有特色的化石或许可以用来提供岩层的相对年龄——虽然在当年当然没有什么方法得到岩石年龄的绝对数据。史密斯把这些称作"动物区系连续性的原则"。他旅行几千英里，身为探测员，在 18 世纪最后的十年，走遍了英国的山山水水，他的笔记和观察结果使他能够发表一份不列颠的地层学地图。在 1815 年，此乃开山之作，一部大著，每个岩层都染色漂亮，提供了英国各地潜在矿产资源的一幅清晰的景象。史密斯本人的日子多灾多难。他的地层学研究遭到剽窃，他丧失了金钱，在欠债人监狱里度过了若干年。但是，在他死前，他对科学的贡献得到了承认，人们记得他是"英国地质学之父"。他精彩的地图，至今还挂在位于伦敦皮卡迪利大街的地质学会的墙上。

　　"在煤矿的岩层中，在运河工人劈开的石块中，岩石中的每一层可以辨认出来，手段是看每一层含有的不同化石的性质。"

A
DELINEATION
OF THE
STRATA
OF
ENGLAND AND WALES,
WITH PART OF
SCOTLAND;
EXHIBITING
THE COLLIERIES AND MINES,
THE MARSHES AND FEN LANDS ORIGINALLY OVERFLOWED BY THE SEA,
AND THE
VARIETIES OF SOIL
ACCORDING TO THE VARIATIONS IN THE SUBSTRATA,
ILLUSTRATED BY THE MOST DESCRIPTIVE NAMES
BY W. SMITH.

THE   GERMAN   OCEAN

IRISH SEA

THE

ST GEORGE'S CHANNEL

CAERNARVON BAY

CARDIGAN BAY

BRISTOL CHANNEL

ENGLISH CHANNEL

建造骨骼

　　关于地层和化石的起源或者解释，史密斯不曾追问。"原因或者缘由，在矿物勘测的领域中，是得不到的。"他曾经这么写。但是，其他人得到了。化石或许是死去已久的生物的遗骨，这个想法在当时也不新鲜。亚里士多德就这样看化石，11 世纪的波斯人阿维森纳（Avicenna）和达芬奇也是这样看的。但是，在 18 世纪晚期开始清晰的事情，是化石层之间的不同，这就提出了一些关于地球年龄及其居民的笨拙问题。在法国，大革命之后的浩大住房建设规划，在城市下方的采石场岩层中翻腾出了更令人困惑的化石证据。那个麻烦的问题，史密斯的化石也揭示出来了 —— 只要他愿意看一眼 —— 就是：有些化石看来不像任何现存的动物。

　　在巴黎，乔治·居维叶为坐落在植物园的自然史博物馆的一位教授当助手。居维叶，虽然为一个贵族家庭工作，却能在法国革命的那种疯魔中保持低调，居住在乡下，他身为博物学家的兴趣与日俱增。等到他回到京城，他在比较解剖学领域中成就了名声，这是一个新学科，研究动物之间的不同之处。在分析骨骼性质方面，他非常熟练，他吹嘘说，仅仅看一块骨头，他就能确定那属于什么动物。他意识到生物的任何一个部分，都是重要的线索，能够揭示其全部。因此，根据一颗犬科的牙齿，就能识别一个动物是食肉动物，因此它就有适于奔跑的四肢，

比较解剖学

　　17 世纪的一位外科医生，名叫爱德华·泰森（Edward Tyson），解剖了一只搁浅在伦敦泰晤士河边的海豚，地点是鱼贩子的铺面。他发现，他本以为海豚是鱼，但事实上其内部与其他四足动物非常相似，因此海豚必定是哺乳动物。他接着解剖了一只黑猩猩，发现其解剖学结构与人类大有共同之处。泰森常常被誉为比较解剖学的奠基人，而比较解剖学成了生物学家在进化论问世之后建立生物谱系树的手段。通过确定不同动物（活着的和灭绝的）在骨骼上的不同与相似之处，那就可能追索活着的动物的进化起源。比方说，现代鸟和一些恐龙都有叉骨，因此就暗示它们有相同的祖先。鲸鱼与河马的骨骼也表明它们是近亲。如今，科学家们用更精细的方法比较动物；除了观察体格上的不同，他们也用 DNA 序列来确定共有基因。

适于抓捕猎物的利爪。有一个故事，讲他把这一点归纳得干净利索：一个晚上，他的一个学生，想必是有点发疯了，打扮得像魔鬼，冲进居维叶的私人房间，叫嚷"居维叶，居维叶，我来吃你了。"无动于衷，居维叶平静地回答："具有犄角和蹄子的动物，都是食草动物，因此你不能吃我。"

灭绝

　　知道居维叶是动物专家，人们开始把动物骨头化石寄给他，那些东西是在欧洲各地的挖掘工程和采石场里发现的。来自岩层的化石记录开始表明，那些动物如今不再活在世上。1796 年，居维叶出版了一部令人震惊的著作，决定性地表明在西伯利亚发现的骨头，以前被认为属于大象，其实属于另外一个物种猛犸，如今已经灭绝。灭绝是关键词。直到当时，大家认为全部生物一直活着，是作为上帝设计的一部分被创造出来的。现在，且不说生命多样性的发现提出了难堪的问题，随着新发现的越来越多的物种在世界各地问世，而且今天发现了更多的早已死绝的动物。人类看到的地层越深，更多的灭绝就越明显。随着不同凡响的化石发现一个接着一个，其中有乳齿象和翼龙，不必提恐龙（虽然这个词到 19 世纪 40 年代才炮制出来），事情变得清楚了：化石记录中的大多数动物已经不存在了。上帝犯了错误吗？

　　第一个明显的答案是：灭绝的动物是《圣经》大洪水的受害者，但这不能解释化石揭示的反复出现的灭绝。居维叶自己的答案比较微妙。他论辩说，在整个地球历史上，地球反复遭受全球浩劫——有 26 次之多。洪水，还有火山爆发和地震，力量如此之大，可一夜消灭芸芸众生。每有这种可怕的大灾，上帝的生灵有一些永远消失了，但每次浩劫之后，有新创造出来的物种，也有从地球其他部分匀来的动物，迁徙到破败的地区，地球就重新生机盎然。这种力量是所谓灾变论，居维叶是其最热情的信徒。

　　虽然并非人人都同意这么一种灾变的地球史，有一件事变得很清楚。解开以往的生命奥秘的线索，就在这颗行星本身中。

右图：猛犸象或称长毛象这样的动物从地球表面彻底消失，这个发现把博物学家们置于怀疑之中，他们就提出了关于地球早期历史的灾变理论。

　　"随着不同凡响的化石发现一个接着一个，其中有乳齿象和翼龙，不必提恐龙（虽然这个词到 19 世纪 40 年代才炮制出来），事情变得清楚了：化石记录中的大多数动物已经不存在了。"

地球有多么老？

1760 年，大名鼎鼎的霍拉斯–贝内迪克特·德·索热尔（Horace-Bénédict de Saussure）访问法国的夏蒙尼村，村子在白山脚下，出钱设奖，奖励爬到将近海拔 5000 米的山顶的任何人。在攀岩钉鞋、尼龙绳和防寒装之前好远的往昔，任何成功的尝试要依赖好天气与好运气，也同样依赖技巧。据当地传说，在山上活不长，不可能爬上山顶，因为巫婆和潜伏在洞里的龙，在等着外来者。虽有几番尝试，全都无功而返。26 年过去，奖金无人领取。

但是，1786 年夏，两个人，当地的一位羚羊猎人，和一位医生，终于征服此山。再过一年，索热尔自己也到了山顶。但是，索热尔不仅仅是一个对高山有激情的探险家，他还是以科学的新方式看地球、研究地球的一位先驱者，"地质学"（geology）是他为这种正在出现的科学起的名字。在地质学中，索热尔看到了机会，来回答那个与地球结构、地球的构成以及地球成形的过程有关系的古老问题。德国人亚伯拉罕·维尔纳（Abraham Werner）曾经暗示地球的全部岩石，是单独一次的原初大洪水的后续结果，有四个相续的层面：首层、次层、三层、四层。这个理论的支持者，是所谓"水成论者"，索热尔是其坚定的支持者。

ANNALES
VETERIS TESTAMENTI.
A
PRIMA MUNDI ORIGINE
DEDUCTI:

UNA CUM
RERUM ASIATICARUM
ET
ÆGYPTIACARUM
CHRONICO,
A
TEMPORIS HISTORICI PRINCIPIO
usque ad Maccabaicorum initia
PRODUCTO.

Autore Usbero
JACOBO USSERIO ARMACHANO
DIGESTORE.

LONDINI,
Ex Officina J. Flesher, & prostant apud J. Crook, & J. Baker, sub Insigni
Navis in Cæmeterio S. Pauli, M DC L.

稍过 100 年之前，爱尔兰的一位主教，叫詹姆斯·厄谢尔（James Ussher），大胆尝试，为地球估计年龄，方法是把穿插在《圣经》中的那个很长的系谱中的所有人的近似年龄加起来即可，那个系谱一直回溯到《创世记》描述的上帝创造世界的那个星期。他得到的数据精确得令人惊讶：公元前 4004 年 10 月 23 日的前夜。他不是第一个这么干的人。艾萨克·牛顿得到了一个公元前 4000 年这个差不多的数字。约翰内斯·开普勒（见第 1 章）算出的数字是公元前 3992 年。厄谢尔的数字，不提其精确性，是一项了不起的学术成就，印在国王詹姆斯钦定《圣经》的后续版本中，许多人以为是一个严肃的事实。常有人写道，这个数字被随后一个世纪中全部敬畏上帝的人所普遍相信，但实际上大多数知识分子，特别在欧洲大陆，以比喻的方式解释《圣经》，厄谢尔数据的意义仅仅在 20 世纪早期才真的给搞得出名了，当时美国出现了"年轻地球创造论"。在 18 世纪以来，大多数受教育的人意识到地球必定比有记录的人类历史老得太多。现在，全部灭绝的动物，无论是什么导致的，必定意味着相当长的时间过去了。对新得名地质学的这门科学感兴趣的先生们的心里，那个变得至关重要的问题，是"地球到底有多么老？"

热石头

为这颗行星定年龄，第一次客观而科学的尝试，多半可以说是法国的一位地质学和博物学家的研究；此公有些贵族的装腔作势，名字叫乔治-路易·勒克莱尔·德·布封伯爵。出生时候仅仅是乔治-路易·勒克莱尔，他从其母那里继承了大笔财产——包括布封村，离第戎很近——此后，从25岁开始，他自称德·布封。他的地质学实验基于牛顿在其《原理》（见第1章）里关于彗星冷却速度的推测，牛顿观察到有时候彗星坠入太阳。布封有一个看法：这种冲撞或许会把炽热的太阳碎片撞到太空中，因此随着熔化物质绕着其恒星转，逐渐冷却到它能维持生命的程度，地球上的生命就开始了。他猜想，如果他能琢磨出地球需要多长时间到达这种冷却状态，他就能估计出地球创生的时间。

布封有自己的锻造车间，制造了一系列铁球，代表地球，大小从大约直径1厘米到大约15厘米。他一个一个地把这些铁球放在炉子里，直到铁球变得红热。然后，他把铁球都拿出来，记录需要花多长时间冷却到可以用手碰触。关于他的实验的一份描述，记录他"求助于四五个漂亮女人，都是皮肤娇嫩……她们用细腻的手轮流捧着那些铁球，一边告诉他变热或变冷的程度"。通过为大小不一的铁球如此计时，他就能把他的结果用来推算地球那么大的球。在布封用好几个大小不一的铁球做这个实验的时候，他的结论是：地球变得能维持生命，总共需要花费42 964年；要达到目前的温度，总数大约需要75 000年。

巴黎大学的神学家们很生气。但是，在1749年，当布封公开他的数字的时候，他小心翼翼地避免与圣典发生任何直接的挑战，他的《一种地球理论》构成了他的划时代大著的第一部分；他的大著《自然史》（L'Histoire Naturelle）描述整个自然世界，皇皇44卷。这一套书，展开了对地球的一种看法，其观点是全新的。布封论证说，地球以及地球上的生命有一个历史，他甚至确定了那个历史的七大年代，这颇为方便地构成了一个比喻，代表上帝创世的七天。但是，最重要的，是他表明物种能够变化，随着时间推移以及生物在地球上的迁徙而变化。然而，布封关于时间的实验仅仅是开始。

右图：1739年在巴黎，布封被任命为皇家植物园主任，他就把植物园变为一个研究中心，为居维叶这样的继任者铺平了道路。

上图：一对鸟的插图，来自布封的《全集》的1829年版。

深时

　　如果你沿着苏格兰的东南海岸旅行，从丹巴到特韦德河畔的伯立克，在海滨小镇卡佛乘船出发，走几千米，你就会遇到一番引人瞩目的景象：西卡角的岩石。1788 年，一个叫詹姆斯·赫顿（James Hutton）的人，就乘船做了这么一次航行，证实了在他心里逐渐形成的那个观念，这个观念清晰地令人惊讶，其寓意也令人震惊。西卡角展示水平的红色砂岩地层，存在于古老得多的纵向地层上，是所谓杂砂岩。赫顿的解释是：纵向的条纹本来是横向的，处在深海环境中，正如全部的沉积岩也是横向的，但是，逐渐被地球内的巨大力量推偏斜了 90 度。较新的横向砂岩层本来是一层压着一层，因为一处海边平原的一部分，不停地受到洪水的冲刷，然后随着海平面的涨落而逐渐干燥。在赫顿看来，这就是证据：地质过程是缓慢而连续的，并且一直以相同的方式进行。那个地方至今以"赫顿不整合"而知名。

　　身为商人的儿子，赫顿在法律界当过学徒，之后抽身而退，然后尝试医学，最后通过鼓捣对化学的兴趣，在商业上成功。他富了，得益于一种工业处理方法的发明，用煤烟制造氯化铵。他还继承了一个农场，农场上的户外生活促使他对地质学感兴趣。他的工业财富使他能够把后半生贡献给对地质学的热情，他常常周游英格兰和苏格兰，观察地貌，建造他的渐变论。他看到了缓慢而稳定的侵蚀迹象，看到了连续的地震和岩层的崛起，看到了以往反复发生的火山爆发的证据。看每个地方，赫顿都看到了自然力对地球的作用，而那些自然力在今天碰巧是非常平缓的，但在全部时间里那些自然力一直在发挥作用。

> "看每个地方，赫顿都看到了自然力对地球的作用，而那些自然力在今天碰巧是非常平缓的，但在全部时间里那些自然力一直在发挥作用。"

下图：地质学上的"不整合"的展示图，这种地质现象是赫顿在苏格兰的西卡角发现的，揭示居上的岩石浅坡与底下的垂直岩层之间的突然过渡。

查尔斯·莱伊尔
1797—1875 年

　　这个渐变论，不需要突然的巨大灾难，《圣经》说的那种大灾变或者其他灾难，此所谓"均变论"。然而，该论确实有的寓意是地球比当时估计的古老得太多。赫顿在他的书《地球理论》中写得很妙："世界的开端，我们看不到什么遗迹；世界的终结，我们展望不到。"为一场学术之战的舞台，准备好了。

　　赫顿出版的书，其写作风格几乎无法理解，但几年后他死了，与他同舟游西卡角的朋友约翰·普莱费尔（John Playfair）写了一本书，才让更多的人注意到赫顿的理论。"均变论"思维方式遭到灾变论者和水成论者严厉的谴责，然后另外一个苏格兰人，此公也抛弃了法律事业，明确地证明地貌中渐变的现实。

　　与赫顿相似，查尔斯·莱伊尔听从父母的意愿，上学研究，以便当律师，但在牛津大学心血来潮，追捧牧师威廉·巴克兰（William Buckland）的地质学。巴克兰是一位浑身怪癖的大学教师，不提其他，他为自己设立了一个终生目标，要吃遍上帝创造的每一种生灵，人人知道他吓坏了他的学生，手段是为学生提供怪异而新奇的"茶点"。在很大程度上，巴克兰是一位居维叶式的灾变论者，感觉自己发现了大洪水的证据。在约克郡旅行的时候，他发现了化石化了的鬣狗骨头，埋在他解释为一个泥巴窝的所在。但是，大约同一个时候，莱伊尔也知道了赫顿的均变观念，看出这个观念与他自己的想法同声相应。1818 年，莱伊尔一家到欧洲的旅行，使这个 20 岁的学生的研究地貌的兴趣越发高涨。他继续进修，甚至短暂实习担任大律师，此后他视力有了麻烦，这迫使（视力多半得到了改善）他抛弃了这种需要大量案头工作的职业。他却开始以写随笔和评论为生，同时从事他感兴趣的地质学研究工作。莱伊尔越是研究地貌，就越是信服赫顿的渐变概念。1828 年他在意大利做了大量田野研究旅行，得到了两项支持渐变概念的惊人证据。

　　那不勒斯附近的波佐利（Pozzuoli），有引人瞩目的罗马废墟，而这些废墟对变化着的地球的揭示则更加引人瞩目。在塞拉皮斯神庙，莱伊尔看到三根石柱仍然高高耸立，每根柱子靠近顶端，都有退色的暗带。细审之，暗带是侵蚀的痕迹，是海洋软体动物导致的。唯一的结论是：在神庙建成之后，海面上升——或者陆地下沉——神庙就待在海里的时间足够长，小小的海洋软体动物就在上面留下痕迹，然后陆地再次上升，把神庙高举在海平面之上。另外，全部这些事情必须是逐渐发生的，否则那些石柱本身会倾倒。此乃地质渐变的赤裸裸的证据。但是，莱伊尔在西西里岛壮观的埃特纳火山看到的事情，更加令人震惊。视线越过埃特纳火山，他看到这座山是相续的熔岩流堆积起来的。此山颇高，层层堆积，需要极其漫长的时间。莱伊尔意识到地球必定古老得不可测量，我们今天看到的那些正在进行中的过程，必定亘古以来一直在发挥作用。

他的书《地质学原理》（*Principles of Geology*）在 1830 — 1833 年以三卷本出版，塞拉皮斯神庙在卷首插图上。莱伊尔在书中发挥他那种大律师的滔滔辩才，反对并摧毁灾变论者对岩石中的那些证据的解释。"深时"这个概念变得影响巨大，诗人丁尼生（Alfred Lord Tennyson）受了深时的启发，在一位密友死时，他开始在《悼念集》（*In Memoriam*）中写道：

"深时滚滚处，且有古木繁。
大地莽苍苍，见证沧桑变。
长街车马喧，古海中寂然。"

丁尼生的诗句，勾起了一个无始无终的行星，但也是一个没有明显目的或者方向的行星。莱伊尔已经为如下认识搭起了舞台：如此浩瀚的地质时间，可使生命本身逐渐变化。进化这个概念正在姗姗而来。

次页：19 世纪 30 年代，塞拉皮斯神庙吸引了另外一位科学家和数学家查尔斯·巴贝奇（Charles Babbage），在那里过了一些日子，为神庙画了剖面图。

埃特纳火山

在埃特纳火山上，查尔斯·莱伊尔看出这座山是由相续的熔岩流堆积起来的。他意识到，如果每层熔岩流最宽处大约是一两千米宽，那就需要一百次熔岩流方可把这座山围起来，而区区一次熔岩流就能提升其高度。以此速度建造这座山，需要几万次喷发。然而，大型喷发每隔几年才有一次，而埃特纳火山却超过 3 300 米。更令人惊讶的是，他看到在两个熔岩层之间，有大约 7 米厚的牡蛎化石床。这意味着两个熔岩层之间聚集起这么厚的化石层，必定需要非同一般的漫长时间。这座山必定比任何人能够设想的更古老。更糟糕的是，在"最年轻的"的一些岩石里有化石。因此，更古老的岩层有多么古老？处在这种岩层更前面的灭绝动物又有多么古老？如此漂亮的推理，引导莱伊尔得出结论：地球必定古老得不可想象。

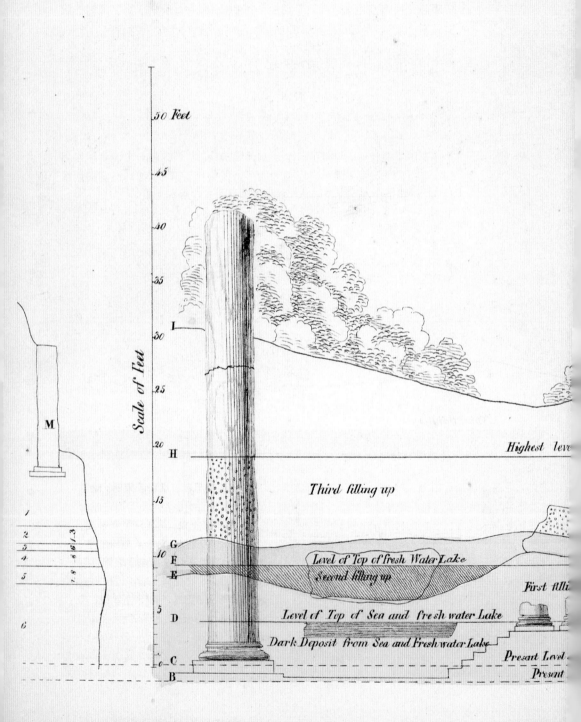

50 Feet

45

40

35

30 I

25

20 H — Highest leve

Scale of Feet

Third filling up

15

G — Level of Top of fresh Water Lake
F —
E — Second filling up

First filli

5 D — Level of Top of Sea and fresh water Lake

Dark Deposit from Sea and Fresh water Lake

M

Presart Level

0 C —

B — Present

1
2
3 & 3
5
4
7, 8 — 5 6̃ 1, 3
5

6

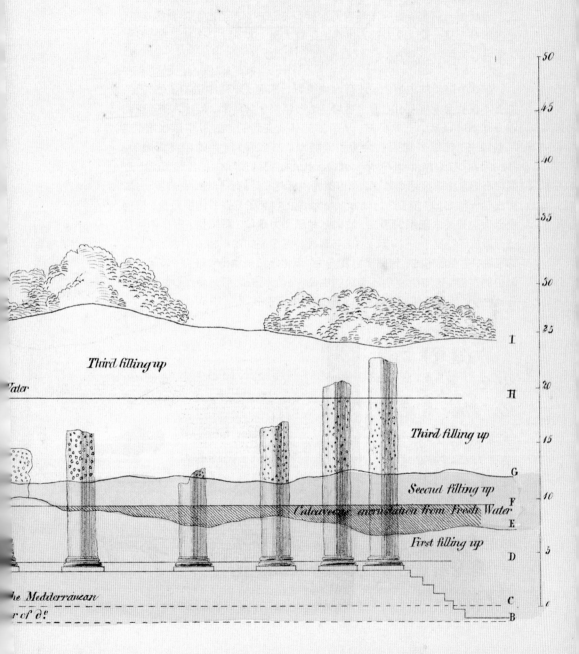

Section of the
TEMPLE OF JUPITER SERAPIS,
Shewing the Successive Changes it has undergone.
1828

Third filling up

Water

Third filling up

Second filling up

Calcareous incrustation from Fresh Water

First filling up

the Mediterranean

r of d.º

Pavement of ancient Temple

50

45

40

35

30

25   I

20   H

15

G

F   10

E

D   5

C

B   0

发展的遗迹

维多利亚统治时代的早期，英国社会脱胎换骨。20 年间，超过 10 000 千米的铁路在国土上交错，把城际旅行的时间从几天缩短为几小时，为民众带来便宜的货物。工业城市如雨后春笋，日常生活也得到了重新组织，以便符合工业生产的步调。19 世纪的发展或进步概念几乎可触可摸，因为工厂老板出身贫寒，如今洋洋自得地拥有不动产，甚至占了议会的座位。英国本身摇身一变，成为领先世界的工业大国，这多亏了辛勤工作，多亏了国民心灵手巧。

在这个进步的世界上，还有一件事冒出来了：一种激进的生命力量，主张不仅社会能够变化，而且植物、动物和整个自然界，包括人类，也能够变化。1844 年，一本小书，从新生的蒸汽驱动的印刷机中滚出来，成了畅销书，在维多利亚社会里引起轰动。书名叫《创世的自然史遗迹》（ *Vestiges of the Natural History of Creation* ），把地质学中的渐变观念，连同化石记录中的灭绝难题，以及自然界中日益广泛的多样性，都搜罗一处，提出了一种名曰"演变"（ transmutation ）的宇宙论。该书包罗万象，根据星云假说描述太阳系的形成，此事依赖于引力定律，意思是：较小的颗粒逐渐凑成了行星——实际上，这与现代普遍接受的观点相差不大。该书又论证说，生命的形成，借助于自发产生，而化石记录拿出了证据，表明一种渐进的过程，走向更复杂而高级的生命形式：昆虫之后是鱼类，然后是爬行动物，然后是像哺乳动物这样的较高级生命形式。

下 图：《遗 迹》把自然界和化石记录视为缓慢演变过程的一个例子。

"《遗迹》宣称从鱼、鸟和兽进化，到人类就登峰造极，并进而暗示：这一切发生在非常浩瀚的时间，不需要上帝那样的造物主，来造物种，造地球上的万般事物。"

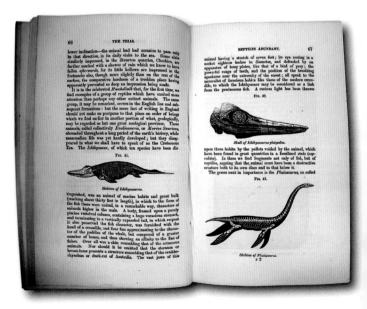

但这才是事情的开始。《遗迹》宣称从鱼、鸟和兽进化，到人类就登峰造极（具体地说是白种的欧洲人），并进而暗示：这一切发生在非常浩瀚的时间，不需要上帝那样的造物主，来造物种，造地球上的万般事物。毋宁说，进化的意思或许是上帝设置了一条"自然规律"，然后这规律就沿着一条进化之路前行。第一版在几天之内脱销，最早的书评不错。艾伯特王子每天下午为维多利亚女王读这本书呢。但是，作者免不了为自己招来暴风骤雨一般的口诛笔伐：科学家们攻击他，说他缺乏科学素养，信教的人骂他，说他的论点亵渎，居然说人类是从低级生命形式中冒出来的。知道作者其实是匿名的，就不叫人惊讶了。

上图：罗伯特·钱伯斯，1802—1871年。钱伯斯公开发布关于生命史的看法，意味着这位著名的出版商被广遭怀疑并多受争议的《遗迹》一书，虽然直到1884年出第12版的时候，该书才名至实归。

直到他在1871年去世，《遗迹》才被确认出自罗伯特·钱伯斯（Robert Chambers）之手，此公是爱丁堡的一家非常成功的出版公司的兄弟俩之一，主持编纂闻名世界的《钱伯斯百科全书》，不提其他的头衔了。这兄弟俩生来都有十二个手指头、十二个脚趾头，都在小时候做了矫正手术。但是，虽然他兄弟的手术成功了，罗伯特却落下了跛足，因此他就转到了书籍的世界。在莱伊尔的《原理》出版后的那种令人陶醉的学术年月里，罗伯特迷上了地质学，把《遗迹》视为连接自然科学与创世故事的第一次真正的尝试。他自己的书或许是试图回答"我们如何走到现在？"这个问题的第一次真正的尝试。

长脖子

让-巴蒂斯特·拉马克
1744—1829 年

查尔斯·达尔文，读过《遗迹》，写道：作者的"地质学坏得叫我吃惊，而他的动物学更坏"。该书招致了连篇累牍的谩骂——虽然这保证会让它的销量飙升——达尔文踌躇 20 年，才在 1858 年发表他自己的进化论，肯定也是因为这个因素。达尔文决心保证他的论点得到谨慎而可见的证据的支持，如此他可免于被指为异想天开。与此同时，他意识到《遗迹》已经成功地开始了对进化问题的公开讨论，因此为他的理论的接受铺平了道路。

进化不是新东西。钱伯斯之外，他之前若干年的布封已经表明动物是从较早的形式进化来的，达尔文自己的祖父伊拉莫斯，在一首诗里使进化概念永垂不朽，用皇皇两卷书《生物学》（Zoonomia）论述进化。《生物学》提出的观念——上帝创造的生物被设计得能够自我改善——与在全社会中的改良的时代精神不谋而合。法国博物学家让-巴蒂斯特·拉马克，曾在巴黎植物园管理干燥标本，也提出并发展了一个科学概念。拉马克的理论是所谓"习得性状的继承"。最常引用的例子是长颈鹿，拉马克论证说，长颈鹿是从脖子较短的动物进化来的。在某种关键时候，一些"原长颈鹿"学会了伸脖子，以便吃到高处的树叶。拉马克相信这种应变能力不知道怎么传给了后代，这些后代也伸脖子，把新的能力也传给它们的后代，如此等等，这就导致了渐变。这个理论变成了所谓拉马克主义，但广遭揶揄，因为乔治·居维叶（物种永恒性的信奉者）保证能让这种观点在法国学术圈子站不住脚。

拉马克至少提出了某种机制，物种凭此机制将从一种形式变为另一种。这么说，毕竟令人费解：如果新的生命形式从更复杂的形式中出现，如化石记录表明的那样，而另外的生命形式灭绝了，那么什么可能导致此事的发生？达尔文当然搞出了一种答案。但是，为什么是他，为什么那个答案在那个时候冒出来？达尔文家境富裕，可以花时间沉迷于他的兴趣，而不必去赚钱。他加固自己的地位，靠的是与他的表妹艾玛结婚，艾玛是富裕的企业家约书亚·威治伍德（Josiah Wedgwood）的孙女。达尔文在爱丁堡感觉医学研究完全令人作呕，就转到了自然史或称博物学，然后被送到剑桥接受当牧师的训练。在剑桥，他继续专注于自然史和地质学，通过与一位植物学教授的友情，以"博物学家"的身份在一次为期 5 年的航行中服务，周游世界。航行的主要任务，是勘察南非海岸。皇家海军舰艇小猎犬号在 1831 年 12 月举帆。在此后不同凡响的 5 年中，达尔文做了大量笔记和素描，反映他在全球自然界中看到的东西。他随身也带着莱伊尔《原理》的第一卷，并托人把第二卷寄给他。"深时"这个概念以及由此得到的推论，让达尔文大开眼界。

左图：从 18 世纪以来，长颈鹿成为解释生命多样性之争的标志。

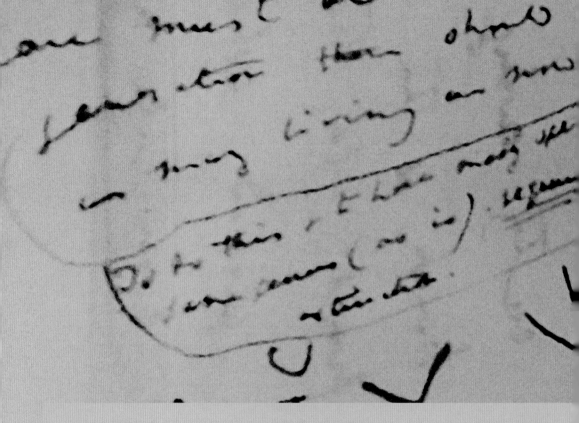

生存斗争

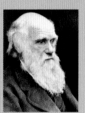

查尔斯·达尔文
1809 — 1882 年

　　环球航行，达尔文对物种多样性甚感奇妙，正如一个世纪前的汉斯·斯隆也是如此。他第一次在智利经历地震，亲眼目睹创造地质变化的地球力量。他的笔记一丝不苟，他从所见现象中小心翼翼得出结论，但在返乡之后的两年内，他开始论述他关于"物种转变"的观念。在 1837 年的一个特别的笔记本中，我们可以看到他勾勒了一幅初级的生命树形图，枝枝权权从单独的共同祖先中生发出来——在图的旁边，他写道"我认为"。其他的不提，他身处其中的那个时代对他的思维的形成，也一样重要。在维多利亚的英国，工商业在竞争中繁荣，成功的买卖使业主腰缠万贯，谁的产品不够好，不够便宜，事业就萎缩，就倒闭。维多利亚时代的资本主义的明显成功，清楚地表明：生存竞争是生活的一个部分。在当时的早些年，达尔文也读过托马斯·马尔萨斯（Thomas Malthus）的《人口论》，"仅仅是读着玩的"，却大受其影响。马尔萨斯论证说，食品供应永远赶不上人口的增加，战争、饥馑、疾病与贫穷总会发生，最弱者堕入贫穷和衰落，输掉了生存斗争。政治家利用马尔萨斯的逻辑，反对对比较贫穷的工人阶级的支持，因为否则英国人口就得不到控制了。从本质上说，正如达尔文后来

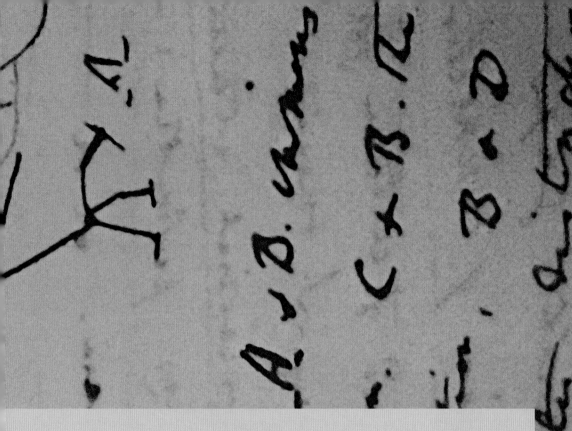

上图：达尔文亲手画的"生命树形系谱"。与他的许多支持者不同，达尔文不曾犯那个错误，即在物种之间搞出一种等级结构。

写的那样，他自己做的事情，是把马尔萨斯关于限制人口增加的观点扩展到了自然界。他能够一眼看到在生存斗争中拥有一种优势，就提供了一种机制，物种凭此机制，或者继续繁荣昌盛，或者面临灭绝。

他的理论元素有了，达尔文把 20 年的最好时光用来积累精确的证据，以支持他的理论。看到《遗迹》遭到的围攻，只能让他更加谨慎。还是那样，维多利亚社会的本性，影响达尔文的进程。到 19 世纪 40 年代，作为消遣的自然史已经被大大普及了。随着铁路把更多的人运到海边的休闲之地，人们也就可能以研究自然为乐。许多书出版了，讲怎么搜集动植物。业余博物学家很多，达尔文开始搜罗数据。他建立一个网络，与其他先生们通信。他搬家到肯特郡的道恩居，反复遭受疾病折磨，他就离群索居，但一生的研究过程中写了几千封信，交流信息和样本 —— 统一邮政系统的建立把此举变得容易了。他的网络延伸到天涯海角，样本通过大英帝国从许多国家纷至沓来，在当时仍然几乎可以说是最大程度地遍及全球。达尔文在家做植物实验，研究几年藤壶，因此非常重要地熟悉了动物的繁殖。他自己养鸽子，研究饲养者选择祖祖辈辈饲养的动物的某些特点，看那会有什么效果，那就是创造了种类繁多的狗、猫、牛、马、植物和鸽子。

长脖子

　　最终，达尔文的"借助于自然选择的进化"理论，小心翼翼地证明：在漫长的时间中，自然如何凭机会成就人类已经表明自己能干的那些事，手段是选择性繁殖——仔细选择他们喜欢繁殖的那种生物。全部活物都竞争，为了有限的食物和领地，也为繁殖而竞争。全部后代都与其父母稍有不同。随着时间推移，一个随机的变异将表明在生存斗争中有优势；比方说，一只脖子稍长的长颈鹿，在不景气的年份，可能就有优势得到更多的食物。在生存斗争中的成功，意味着突变体将繁殖更多的后代，那些后代也繁殖；因此，经过非常、非常漫长的时间，成功的突变体的种群数将逐渐增加。更成功的突变，经过更长的时间，因此或许就导致一些与其祖先非常不同的后代，就完全变成了一个新物种——后代与祖辈不再能在一起繁殖出有生殖力的后代。就那些在生存斗争中没有优势的品种（短脖子的长颈鹿）而言，后果是

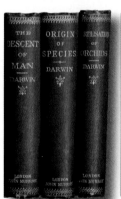

相反的：它们的种群数减少，最终归于灭绝。最重要的，这整个的逐渐而奇妙的过程之所以可能，还得归因于浩瀚的地质时间的展开。

　　达尔文自己的世界是安逸的，但他也免不了竞争。到最后，他收到了一张便笺，是在马来西亚的一位通信者发来的，名叫阿尔弗莱德·罗素·华莱士（Alfred Russel Wallace），此人独立得到了相同的自然选择机制，他这才受了刺激，决定发表自己的理论。在跟朋友和老师商量之后，其中有莱伊尔，达尔文和华莱士的观念在 1858 年 7 月联合发表。此事过去了，没有引起注意；次年，达尔文急忙写出了 25 年的研究工作的全部细节。《物种起源》于 1859 年 11 月出版，立刻成了畅销书。此书一直是全部时代的伟大论证，精确而仔细地论述一个科学论点，外加一丝不苟的证据，势不可挡地导致一个启发人心的精致理论。

超越达尔文

　　自然选择导致的进化论，当然已经是争论的话题，自从它发表以来的150 年，观点不同的人一直在围绕它战斗。针对进化论的发表对宗教信仰

左图：《物种起源》很快成了国际畅销书，但外国版本有时候成问题，因为翻译者带进了特么自己的观念和偏见。

的寓意，打从开始就有许多争论，围绕着那个避不开的结论：人类无非是一种来自更原始的猿类的突变体。在社会中，达尔文主义这个概念也被五花八门的政治与经济的幻想家们采纳了。"适者生存"这个短语，从来不是达尔文自己的措辞，到头来却被用来为西方资本主义的极端情况做辩护，为共产主义社会的来临做辩护，为支撑纳粹国家的那种种族净化的观点做辩护。最近的时候，进化论仍然为那些极端情况遭受责难，受到来自宗教的神创论运动的越发猛烈的攻击，特别是在美国。

> "关于遗传问题的答案，已经被一位默默无闻的奥古斯丁派的僧人乔治·孟德尔勾勒出来了。"

　　然而，从科学上说，达尔文意识到自己的理论有一些问题，最重要的是他不能解释适应性状如何从一代传到下一代。他在晚年甚至重返拉马克主义的观念（其他科学家也这样），因为那似乎是一个好主意，也或许因为那个主意符合辛勤工作以自我改善这么一种道德理想：把好不容易得到的改善传给你孩子。然而，但愿达尔文知道关于遗传问题的答案，已经被一位默默无闻的奥古斯丁派的僧人乔治·孟德尔勾勒出来了。孟德尔住在圣托马斯修道院里，修道院在如今的捷克共和国的布尔诺市。孟德尔不辞劳苦，揭开了真正的遗传规律：生物的特征决定于两组基因（虽然他不曾使用这个词），各自来自母亲和父亲。只有为每种特征负责的一个基因表达在后代中。有些基因是"显性的"（盖过了其他"隐性的"基因），意味着其特征在后来的世代中出现得更频繁。孟德尔死了，他的论文立刻被修道院长烧了。直到 20 世纪初，他的研究才重见天日，但他实际上揭露的是自然选择借以运作的那个过程。

孟德尔的豌豆

　　长达 7 年，大约就是达尔文出版《物种起源》的时候，乔治·孟德尔种了 29 000 棵豌豆，检测豌豆的特征如何代代相传。他试图搞清楚如何创造出更好的杂交豌豆，以便得到更好的收成。当时，大多数生物学家论证说：双亲的特征传给未来的世代，手段是把双亲的特征在其后代中混合起来，后代于是就是其双亲的一种平均混合物。很明显，在若干代之后，这会导致全部遗传特征被稀释；比方说，我们无法解释有些孩子到头来比其父母高得多或矮得多，而不是父母的平均个头。孟德尔不辞辛苦的研究，导致他得出结论：存在遗传单位，名为"因素"（后来的"基因"），总是成双成对地运作，每一对基因的每一个，各自来自父亲与母亲。另外，他意识到基因可以是显性的或者隐性的，因此可以解释某种特别的性状如何传代而不被人注意，然后重新出现。他搞出了两条"遗传定律"，此乃现代遗传学的基础。

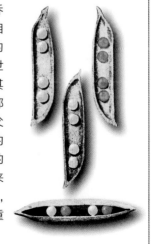

改变世界

但"我们如何走到现在"怎么办？正如地质学的深时是理解进化的关键，岩石的故事对回答这个大问题也至关重要。

在莱伊尔和达尔文研究之后的几十年，地质学和生物学井水不犯河水。此后的半个世纪，生物学戏剧性地跑在前面，确定了细胞核（控制中心）里的染色体是基因所在的地方，最终通过确定双螺旋结构，把 DNA 作为基因本身的化学密码（见第 5 章）。先进的分子生物学成为最庞大、资金最多的科学领域。进化理论产生了很多东西，从在"生物学"洗衣粉里发挥作用的酶类，到能大批生产药品的细菌；进化论也用在高级计算机软件程序的核心，巩固了我们对疾病进展的理解。今天，科学家们能够操控基因，控制进化过程本身 —— 他们甚至到了产生合成生命的门槛上。

与此同时，地质学沦落为类似于一潭死水的东西。确实也有重要的进步，特别是发现了放射性，放射性能准确地确定岩石的年龄，手段是测量岩石中放射性同位素的衰变。然而，大多数的地质学努力，走不进关于地球的那些大理论的争论中，也不能参与均变论对灾变论的辩论，而是在田野中描绘和记录岩层和化石层，试图得到关于岩层相对年龄的更准确的数据 —— 其实是扩展威廉·史密斯在一个世纪之前已经做的那种工作。存在一些关于整个地球的理论，但干脆没有足够的证据来得到确凿的结论。在进入 20 世纪之际，占霸主地位的观念是这么一个想法：地球在冷却过程中是逐渐收缩的，地表皱缩，像梅子变干，由此形成了山脉、深谷、海盆和大陆。但是，20 世纪的物理学家抛弃了这个理论，因为放射性让他们能够表明：地核几乎没有变冷，不足以解释像喜马拉雅山那样的大规模山脉的崛起。

左图：艺术家对细胞核里的染色体的印象——每一条染色体含有一对完全相同的 DNA 链，在所谓染色单体的一种结构中，以化学手段连结在各种蛋白质上。

参差的大陆

然后，在 1910 年，一个名不见经传的德国气象学家，名叫阿尔弗莱德·魏格纳（Alfred Wegener）的，漫不经心地浏览一本新出的地图册。南美的东海岸线，与非洲的西海岸线，形状非常相似，这让他大感惊异。注意到这个现象，他不是第一人，但过了一些时候，他还注意到在被大西洋分开的两岸，灭绝动物的化石也是相似的。此乃魏格纳"大陆漂移说"的开始，在 1912 年的一系列演讲中，他发表了这个学说，然后在接下来的 10 年发展中，与此同时他仍然在气象学领域谋生。

一个世纪前，拉马克已经表明：各大陆全都在地球表面上稳定地发展，而洋流趋向于侵蚀它们的西岸，而在它们的东岸积累起新的沉积物——这个观念，可以被尽数推翻，正如他的进化理论也是这样。但是，魏格纳证明变化的证据不可抗拒了。他越是研究各大陆的地质和自然史，他看到的各大陆本来连为一体，然后解体分开的迹象就越多：冰川的遗迹，连成片的山脉，热带植物化石出现在今天的北极，以及如今活着的动物种群与全球岩层动物种群之间的不同。正像一把镂花锯，他琢磨出了一个模式，来解释各大陆怎么可能全部都凑在一起，并得到一幅关于一个超级大陆的地图；这个超级大陆曾经雄霸地球表面。他名之曰"泛古陆"（Pangea）。

地质学界嘲弄这个看法——巨大的大陆板块怎么可能裂开海盆的那些岩石呢？他们说，魏格纳的证据细节充分，但无法证实。1930 年，他出发远行，去考察北极天气，他也希望得到一些测量数据，能证明格陵兰岛和斯堪的纳维亚半岛这样的大陆块正在快速地分开。在北极的隆冬，在他 50 岁的生日那天，魏格纳试图返回基地，在格陵兰岛的冰盖上跋涉，以便取得更多的给养。他永远没能回去，他冻硬的遗体在第二年被发现。即便在他死后，他的理论也一直遭到激烈的攻击，年轻的地质学生们得到了警告：打听大陆漂移说，对他们的学术生涯没有任何好处。

"地质学界嘲弄这个看法——巨大的大陆板块怎么可能裂开海盆的那些岩石呢？"

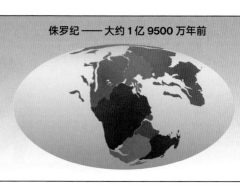

侏罗纪——大约 1 亿 9500 万年前

一系列全球地图表明各大陆的地壳运动。各大陆从魏格纳的"泛古陆"破碎成今天的样子。

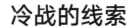

冷战的线索

魏格纳不曾遇到的那个过硬的证据，最终来自一个非常不同的方面。在第二次世界大战期间以及冷战的早期岁月，潜艇战剧烈增多，导致急迫需要对海床的理解，需要为在当时仍然是一个隐藏着的海底世界画地图。大量资料涌进海洋学这门新科学中，结果引人瞩目。三项令人震惊的新证据出现了。第一，大家清楚地知道了，贯穿整个大西洋的中间，有一道巨大的海底山脉，宛如脊椎一般。这道山脉其实冒出了海面，形成了冰岛。第二，大家也清楚了，海床岩石，地质学家们一直以为是最古老的，是大陆地壳累积的结果，却实际上是非常年轻的。第三，古地磁学这门新科学揭示海床岩石，有一种磁学模式，在海底山脊的两边，这种模式是严格对称的，好像东西与其镜像那样相同，这表明海底岩石原本是在大洋中脊那里形成的，然后一分两半，各自移往东西这两个相反的方向。

上图：这幅全球地图，揭示大陆板块的深层结构。大陆板块的边缘，集中在大陆海底山脊一线。

这些无可争议的过硬数据，在 20 世纪 60 年代中期零零碎碎地汇集一处，就成了"板块构造理论"，如今人们承认那是地壳借以形成的机制：在海洋中脊，融化的火山岩浆冷却，就形成地壳。这些中脊在全球形成了一个庞大的大陆连接网络。按照板块构造理论，海床在中脊向两边摊开，推动了沿着中脊的大陆地壳。若非如此，地壳碎块就互相碰撞，一块拱到另一块的下边，潜没在下面的熔岩里。地球表面被分为无数这种"板块"，好像一个煮鸡蛋碎裂了蛋壳。板块互相挤压和碰撞，就形成了断层，如加利福尼亚的圣安德烈亚斯断层，制造地震和火山喷发，或者迫使山峰升高。驱使这一切的机制，是对流——在地壳下面的炽热地幔中，熔化的岩石上升，冷却的岩石下降。

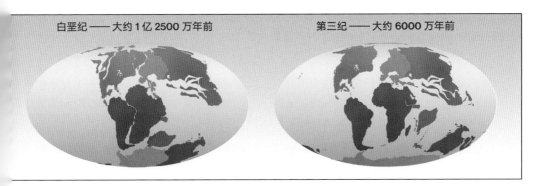

白垩纪——大约 1 亿 2500 万年前　　　　　　第三纪——大约 6000 万年前

生与死

地质科学起死回生，得益于板块构造的发现。突然之间，各种各样的地质奥秘，如为什么地震和火山在某些地方发生，为什么山脉拔地而起，就变得可以理解了。实际的好处也是存在的，因为如今地质学家可以更精确地预言在哪里可以发现含油岩石，指导对在地球深处形成而被推到接近地面的矿物的采挖。但是，地质构造学也揭示：在地质与生命之间，存在一种难解难分的联系。我们现在明白了，板块结构学是周游地球的碳运动的关键，火山把二氧化碳喷进大气中，然后植物和树把二氧化碳从空气里吸收进去，植物和树喂养动物，动物死亡并腐烂，构成海床上的沉积层，沉积层最终掉进熔化的地幔中。构造地质学解释死了的动物和植物，经过几百万年或几十亿年，以何种方式、在古海床的什么地方形成煤层或油层。这个理论对氧和二氧化碳在大气中的复杂平衡非常重要。在许多方面，地球上的生命故事就是地质本身的故事。

至于生命进化已经采取的方向，那也受到地球运动的深刻影响。随着大陆在不同的纬度上且开路且变形，在大陆上或者在其周围的海里进化着的物种不得不适应不同的气候，或者与那些能够进入它们势力范围内的其他物种竞争。有些繁荣昌盛，另外一些灭绝了，为在将来出现的新生命形式提供机会。像喜马拉雅山那样的山脉的崛起（起于印度次大陆板块撞上了亚洲板块），就制造了迁徙障碍，或者改变了上层大气的气候系统，结果就是生命与之斗争的新环境、洪水或者干旱。地球上各大陆变化位置，也改变了海洋循环，为海洋生物施加了新压力，引发了冰河时代的迅速登场或者消退。威胁生命的巨大事件，时不时地发生，形式是大规模的地震、决口的冰川湖泻出的洪流，或者火山爆发，有时候一次爆发岩浆流源源不断几千年。除此之外，早期太阳系的暴力更甚，小行星和彗星撞击更频繁，我们至今能看到我们行星遭受的浩劫的痕迹。化石记录和地质学证据揭示：曾经有五次大规模灭绝，把活在当时的物种消灭了超过一半，其中的一次险些把地球上的全部生命尽数抹掉。6500 万年前的那次彗星撞击，标志恐龙时代的终结，仅仅是最有名气的，并不是最大的。

右图： 卫星一瞥冰岛火山活动与冰河，是海洋中脊延伸到陆地的世界少数地方之一。海洋中脊是两个板块的分界线。

海洋中脊

　　绕地球轨道运行的卫星，让我们得以看到整个海床。显眼的是海洋中脊连成的那个非同一般的网络。海洋中脊宛如一道疤痕，在大洋中间贯穿始终。所有这一切，造就了一道连续的山脉，绵延将近 60 000 千米，形成了地球上最高的山，虽然它几乎完全隐藏在海里，不被我们看见。像冰岛、亚述尔群岛、百慕大群岛、阿森松岛和特里斯坦-达库尼亚群岛，实际上是一些山顶，标志着贯穿大西洋的中脊冒出海面的地点。大西洋中脊从北冰洋一路跑到南极海洋——世界上最长的山脉。中脊形成了地球板块之间的边界。中脊标志着新海床正在形成的地点，新海床向两边移开，推动地壳的浩大运动。比方说，大西洋不足 1 亿 8000 万年，在超级大陆"泛古陆"开始裂开之际才开始形成。大约在 5000 万年前，世界的陆块和海洋成就了目前这种格局。

幸存者

　　因此，对"我们如何走到现在？"这个问题的答案，到头来是非常清楚的。我们在此，全凭机遇。熔岩的这个大团块为每一个物种（包括我们）的出现和消失负责。生命应对一个一直变化和暴烈的地球，我们是这种应对的产物，而不是一个伟大的存在之链的尖顶。我们的世系是幸存者的世系，是其祖先在生存斗争中成功了的生物，我们周围的其他生物失败了。此处的一次随机的气候变化，彼处的一次地震，一片干涸的海洋，或者一段滑入冰河时代的时间，就使故事大不相同。如果我们倒转时钟，返回生命萌芽的远古洪荒，让进化和地球重走一遍，那就太不肯定仍然会有我们。

　　我们在此，实属万幸。如此想法，叫人清醒。

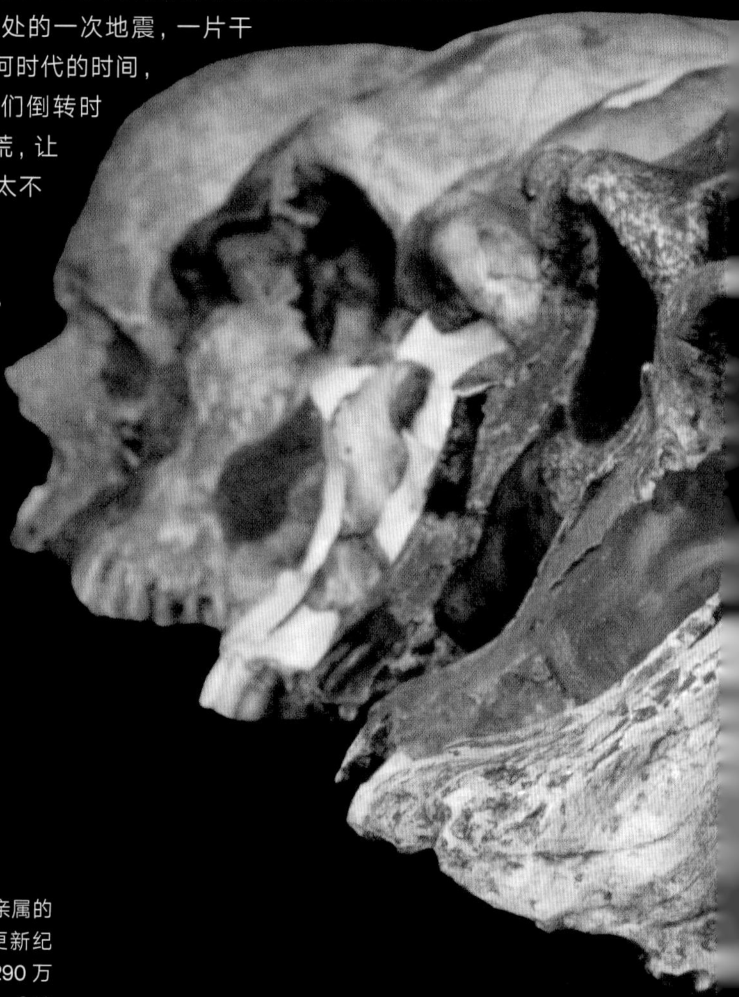

右图：人类的问世 —— 我们最近亲属的一排头骨。从前向后，古老的"更新纪灵长动物"南方古猿（390万—290万年前），南方古猿非洲种（330万—240万年前），早期直立人（180万—30万年前），穴居的尼安德特人（约10万—3万年前），现代智人（约20万年前）

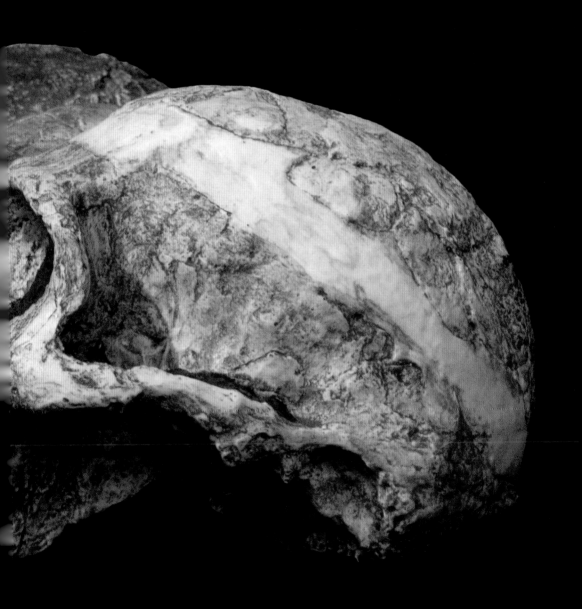

宗教改革

雷伊
1627 — 1705 年　1660 —

CAROLI LINNA
ARCHIATR. REG. MED. ET BOT. PROFES
SYSTEM
NATUR
Societati: med:SISTENS P
REGNA TRIA NATU
IN
CLASSES ET ORDIN
GENERA ET SPECI
REDACTA,
TABULISQUE ÆNEIS ILLUSTE
Accedunt vocabula Gallica.
Editio multo auctior & emendatior.
LUGDUNI BATAVORUM,
Apud THEODORUM HA
MDCLVI.

古希腊　罗马帝国　中世纪　伊斯兰科学　发现的时代　文艺复兴

∧ 压平的可可豆植株与种子，汉斯·斯隆收藏
∧ 斯隆藏品中的早期标本抽屉

∧ 林奈的《自然系统》

随着新世界的发现，关于我们来自哪里与我们在自然中的地位这个问题，在我们那种神圣的信念上开始出现第一道裂痕。像汉斯·斯隆这样的收藏家，努力为发现的全部引人瞩目的新物种分门别类，《圣经》对创世的描述明显不能解释生物多样性的道理何在。

当过牧师的约翰·雷伊为 18 000 种植物分类，为物种下定义。卡尔·林奈采纳了他的观念，林奈的《自然系统》(1735)用两个词为每一种物种命名，根据是某物种在他发明的那种等级结构中的位置。林奈把人置于兽类之中，但他相信物种是永恒不变的。

这个观点很快遭到挑战，证据来自运河开掘和采石场。化石重见天日，明显不来自现在活着的物种 —— 出名的是在 1786 年出土的居维叶的西伯利亚猛犸。地质学这门新科学，

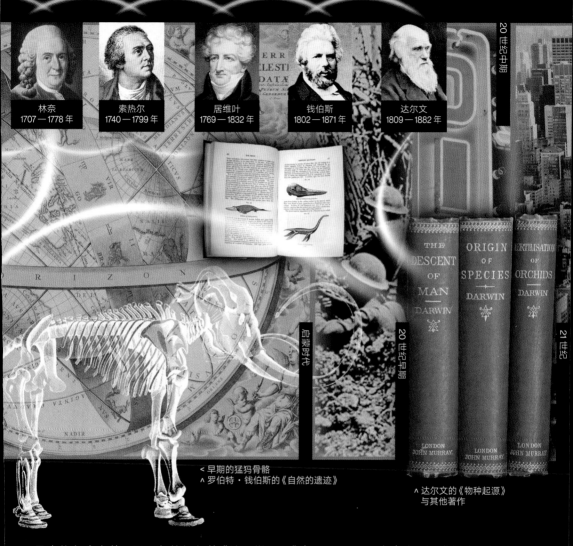

< 早期的猛犸骨骼
∧ 罗伯特·钱伯斯的《自然的遗迹》

∧ 达尔文的《物种起源》
与其他著作

是索热尔命名的，展现在莱伊尔的《地质学原理》（1830—1833 年）中，把我们这颗极端古老而渐变的行星概念普及化了。

地质学家的渐变观念和物种灭绝那些难题，归拢在罗伯特·钱伯斯那本引人争议的猜测性著作《关于创世的自然史的遗迹》（1844）中。查尔斯·达尔文把一辈子的观察结果和科学的一丝不苟（钱伯斯缺乏）带进了他自己的进化论中。他在 1859 年出版《物种起源》，论述他的自然选择理论，货真价实地改天换地。

第4章 力量：我们能有无限的力量吗？

在最近的几千年，人类心灵手巧，从自然中释放了巨大能量，创造了一个围绕着开开关关的世界。发明，设计，建造新机器，以及新能源的接连发现，是我们故事的脊梁骨。但是，那是一个两条线索互相交织的故事。一条线索讲我们怎么知道力量能干什么；另一条线索讲我们怎么发现力量到底是什么。但是，寻找新能源，起带头作用不是努力揭发科学大定律的理论家们，而几乎总是那些急功近利的务实之人：发明家、企业家和投资家，他们看到如何利用能量，他们梦想有无穷无尽的力量和财富。试图达到这个目标的那些努力，不仅有助于创造现代世界，而且当理论终于联系了实际，那也为我们提供了科学史的一些最深刻的眼光 —— 关于时间的本质，关于我们在宇宙中的命运。

左图：电力使人类最终征服了黑夜，创造了我们昼夜不息的现代文明 —— 但是，一路上我们也揭示了根本的物理学原理和自然规律。

水世界

事情起源于水。水车的使用，追溯到美索不达米亚的一些古老文明。巴比伦人和闪族人的文本提到水车，但对他们如何使用水车却语焉不详，也没有文本留下来。中国的汉朝，在公元前3世纪有水车在转动，用水车为熔炉鼓风，拉动铁锤锻打。但是，在古希腊和古罗马时代，水被用来为大型磨坊提供动力。在法国的阿尔勒（Arles）附近的巴贝加尔（Barbegal），仍然矗立着所谓"古代世界已知的最大机械力中心"的遗迹。在那个地方，建了一条水渠，从阿尔皮勒山把水引到罗马帝国的城市阿尔勒。沿着水渠，水流过两排巨大的水车，总共16个，推动着在山腰上凿出来的16个磨坊。水沿着水渠流下山坡，从一个水车中流出来的水，又流到下面的另一个水车中。据估计这些磨坊一天生产面粉4.5吨，为阿尔勒与周围地区的人服务。

从7世纪，穆斯林西班牙的很多部分、北非和中东，都由水平型和垂直型的水车提供动力。伊斯兰教的工程师享有飞轮的发明权——一种旋转更快的轮子的概念：如果水流量变化，其重量能修匀主轮的任何不均衡状态。机轴、齿轮、水涡轮和拦水坝，全都是穆斯林西班牙的大型复杂机械的特色，还有水力的织布作坊、造纸作坊，甚至铁匠铺。在中世纪的欧洲，从8世纪到15世纪，也有麦芽酒作坊、皮匠铺、麻纺厂、锻铁厂、矿石粉碎场、磨剪子戗菜刀铺，以及锯木场。那是一个水力世界，全都起于务实的机械师和工程师的匠心独运，起于几千年的摸索。

上图：中世纪伊斯兰世界的一座巨大的水车的遗迹，留存在叙利亚的哈马。

上图：法南方的一宏大水渠遗迹——那是古代一条水车力线。

下图：哈马城的特斯河的"戽水车"——另一种水车，用来把水提到水渠中。

荷兰风

西蒙·斯蒂文
1549—1620 年

在利用自然力的过程中，一位引人瞩目的荷兰数学家和发明家西蒙·斯蒂文（Simon Stevin）的著作，才真有了理论联系实际的尝试。说到自然力的供应，16 世纪的尼德兰——"低地之国"，包括今天的比利时的大部分、荷兰和卢森堡——处境不利。他们的国名就包含着那个麻烦：土地整个太平坦了，少有自然的流水来推动磨坊。但是，北海平坦的沿海地区的地貌，提供了持续不断的风，当时的发达国家的任何地方都求之不得。

当然，风很早之前就被用来鼓起风帆。然而，风车本来在垂直的转动轴上运作，出现在 9 世纪和 10 世纪的普鲁士，然后传到整个欧洲。但是，正是在"低地之国"，风车的用处才促成了一个动力帝国。在 16 世纪中叶，尼德兰是哈布斯堡帝国的一部分，受神圣罗马帝国皇帝查尔斯五世的统治，然后他儿子西班牙的菲利普二世继位。此后的半个世纪，一场反对西班牙统治的漫长反叛，导致这片土地分裂为大致相当于今天的比利时和荷兰的两片地区。在分裂期间，大量财富从比利时的安特卫普流出来。安特卫普一直是称雄北欧的贸易城市，当时其半数人口是新教徒，向北逃

"财富的流动标志着荷兰共和国的一个经济暴增的阶段，荷兰变成了世界上最强大的贸易国家。"

到了阿姆斯特丹。财富的流动标志着荷兰共和国的一个经济暴增的阶段，荷兰变成了世界上最强大的贸易国家。

所有这些骚乱的背景，是一场动力革命。西蒙·斯蒂文，一位工程师和建筑师，出生于比利时北部的布鲁日，在与西班牙打仗的时候，参加了重要的军事防御工事的设计。荷兰共和国也认可他为数惊人的专利权，正是根据这些专利权，根据他为对他的观念的经济利用而发生的纠纷的记录，我们才可能建立一幅他从事的那些工程的画面。他研究水闸、挖掘机和磨坊。尼德兰的低洼沼泽地，频繁遭受从北海呼啸而来的暴雨的肆虐。荷兰世世代代建立堤坝，堵住海水，用风车把水从低洼地域提出来，把淹没渠道和港口的水抽出来，以此保护他们的土地。斯蒂文的观念变得特别，归因于他是学校训练出来的数学家，努力把理论和计算用于建造更有效的风力设施。他的研究是实践与理论的一种混合物：计算理想角度，以适合斗轮桨来提升最大量的水，同时把真皮瓣安装在斗轮桨上，以防止在斗轮桨上升之际漏水；他还计算最有效的转速，以及理想的齿轮大小。

　　然而，他对荷兰国的重大贡献，却是大大改善了收回土地的能力，方法是分级部署风车，因此就能把水从越来越低洼的地区提出来。随着地势更低，堤坝也越大，必须新建许多级风车来保住新获得的土地。在最深的地方，保住沿海土地，必须是一系列14级风车。有人论证，如果没有办法排水争地以支持大得足以喂饱国民的农业，荷兰商业帝国的"黄金时代"就不会有了。到17世纪中叶，荷兰的东印度公司，创立于1602年，是世界上最富裕的私营公司——第一个跨国公司。阿姆斯特丹和代夫特充斥着中国瓷器，以及调味品、可可豆和大米，全都需要磨碎——在磨坊里。风车用来生产布、纸、油、调味品和面粉。1594年，一位名叫科内利斯·科密里斯

"阿姆斯特丹和代夫特充斥着中国瓷器，以及调味品、可可豆和大米，全都需要磨碎——在磨坊里。"

祖恩（Cornelis Corneliszoon）的荷兰人为风力锯木厂申请专利，用一个曲轴把风车的旋转力量变为锯的推拉运动。结果是荷兰的造船业迅速发展，不仅为本国庞大的贸易船队造船，而且为其他欧洲国家的海军造战船。到1600 年，英国海军舰队的一半是荷兰人建造的。

17 世纪荷兰的黄金时代建立了如今承认的第一个现代经济实体，阿姆斯特丹有保险业、退休金、中央银行，以及第一家专职的股票交易所。那里甚至有第一次通货膨胀与崩盘的循环，原因是郁金香花球的价钱高得荒谬。在 16 世纪，郁金香从土耳其帝国引入欧洲；莱顿大学的一位植物学家进口了多种郁金香，在寒冷的荷兰天气里能繁荣昌盛，此后就开始了大规模种植郁金香。这种花儿成了一种必不可少的地位象征，培养了越来越多的品种和颜色。最新流行的花球价格，在 1637 年 2 月高得离奇；据说仅仅一个花球就能换 5 公顷土地。但是，在 3 个月之内，市场崩盘了，许多花农和商人破产了。第一个现代经济体体验到了第一次投资"泡沫"的破裂。

在 17 世纪的已知世界上，荷兰人的生活水平最高。他们的经济革命建立在系统地利用从空气中来的能源。他们对风力的依赖，稳定地延续到 19 世纪。蒸汽开始使北海对面的英国社会脱胎换骨，与此同时荷兰有一万多座风车为工商业提供动力。西蒙·斯蒂文（Simon Stevin）对开发能源的其他方法感兴趣。他设计并制造了一辆风力车，要用这车把他的朋友，拿骚的毛里斯王子（Prince Maurice of Nassau，一直成功地领导荷兰各邦反抗西班牙）和另外 26 个人一路欢乐地送到了斯海弗宁恩，据称跑得比马快。他的大量兴趣导致他把复式记账法引入国家会计制度中，他还发明了小数系统，用来代替分数。

下图：荷兰孩儿堤的一排风车——19 座风车的一部分，建于 18 世纪 40 年代，为大面积农田排水。

永动机

那个与完美的动力有关系的想法，斯蒂文也想到了。免费的能量，这个梦想曾经让他生前的最佳头脑着迷过。"魔轮"发明于巴伐利亚，用固定在摩天轮上的天然磁石，让这个轮明显得自己转——直到摩擦力使其静止。法国中世纪的建筑师和泥瓦匠维拉德·德·奥内科特（Villard de Honnecourt）在速写本里记录中世纪大教堂的建造过程，留下了一个永动机设计，基础是连在一个轮子上的一些重物。甚至达芬奇，在设计直升机、潜艇和降落伞之外，也留下了一个上射水车的计划，他声称这东西将永恒地提供能量。然而，斯蒂文被一个特别的理论装置迷住了，用球，而不用轮子——一串球，沿着一个斜面滚下来，然后滚上一个较短的斜面。据说往下滚的球比往上滚的球更多，那么这一串球会一直滚。悲哀的是斯蒂文能够计算出那不行，却在这个研究过程中，建立了力学的一条静态平衡原理，至今仍然站得住脚。

在大约相同的时间，伽利略正在做著名的抛射物实验（见第1章），斯蒂文正在做自己的力学分析，用数学方法把斜面上的运动分解为水平因素和垂直因素。他博学多识，有兴趣理解原理，检验证据，他也是最早的"科学"思想家。他的目标之一是恢复丢失了的往昔智慧，召唤一个普适知识的新时代，手段是比较欧洲各种不同语言对词的译法，他认为那些译法在荷兰语中交流得最好。如此一来，他相信说拉丁语的精英是可以被超越的。面对他对小数计算的研究，他写了如下的题词："西蒙·斯蒂文祝愿占星师、勘测员、地毯测量员、身体测量员、硬币测量员和商人好运。"不幸的是，尽管他搞的科学不同凡响，发表的时间远早于其他人，听到他的人却不多，原因之一或许是在当时或者在今天，荷兰语不曾成为科学语言。

斯蒂文的研究代表早期动力史的一个少有的时刻，那时候理论对实践还没有发挥影响。但是，他和其他人在当时都不知道永动机违背热力学第一和第二定律；又过了200年，理论家们才琢磨出了重要的定律。当其时也，动力世界脱胎换骨，凭的却是乐意把双手搞得很脏的那些人，靠的是那些分文必争的人。

"斯蒂文的研究代表早期动力史的一个少有的时刻，那时候理论对实践还没有发挥影响。"

右图：达芬奇的一系列速写，显示多种水车和阿基米德式螺旋抽水机，还有肯定是他用"镜像反写"做的注解。

下图：永动机的典型设计，常常用到连接着水道的水车，水道导致定点释放并返回，在另一个定点推动水车。

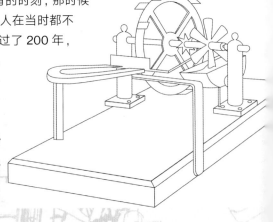

永动机

　　罗伯特·弗拉德（Robert Fludd）1618 年的"水螺旋"永动机，据说是第一个此类装置，为实际用处而设计——用来推磨——但是关于机器一旦启动、不给能量、不断运转的那些想法，回溯到 12 世纪。1150 年，印度的一位名叫巴斯卡拉（Bhaskara）的印度数学家宣称他发明了一种会永远转下去的轮子。后世的许多梦想家说其原理是管用的：那个"失衡的"轮子，连着一些重物；那些重物，在向下转的一边摆动的幅度大于向上转的一边。中世纪的巴伐利亚"魔轮"靠的是磁石，16 世纪出现了"自吹的"风车，伊丽莎白一世的一位顾问约翰·迪（John Dee）宣称他看到了一个永动机，但未得允许细看它如何运转。甚至启蒙时代的那些伟大的头脑，也不免于对那些错误观念着迷。罗伯特·波义耳，完善了空气泵，设计了一个"自注的"烧瓶，1685 年在皇家学会得到了严肃的讨论。然而，这些装置没有一个管用，因为那违背热力学第一或第二定律。到 18 世纪后期，法国科学院拒绝处理永动机的自称自诩。更晚近，美国专利局加上了一条规定，为永动机申请专利，必须提交工作模型。

左图：月球学会的成员选择在满月的晚上聚会，因为满月更亮，兴高采烈地自称"月亮病人"（lunaticks）或称"疯子"，因为古代传说疯病是月亮引起的。

月亮会

1770 年代的一个满月，对拦路抢劫的恶徒而言，意味着一个糟糕的晚上；一位绅士从咖啡馆回家，或者与朋友吃完饭回家，就可能遇到索要买路钱的。在工业迅速发展的伯明翰郊区，伯明翰在英格兰的中部，满月却是每月一聚的标志，一伙儿不同凡响的朋友翘首以待；他们选择这个日子，是指望月光照亮他们回家的路。这些人是所谓"月亮会"的成员，三教九流的人都有。那时候，俱乐部和帮会甚嚣尘上，但"月亮会"不是什么谈论地狱之火的聚会，也不是贵族的酒会。其"成员"是一些务实之人，为生计奔忙，也有心促进他们身在其中的社会的转变。有些人是不信国教的新教徒，另一些人是体制里的牧师；有些人是激进分子，另一些人保守传统思想。但是，他们把自己的政治或者宗教信念留在门外，因为他们谈的是令人雀跃的科学技术的新知识，那是他们那个引人瞩目的世纪产生的新知识。读他们的名字，宛如为早期的工业革命的积极分子点名：约书亚·威治伍德（Josiah Wedgwood），引进工厂体系的制陶家；伊拉莫斯·达尔文（Erasmus Darwin），是查尔斯·达尔文的祖父（见第 3 章）；詹姆斯·瓦特（James Watt），以蒸汽机知名；马修·博尔顿（Matthew Boulton），企业家与工业家；约翰·威尔金森（John Wilkinson），铁厂厂主；理查德·阿克莱特（Richard Arkwright），实现了英国纺织业的机械化；偶尔地，从美国来访，自由主义者和政治革命家本杰明·富兰克林（Benjamin Franklin）也参加集会。

> "他们谈的是令人雀跃的科学技术的新知识，那是他们那个引人瞩目的世纪产生的新知识。"

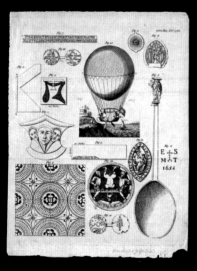

上图：1785 年版的《绅士杂志》上的气球设计页面。

他们对观念、发现和发明感兴趣，对你能与他们合作的事情感兴趣。18 世纪，新观念鱼贯而出，出现在出版物里，范围从皇家学会的《哲学会报》到《绅士杂志》。正是在这个世纪，约翰·哈里森（John Harrison）为完善航海钟的漫长奋斗功德圆满了，解决了在海上测量经度那个难题。正是在这个世纪，古希腊的"元素"气与水，被破碎成了基本的化学成分（见第 2 章）；发现了天王星这颗新行星；詹姆斯·库克（James Cook）船长那样的航海家，远涉重洋，带回来令人瞠目结舌的动植物收藏品。正是在这个世纪，"理性的时代"出现了，作家和哲学家开始论证开明的理性思维，神秘信念和迷信为之烟消云散，召唤一个政治和学术自由的新时代，连同物质的进步，而这一切都是荷兰和英国这两个"自由国家"促成的。这就是所谓"启蒙时代"。

电骗术

更重要的，作为启蒙时代特色的科学现象是电。"电"（electricity）这个名字，是威廉·吉尔伯特（William Gilbert）首创的。此公是女王伊丽莎白一世的医生，多年研究磁学，结论是：地球本身有磁性，因此可以解释为什么指南针总是指南。他 1600 年的书《磁石研究》（De Magnete）也包含他制造静电荷实验的细节——虽然他不知道那是什么——用一块布摩擦琥珀或者其他东西。几十年中，制造静电的好方法，是用玻璃棒使劲地摩擦猫，结果会让玻璃棒吸起羽毛、线头或者纸片，或者释放一个小小的电火花。大约在 17 世纪 60 年代的某个时候，一位名叫奥托·冯·格里克（Otto von Guericke）的德国人，以对真空的研究最知名，发明了一种"摩擦机"，来制造电荷。这个机器由一个转动的硫黄球构成，用来摩擦一只手。

在 18 世纪初新成立的皇家学会，在伦敦的一个地方，自然哲学家（一个世纪后被"科学家"这个名称取代）相聚讨论、解释并做实验。那是漫布全欧洲的一个网络的一部分，在佛罗伦萨、巴黎和柏林，知识分子也结成了相似的科学学术团体。艾萨克·牛顿是会长，他的徒弟和"获奖实验家"是弗兰西斯·豪克斯比（Francis Hauksbee）。豪克斯比发现，如果用玻璃球代替格里克的硫黄球，也能持续产生电荷。1709 年，他出版了《生理–力学实验》（Physio-Mechanical Experiments），对电的展示进了课堂、私人聚会和公开表演。当过染布匠的史蒂夫·格雷（Stephen Gray）兴味十足地鼓捣电，开始系统地做电的实验，完善技术，能够让电荷在金属线上传得很远，并且确定不同的材料属于电荷的绝缘体和导体两个范畴。格雷最让人大开眼界的展示，是用丝线把一个小男孩悬挂在天花板上，用摩擦机给他的脚充电，然后让这个男孩用他的手指尖吸住金属碎片。大大小小的电火花发生器纷纷出笼，参加饭局的客人用的刀叉会放电火花，甚至能受到女主人的电吻。

> "'电'这个名字，是威廉·吉尔伯特首创的，他的结论是：地球本身有磁性。"

右图： 第一次把这些浩大的闪电与小小的静电火花联系起来，是启蒙时代的思想。

左图： 一个早期的米森布鲁克电容器或称"莱顿瓶"。把电储存起来以备以后用于实验，这个能力是深化理解电这种现象的关键。

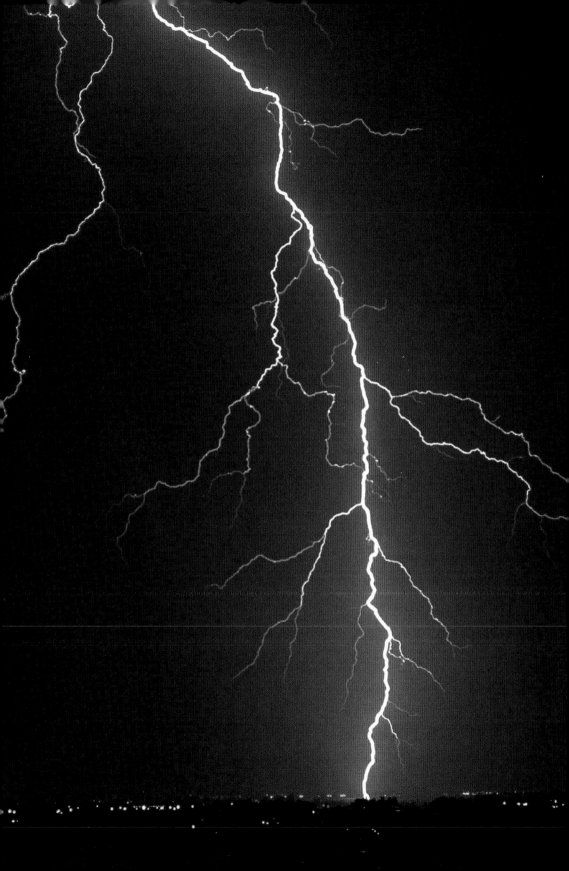

从科学上说，这仅仅是一个稍有不同的故事。到 18 世纪 40 年代中期，荷兰的一位医生，名叫皮亚特·范·米森布鲁克，是莱顿大学的数学教授，他在大学发明了世界第一个电容器 —— 一个大玻璃瓶子，部分地灌水，一根电线穿过顶上的塞子。米森布鲁克发现可以用一个摩擦机为这个瓶子充电，然后能储存电，直到随心所欲地释放电，产生一个很大的电击。他写到他的"新奇而可怕的实验，我建议你自己不要尝试"。他的这种欲擒故纵的营销技巧，保证让欧洲的自然哲学家和杂耍艺人对这个设备趋之若鹜。设备得到了完善，一排若干瓶子的电池很快得到了应用，用来提供很大的放电 —— 足以导致严重伤害，甚至把一个小动物杀死。

储存起来的电，为严肃的研究提供机会，但自然哲学家发现娱乐场面更吸引人。在法国，牧师和自然哲学家诺莱（Abbé Nollet）为米森布鲁克的设备起名"莱顿瓶"，并用来电击一排 200 个加尔都西会教士，绑着他们的手，然后通电，看他们都上蹿下跳。在美洲，开明思想家本杰明·富兰克林的著名实验，是从雷电里吸收电荷（没有耽搁顺便为他的避雷针申请专利），因此名声大噪。但是，连他也忍不住为他的客人们提供经过电击的香槟酒，给他们吃用电杀死的火鸡。

然而，尽管有这些事情，有一件事是很清楚的：关于电到底是什么，没有人有一丝理解。威廉·吉尔伯特把电称作一种恶臭；对豪克斯比而言，

左上图：斯蒂文·格雷早期实验的展示图，关于静电荷的传输。

右上图：威廉·吉尔伯特 1600 年的《磁石研究》，影响了 17 世纪与 18 世纪的实验科学的发展。

电是一种力；牛顿认为电或许是生命本身的原理的一部分；约瑟夫·普里斯特利认为电仅仅是一种调节生命的流体。与此同时，富兰克林为电是两种流体的理论辩护。

有一段时间，电变成了所谓电性的"场所"。卫理公会的发起人约翰·威斯利（John Wesley）相信，无论电是什么，电都是一种医治社会普遍贫穷的方法，他周游全国，一天到晚做手术，用电给他的同胞治疗穷病。

"有一件事是很清楚的。关于电到底是什么，没有人有一丝理解。"

当然，电无论是什么，电都是一个赚钱的机会。杂耍艺人搞娱乐节目赚钱，在一个医药仅仅是一桩买卖的年代，也没有什么药可以提供，那么电对人体的那种立竿见影的效果，意味着电会迅速成为一种万灵药。极端的事例或许是爱丁堡的一位落魄的医科学生的事，他支起了一座"健康之庙"，特色是一张"电天床"，帮助不育夫妻怀孩子。有一阵子，艾玛·汉密尔顿女士，后来成了英国最著名的海军舰队司令纳尔逊大人的情妇而声名远扬，曾在那里跳舞，并扮演"童贞女"。

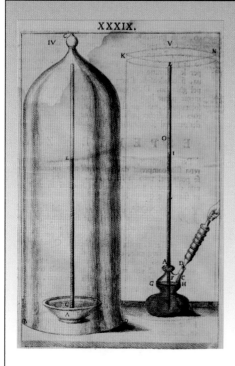

真空

"自然厌恶真空"这个看法，或许起于亚里士多德，他论证说：虚空总是试图把什么东西扯进自己里面。这个看法是许多激烈争论的主题，一直争到 17 世纪中叶，当时埃万杰利斯塔·托里拆利（Evangelista Torricelli）接替伽利略当比萨大学的数学教授，研究为什么用抽水机不可能把水抽到高于大约 10 米的地方。（我们现在知道那是因为我们不能克服大气压）。他把水银注入一个很高的玻璃管中，底端是密封的；然后，倒栽在一碗水银中，观察水银柱的高度下降，然后被大气压撑住了，大气压作用在碗里的水银表面上。托里拆利宣布：留在玻璃管顶部的空间一定是真空。他发明了第一个气压计，因为水银柱的高度随着大气压的变化而变化。1650 年，德国人格里克制造了第一台真空泵，别人予以改善，最后成了一件重要的科学仪器，那就可能研究气体了。

蒸汽

詹姆斯·瓦特
1736 — 1819 年

正是在这种令人陶醉的知识、无知、憧憬和利益的气氛中，"月亮会"的成员维持了他们的友谊。两位大玩家，一位是伊拉莫斯·达尔文，此人不停地提出新观念和发明，如蒸汽动力汽车、水平型风车，或者会说话的机器人头；另一位是马修·博尔顿，此人的眼珠子掉到钱眼里了。达尔文思量电是不是人的灵魂的关键，博尔顿却坚定地把电看作某种物质的东西。这两位都相信进步的理想，都相信他们对进步能帮得上忙。博尔顿继承了一桩买卖，制造小金属奢侈品：纽扣、鞋扣、烛台、鼻烟壶、镊子之类。大家认为他是一个制造玩具的。他是一个好商人，对营销和顾客有眼光，在伦敦成功地提高了在皇家面前的形象。他提升了业务，搬进了一个扩大了厂区，在苏活区（Soho）有一座大宅子，就在伯明翰城外，成为工业发明和成功的代名词。苏活区供水非常不均衡，水车就不可靠了，博尔顿的思想日益转向蒸汽动力。针对这种背景，"月亮会"的网络朋友和通信者为他介绍了一个人，此人将使工业世界脱胎换骨：詹姆斯·瓦特。

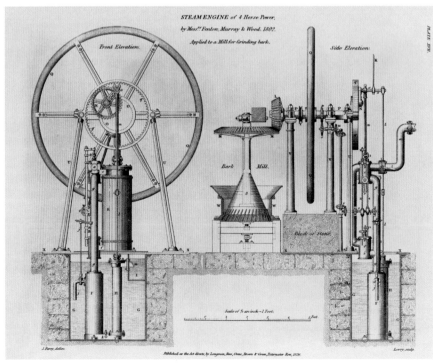

左图：默里、芬顿和伍德发明的早期蒸汽机展示图。左手边活塞上边的一系列轮子，构成一种"摆线齿轮"，如此设计是为避开专利权限制。

瓦特，苏格兰的一位机器制造者，在格拉斯哥拥有一家小铺子，他在铺子里修理和出售各种各样的东西，从风笛到天文学象限仪，以及便于透视绘画的设备。一个流行的神话是：瓦特小时候看到一个盖子啪啦作响的烧水壶，得到灵感，制造了蒸汽机。其实，发明蒸汽机的完全不是瓦特。真正的故事复杂得多，肮脏得多，也有意义得多。

瓦特的发明

在纽科门的"空气"机中，蒸汽来自一个锅炉，通过管子到了一个大金属气缸里，充满活塞下面的空间。接着，一股冷水通过管子注入，导致蒸汽迅速冷凝成水。这在气缸里导致了真空，把一个拉杆拉下来，拉杆驱动另一端的一个泵。拉杆的重量，把它斜拉下来，把另一端的活塞提起来，这就吸进了更多的蒸汽，这个周期又重新开始。詹姆斯·瓦特的重要发明，是"分离冷凝器"，蒸汽通过管子进入冷凝器，为了使蒸汽冷却，在主气缸里留下真空。因此，在重新加热气缸之际，能量不被浪费。与纽科门的机器相比，瓦特蒸汽机耗煤少了 75％，把蒸汽机搞成了矿山老板的一种必不可少的经济设备。

到启蒙时代中期，蒸汽机问世已经很有些年岁了。从1世纪以来，有关于一种"汽转球"（aeolipile）的记录：蒸汽一股股喷出，把一个小球吹转；16和17世纪，意大利和土耳其的奥斯曼帝国有蒸汽涡轮机的设计。英格兰的一位发明家，叫托马斯·萨弗里（Thomas Savery），在1698年有"以火提水的发动机"专利，他名之曰"矿工之友"。接着来了"蒸炼器"，一个初级的压力锅，是法国人丹尼斯·佩品（Denis Papin）建造的。但是，第一个能用的蒸汽机，是"空气发动机"，出自托马斯·纽科门（Thomas Newcomen）之手，此人是德文郡的一位教友会的经文领读，兼任铁器商。他接过了萨弗里的专利，大事改善，接着制造了大约75台机器，安装在英国各地。英国的矿业很有压力，矿坑要又深又远，以便为工业开挖锡、铜、铅和煤，这意味着越来越需要从很深的矿坑里把水抽出来。正是抽水这种需要，促进了蒸汽动力的发展。

纽科门的发动机明显地低效，因为它需要主气缸冷却，以便凝缩蒸汽，以便为活塞的每一次抽动制造真空。因此，大量能量浪费于重新加热主气缸。那是一个蒸汽的世界，当时瓦特首次对蒸汽机感兴趣。受了格拉斯哥大学的一位朋友的鼓动，这两位想知道：制造蒸汽动力的汽车是否可能。瓦特试图建立一个模型，但失败了。1760年，大学要求他修理一个纽科门

上图：原始大小的纽科门发动机的展示图，与这个设备的一个模型摆在一起，是位沃里克郡的格里菲煤矿制作的。

发动机的模型。他竭尽全力，但对这机器可怜的低效嗤之以鼻。瓦特是一个情绪低落的人，却是一位务实的工程师和完美主义者，他喜欢解谜。没有人要求他设计一种更好的蒸汽机，但从那一刻，他着手这么干了。他眼光独具，后来他写道，在格拉斯哥绿地散步的时候，一道灵感之光突然来临，事情简单而巧妙。他意识到：如果蒸汽可以被冷却并且在一个独立容器里冷凝（与装着活塞的气缸分开），那么气缸就一直是热的，因此机器在使用热量和燃料上就高效得多了。因此，他不曾发明蒸汽机，他发明了分离的冷凝器。但是，我们必须说那是一项无比成功的改进。

"英国的矿业很有压力，矿坑要又深又远，以便为工业开挖锡、铜、铅和煤。"

第一辆蒸汽汽车

詹姆斯·瓦特想制造一辆蒸汽动力的车，失败了。这就把这个想法留给了尼古拉斯-约瑟夫·库诺（Nicholas-Joseph Cugnot），法国洛林地区的一位军事工程师。1769 年，他搞成了一个模型"蒸汽挂车"：三个轮子，活塞驱动，蒸汽机提供动力。全车重 2.5 吨，次年试车，法国陆军有意采纳，用来在战场上拖炮。它载着四个人，时速每小时 4 千米。故事是这么说的：两年之后，另一次试车失控，撞坏了皇家兵工厂的墙，在当时是巴黎的法院。尝试告一段落，但国王给了库诺一笔津贴。悲惨的是在法国革命之后，津贴被收回去了，库诺被流放 20 年，后来拿破仑召他返回巴黎，不久就死了。那多半是第一辆装着发动机的车，但今天少有人知道他的大名。

专利动力

　　瓦特没有资本建造完整的车。他跟一位钢铁厂的老板合伙，却是为建成一个能工作的蒸汽机。最重要的，他浇铸不成一个足够精细的气缸，挡不住蒸汽严重泄露。但他确实申请并得到了一项专利，"在火机中减少蒸汽和燃料消耗的一种新办法"，却没有具体细节。关于他的发明，这是一个太松散的定义，意味着任何其他人对蒸汽机的任何改善，都可以归于他的名下。此后30多年，瓦特的生活被一系列的专利权之争占据了。1722年苏格兰银行系统崩盘，他的合伙人破产了，但那个时候他遇到了马修·博尔顿，伯明翰的这位企业家接手了股份。妻子死后，1774年瓦特搬到了博尔顿所在的苏活区，新的合作开始了。气缸泄露问题，是通过"月亮会"的另一个关系人解决的。军械工业在当时发展迅速，英国陆军日益需要加强对殖民领地的控制，铁厂厂长"铁疯子"约翰·威尔金森（约瑟夫·普利斯特利的连襟）完善了一种新的炮镗机。威尔金森改造了他的机器，为瓦特的蒸汽机制造气缸，结果大获成功，"与老先令硬币的厚度"不差分毫，第一台能工作的蒸汽机在1776年建造起来了，在威尔金森的铁厂里为鼓风炉提供动力，为提普顿的煤矿抽水。

> "与纽科门的机器相比，博尔顿和瓦特蒸汽机耗煤少了75%。"

下图：18世纪的矿工必须依赖人力和兽力。蒸汽机提供动力的水泵的问世大大改善了矿业的安全。

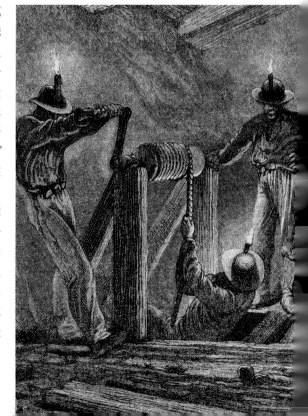

　　与纽科门的机器相比，博尔顿和瓦特蒸汽机耗煤少了75%。这两个人赚钱的方法，是为安装和运行这种机器的人发执照，收取客户节省下来的钱的三分之一作为使用权费用。（起先，节省的费用以煤来结算，但后来蒸汽机安装在啤酒厂里，节省费用就按照做同样工作所需要的额外马匹数来计算。此乃"马力"这个概念的出处。）麻烦也由此而起。在英格兰的康沃尔郡，锡矿业的惨烈竞争，意味着矿主没有选择，必须购买尽可能好的排水机器，因为排水是矿主们唯一能节省成本的空间。但是，瓦特专利的宽泛措辞，就让矿主和纽科门的安装工人愤愤不平。此后若干年，为坐实自己的专利，瓦特奔走全国——这种日子本不是他想要的。康沃尔郡的矿业界，最是刺儿头。博尔顿和瓦特的客户之一，自告奋勇向法院递交文书，要求不交使用费，被系着脚脖子吊在一个矿井里，问他还想不想递交文书。不但没有人交使用费，而且其他工程师还拷贝瓦特的设计，建造他们自己的剽窃版本的机器。连铁厂约翰·威尔金森也被抓个当场，销售他自己的"博尔顿与瓦特"蒸汽机，这促使博尔顿把制造厂的机密部分搬到了苏活区的工厂。

伯明翰雄霸蒸汽世界，一直到 18 世纪末。正如博尔顿曾经对日记作者詹姆斯·鲍威尔（James Boswell）说的那样："先生，我在这里卖全世界都孜孜以求的东西——力量。"蒸汽机安装在铁厂、啤酒厂、工厂和作坊里，无论在哪儿，活塞力量变为转动，推动着皮带、水泵、锯、杵锤或者风箱。到那个世纪末，他们的专利权终于到期了，大约 450 台博尔顿与瓦特蒸汽机在使用中。

瓦特对蒸汽机的改进，在几十年中，是数不过来的：离心控速器、节流阀、双动发动机、复合式发动机——所有这一切都使蒸汽机更有效，运转更平稳，也更有力。所有这一切都是工程上试错、经验的试验，甚至商业竞争的产物。比方说，另外有人为一个机轴申请专利，因此瓦特就不得不搞出另外一个办法，把活塞力量转变为转动；他发明了"太阳与行星"齿轮系统。理论是找不到的。为瓦特说一句公道话，他利用了问世不久的"潜伏热"概念（物质改变状态，如蒸汽冷凝成水，所

"'什么是力量'这个问题，对那些琢磨着如何用力量赚钱的人而言，无关紧要。"

需要吸收或者释放的热量），他这才有了分离冷凝器的想法，但要理解蒸汽机背后的科学，却远远落在后面。比方说，热在当时被认为本身就是一种物质。从某种意义说，"什么是力量？"这个问题，对那些琢磨着如何用力量赚钱的人而言，无关紧要。

次页：19 世纪早期的蒸汽机车的问世，以其风驰电掣的速度使社会脱胎换骨。

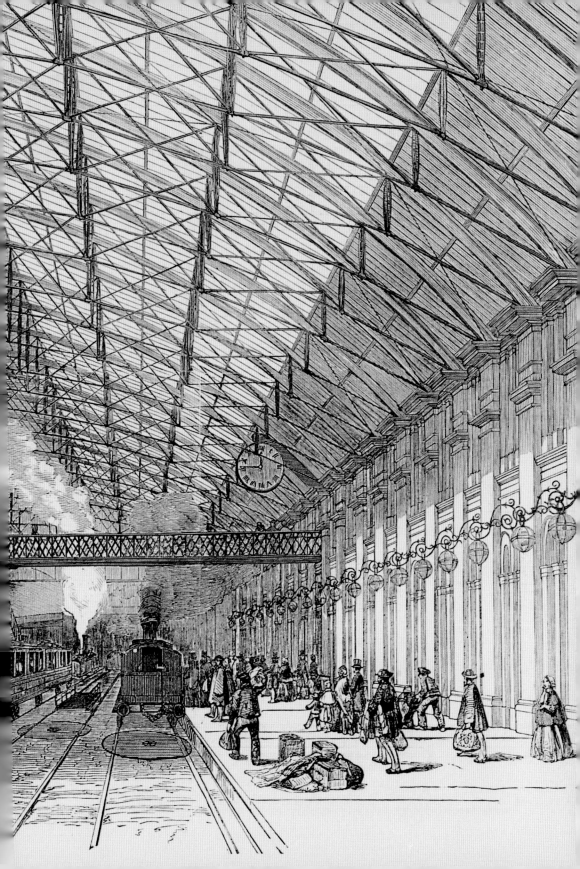

蒸汽时代

理查德·特里维西克
1771—1833 年

　　然而，康沃尔郡抵制专利使用费的斗争，意味着关于力量的其他观念开始出现。特里维西克（Trevithicks）父子，都叫理查德（Richard），是康沃尔郡的大锡矿主。正是他们在专利使用费争端中把瓦特的那个用户吊在矿井里。父子俩拷贝并剽窃博尔顿和瓦特的蒸汽机，但是小理查德自己也是一位发明家。努力让用户摆脱支付使用费这种义务，他发现了一个方法，不使用分离冷凝器。瓦特的机器向气缸里注入低压的蒸汽，依赖大气压推动活塞。另一方面，特里维西克父子用高压蒸汽推动活塞，废蒸汽排进大气，而不是输入分离冷凝器中。高压意味着与蒸汽机有关系的一切事情都会更小，耗费燃料也少得多。到 18 世纪 90 年代后期，特里维西克的蒸汽机安装在康沃尔郡的矿井里，用来排水和通风。但是，特里维西克青史留名，是他很快意识到他的机器足够小，可以装上轮子，随车带着水和煤，推动自己。1801 年圣诞节前夕，"吹气魔鬼"问世，全须全尾的特里维西克的蒸汽车，自我推动，把几个人拉上了坎伯恩山。蒸汽机车轰鸣而至。

下图：一系列展示图：特里维西克 1801 年的"道路移动机车"，绰号"吹气魔鬼"。

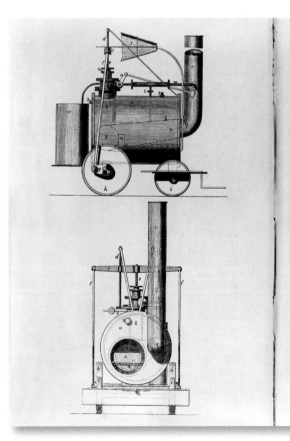

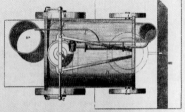

CAMBORNE COMMON ROAD LOCOMOTIVE. 127

TREVITHICK'S FIRST PASSENGER-CARRYING COMMON ROAD LOCOMOTIVE, CAMBORNE, 1801.

a, cylindrical boiler with wrought-iron ends, having inside it a wrought-iron tube bent as at *b*; *c*, later U; *p*, the fire-place, in one end of the tube; *n*, fire-bars; *u*, fire-bridge; *z*, the ash-pit; *g*, the return flue, leading to *r*, the chimney—the fire-door is not shown, as it would confuse the drawing; *x*, the steam-gauge; *s*, safety-valve; *t*, soft metal safety-plug in top of fire-tube; *j*, the bellows, blowing air into the close ash-pit, fixed to the guide-stays, and worked by the arm of its movable middle; *d*, steam-cylinder let into the boiler, having a close top and bottom, with pipe for conveying steam to and from the bottom, and also the shell for the four-way steam-cock, and the steam-way from the boiler, all cast with the cylinder; *o*, a four-way steam-cock, worked by a rod from the cross-head, with two tappets striking the lever, *o*, up and down, and having a handle, *o*, suitable for the engineman; *k*, the feed pole-pump, worked from the cross-head; *l*, the feed-pipe; *w*, feed-water cistern; *m*, case for heating feed-water by the passage of the waste steam through *m*, the waste-steam pipe, from the cylinder to the chimney; *e*, the cross-head; *f*, the two side rods; *g*, the two cranks; *i*, two driving wheels; *i*, two steering wheels; *e*, piston-rod; *d*, guide for the piston-rod cross-head.

two front or steering wheels were turned by a ro[...]
conveniently placed close to the engineman attendin[...]
at the fire-door.

One result of these experiments was the immedia[...]
application for a patent, granted on the 24th March[...]
1802, to Richard Trevithick and Andrew Vivian, f[...]
steam-engines for propelling carriages, &c., which ma[...]
be read and studied by the young engineer with pleasu[...]
and profit even in "this" age of greatly-improve[...]
steam mechanism.

上图：当年的展示图，乔治·史蒂芬森 1814 年机车"布卢彻"。

图板说明
A　锅炉
BB　铁路
C　驱动轮，由蒸汽或者任何第一发动机推动
DD　车厢轮
EE　连动杆
FF　蒸汽气缸
G　烟囱
H　蒸汽或者排气管
I　生火处
KK　煤车，或者任何车厢

　　1804 年，在威尔士的梅瑟蒂德菲尔，特里维西克蒸汽机装在轮子上，用来拖 10 吨铁，5 个车厢，70 个人，在铁造的"道"上，运行 16 千米。特里维西克继而建造了一辆蒸汽机车，起名叫"你能你就追我"，甚至在伦敦建造了一条蒸汽车环路，社会的反应平淡。但是，其他人得到了这个观念，在几年之间，蒸汽机被用来在轨道上从煤矿里把煤拖出来。最关键的，是在 19 世纪初，瓦特专利到期了，其他许多人得了机会，也在设计、制造和利用蒸汽力量方面试试身手，不用担心跟博尔顿和瓦特打官司了。

　　对英国和世界而言，蒸汽时代真正到来了，高压蒸汽的力量呼啸而来，把工业生活的方方面面都彻底改变了。工厂不再跟水或者风车捆绑在一起，蒸汽火车提供了货运和客运的新方法。蒸汽机也创造了一种全新的语言："撒气"（to blow off steam）、"气势如虹"（a full head of steam）、"为自己争口气"（under your own steam）、"泄气"（to run out of steam），"发泄多余的力气"（to let off steam）——如今全都用来描述人类行为，像机器那样的行为。

> *"对英国和世界而言，蒸汽时代真正到来了，高压蒸汽的力量呼啸而来，把工业生活的方方面面都彻底改变了。"*

　　欧洲大陆、英国和美国，能量从煤中释放出来，规模前所未有。万事万物依赖于更多、更快、更有效的机器，正是在这样一个世界，19 世纪前叶，理论终于开始赶上了务实的工程师，而工程师已经学会了如何操控自然的力量。

科学家们搞出了热力学第一定律。走向条理一贯的能量理论的第一步，随着尼古拉·莱昂纳尔·萨迪·卡诺（Nicolas Léonard Sadi Carnot）著作的出版，出现在法国。卡诺是军事工程师，决定研究蒸汽机，问到那个老问题，"来自一种潜能无限的热源的功，是否可以求而得之？"换言之，"我们可能有无限的力量吗？"在科学环境中，热仍然被视为一种不可见的流体，在失去平衡之际，从一个物体流到另一个物体。他 1824 年的书《关于火动力的反思》，提出了一个重要定律：

左图：萨迪·卡诺，1769 — 1832 年。身为拿破仑的一位将军之子，他为物理学放弃了军事生涯，使关于能的研究取得了巨大进步。

热总是从较热的物体流向较冷的物体；还提出了在这个过程中做"功"的度量方法。他也设计了一个理想化的机器，用作一个理论模型，以便研究能量的理论。这个机器是今天的内燃机设计的先驱。德国的鲁道夫·克劳修斯（Rudolf Clausius）和英国的威廉·汤姆森（William Thomson）以及后来的开尔文（Kelvin）爵士，发展了卡诺的观念。到 19 世纪 50 年代，"第一定律"这个概念就展开了，宣称：能量既不能被创造，也不能被毁灭；能量能够从一种形式转变为另一种形式（因此热变为功），但量总是不变的。

撒旦的机器

理查德·特里维西克的高压蒸汽机，与瓦特较早的设计，或者也确实与任何较早的蒸汽机，相差极大。特里维西克的机器在利用热方面高效得多，带着一个鼓风炉，还有一直封在蒸汽锅炉内部的一个活塞。机器不需要一个分离的冷凝器，那也意味着活塞可以用蒸汽喷射从活塞运动的两个方向上驱动它，把力量翻倍。但是，这个设计至少说是冒险的，因为那需要锅炉能够撑住大约 50 倍的大气压而不爆炸。确实，许多人认为特里维西克的高压蒸汽机与撒旦结盟。在高压之下的蒸汽是看不到的 —— 只在蒸汽冷凝的时候才可能看到 —— 因此实验性的锅炉似乎无缘无故地突然爆炸，开始被众口说成魔鬼现象。

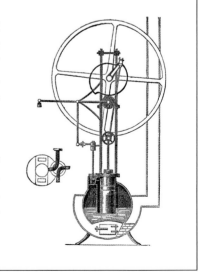

维多利亚时代的效率

就其本身而言，有人就从热力学第一定律中品出了味道：但愿有人能成就完美的效率，没有在摩擦中的能量损失，没有热的损失，那么一种永动机或许毕竟是可以发明出来的吧。从你有的东西中得到最大利益，是19世纪的社会进步原则之一。效率和经济逐渐被提升到较高的道德价值的地位上——与维多利亚时代节俭心态刚好斗榫合缝。在日常居家过日子的层面上，在比顿夫人（Mrs Beeton）的名著《家政宝典》（*Book of Household Management*）受欢迎的程度中，我们也可以看到对效率的重视。该书提供经济建议、食谱、与时髦有关的点子，以及如何管理仆人。在政治上，铺张浪费令人厌恶，开尔文爵士的兄弟詹姆斯·汤姆森的观点就怪异地表现出这种厌恶。汤姆森写到每年从秘鲁海运大约 200 000 吨海鸟粪当肥料，或者用来制造火药，悲叹运输费有多么惊人。汤姆森指出，光是排在泰晤士河里的人粪每天就超过 100 000 吨。他建议，为什么不把尿都搜集起来，用锅提炼，为我们的经济省下进口花费呢。

> "从你有的东西中得到最大利益，是 19 世纪的社会进步原则之一。"

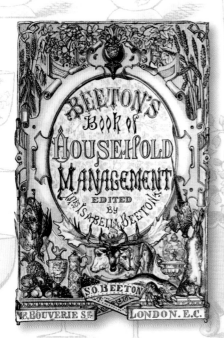

上图：1861 年首次出版，比顿夫人的《家政宝典》远不仅仅是一本烹调书——它为有效地治家设立原则。

德行和节俭交织在维多利亚时代的心态里，因此但愿一位工程师能足够节俭而朴素，他们就真可能从自然中成就无穷无尽的力量。现实是能量守恒这个概念，为永动机送了终，因为实际上不可能有什么这种不损失热或能的设备。但是，维多利亚时代的工程师能够抱有这种希望——在 19 世纪后叶，永动机的专利超过 500 项，放在英国专利局。与此相比，此前全部年份，这种专利不足 25 项。那些抱有希望的人不幸了，热力学第一定律之后，第二定律接踵而至，干净利索地宣布：熵总是增加。熵可以被看作一个系统的无序状态的量值：无论那个系统是一个气缸，还是宇宙本身。用实在话说，第二定律意味着热量总是从热的流向冷的，正像库诺确定的那样，但更深刻的是宇宙的万事万物终究必定精疲力竭。这就像老话说的那样，为永动机钉上了棺材钉。维多利亚时代的一些科学家厌恶此事是一条科学定律，因为那意味着一种无可奈何的道德衰败，试图从混乱中搞出秩序，无论多么努力，都终归失败。但是，第二定律为如下说法播下了种子：宇宙本身或许有开始，也有终结。

电鳐

　　蒸汽和热促进欧洲的工业脱胎换骨，但正当力量开始被人们理解，能量的另外一种形式在世界上首次务实地亮相，它从 18 世纪的"月亮会"及其朋友们的客厅娱乐表演中一跃而出。陆军上校约翰·沃尔什（John Walsh），当过孟加拉总督罗伯特·克里夫（Robert Clive）的秘书，在东印度公司的位置上发了财，安顿在英国，当了国会议员，并享受自己的主要兴趣——科学。他被鱼雷鱼或称电鳐的报道迷住了。1772 年，他远行到了法国的拉罗谢尔港，捕捉并研究这种鱼。已知电鳐有 69 种，它们有某种射线，都有一种能力，能随意发出强大的电击，或者是为了电晕猎物，或者是为了自卫。据说古希腊人用这种鱼来镇痛，在分娩和外科手术的时候用。

　　沃尔什把这种鱼的能力比拟为米森布鲁克早期的电容器，或称"莱顿瓶"。他甚至想用皮革建造人造电鳐。电鳐的奇妙之处，演变为关于一直令人心醉神迷的电现象的争论。或许受了沃尔什的研究的启发，意大利波洛尼亚市的一位物理学家路易吉·伽伐尼（Luigi Galvani），观察到倘若青蛙

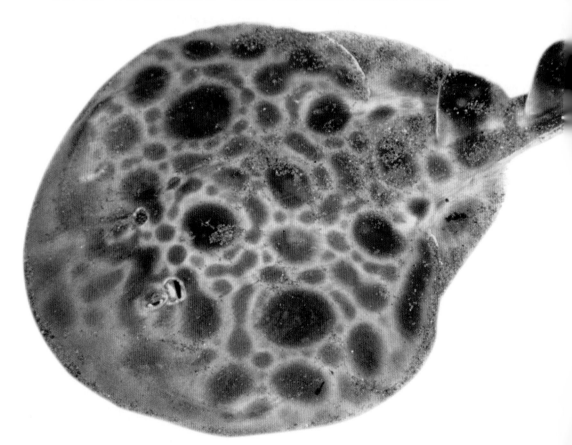

腿碰到了静电释放，就会抽搐，就进行了一系列重口味的实验，想调查他所谓"动物电"的那种现象，确信那种电来自动物的肌肉。这种想法，遭到了亚历桑德罗·伏打（Alessandro Volta）的反对。伏打是钾的发现者（见第 2 章）。他论证说：电是"金属性的"，在动物之外。他们的这种争论，各不相让，旷日持久，在今天的科学中仍然会发生，但争论的净结果，是伏打表明：他也能让青蛙腿抽搐，手段是把两块不同的金属片放在青蛙的两侧，用一段电线连成一个封闭的回路。这是导致伏打"堆"的一系列实验的开始。伏打堆是一小堆金属片，锡片和银片轮流放成一排，用浸了盐水的纸板把这些金属片隔开。

> "磁和电，两种神秘的现象，世世代代的哲学家为之着迷，如今清清楚楚地联系在一起。"

一边接一根电线，如果让两根电线接触（第一次是在伏打的舌头上接触），就产生一股电流。伏打意识到他搞成的这个东西的重要性，在 1800 年直接写信给在伦敦的皇家学会，那是他知道的最有影响力的一些人，向世界宣布。他的信包括一份建立伏打堆的精确说明。这是第一个管用的电池。它具有相当于今天的 AA 电池的力量，虽然它只能延续短暂的时间 —— 隔离纸板变干了 —— 却真的是一种移动电源。再也不需要从闪电中取电了，再也不需要花费若干小时摩擦玻璃棒了。伏打电池不仅仅产生一个转瞬即逝的电火花，也能方便地产生一种"流"。

仍然没有人知道电是什么，但现在科学实验打头阵了。伏打堆得到改善，能为实验提供更大、更稳的持续供电，一大批化学发现应运而生，如汉弗莱·戴维（Humphry Davy）通过电解得到的那些发现。然后，1820 年 4 月 21 日，科学史上的一次非常特别的观察，在丹麦的一位化学家的实验室里得到了记录。故事

左图：电鳐产生电流，它们头的两边有"电池"——这种非同一般的属性，从罗马时代就为人知，当年罗马人用电鳐镇痛。

上图：一个单独的"伏打小件"，由一个铜片和一个锡片组成，用浸了盐水的纸板隔开。

说，汉斯·克里斯钦·奥斯特（Hans Christian Oersted）正准备上课，却注意到他的电器设备，一个指南针，被近旁的一条通电的电线搞得偏斜了。电流似乎制造了一个磁场，与电线成直角。磁和电，两种神秘的现象，世世代代的哲学家为之着迷，如今清清楚楚地联系在一起 —— 电磁这个概念问世了。

信息流

萨缪尔·莫尔斯
1791—1872 年

　　电的世界和力量的世界，很快连在一起 —— 虽然在方式上很不是我们期望的那种。奥斯特的发现导致大家对于观念胡打乱闹，以便利用电磁现象，导致迅速出现了几个利用那些效果的方案，以创造跨越长距离的信号。通过把电流接通和断开，就可能导致在电线的另一端上的一根针啪啦作响。在区区十几年，德国、英国和美国，有了关于电磁电报系统的几个提议。帕维尔·席令（Pavel Schilling），一位俄国人，展示了一种八根线的电报，有磁针悬挂在丝线头上，在他家里的房间之间运行；宾夕法尼亚的戴维·阿尔特（David Alter）把他的家和仓库连起来；在德国，卡尔·弗里德里希·高斯（Carl Friedrich Gauss）在哥廷根的屋顶上架了一条1000米的电线；在英国，沿着大西部铁路的一段，商业电报在1839年设立，6年后，这使伦敦的警察能够坐等一个在逃的杀人犯。杀人犯在约40千米之外的斯娄上了一列火车，到了帕丁顿火车站。现在有了这样一种技术，有明显的实际好处。

　　1830年，在英国旅行，有大约200千米的铁路线。到1860年，就有10 000千米多。跟随着长而直的铁道，电报线迅速改变了各地的通信，但哪里也赶不上美国。萨缪尔·莫尔斯的专利电码，和他的助手阿尔弗莱德·费尔（Alfred Vail）一起开发，被广泛采纳。随着长距离铁路在美洲大陆上纵横交错，电报也与之相随。此后，电总是处于信息流的核心。电报，把声音转变成电流，再把电流转变为声音，流动迅速。接着来了收音机，此物依赖电磁波的发射。如今的数字通信依赖于改变电子的状态。

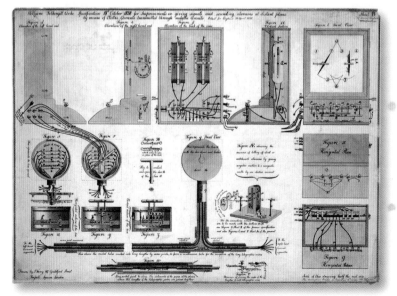

> "蒸汽机和电报改变了世界，并为我们带来了世界时间这个概念。"

左图：1838 年的一项专利的展示图，是威廉·福瑟吉尔·库克和查尔斯·惠特斯通的第一个电报系统。

蒸汽机和电报改变了世界，并为我们带来了世界时间这个概念。在可能以蒸汽的速度旅行之前，也没有什么必要把比方说英格兰东边的伦敦和西南边的康沃尔郡的时间搞得完全步调一致。世界是在小时基础上运作的。康沃尔半岛尖端上的彭赞斯，比伦敦晚 8 分钟，没有关系。但现在，精确时间有关系了。两列火车的司机，手表差了 8 分钟，可以轻易导致撞车。铁路迅速采纳了电报，在火车到站之前，电报是司机向车站或者信号工发送消息的唯一办法。为确保铁路网运行顺利，全部火车开始采纳铁路时间——最终叫格林威治标准时间。到 1860 年，英国公共场所的几乎每一座钟，都显示相同的时间。又过了几十年，全世界其他一些国家群起效法。在美国，好几千个"正午"首先让位于铁路时间，是几个铁路公司总部规定的，然后让位于我们如今知道的时区。

有了电报，逃亡的罪人可以被捕，逃婚的新娘子可以被拦住，然后让她们去发誓"我愿意"。信息运行速度惊人，不仅跨越国界，而且跨越帝国。到 19 世纪 70 年代，每个大陆都用电缆连着，在世界的这边向世界的另一边敲打电码。帝国本身的性质变化了。驻防军队需要了，因为要护卫电报线和杜仲橡胶树种植园。种植园稳定供应树胶，树胶做成乳胶，乳胶用来为如今布满全球的几千英里的电线做绝缘层。像马来亚那样的生长橡胶树的国家的命运也随之改变，因为橡胶对英国经济的价值改变了。最重要的，是需要更多的煤炭作为成千上万的蒸汽机的燃料，而蒸汽机如今为工业和运输提供动力。

电话

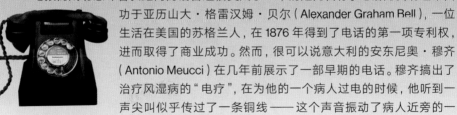

电报的成功意味着长距离的语音通信变成了一个清楚的目标。电话的发明通常归功于亚历山大·格雷汉姆·贝尔（Alexander Graham Bell），一位生活在美国的苏格兰人，在 1876 年得到了电话的第一项专利权，进而取得了商业成功。然而，很可以说意大利的安东尼奥·穆齐（Antonio Meucci）在几年前展示了一部早期的电话。穆齐搞出了治疗风湿病的"电疗"，在为他的一个病人过电的时候，他听到一声尖叫似乎传过了一条铜线——这个声音振动了病人近旁的一个电导体，制造了一个静电荷，这个静电荷反过来振动了穆齐耳边的一个电导体。穆齐接着鼓捣出了一个装置，把电磁铁连着一个膜。原理是声音振动膜，膜振动电磁铁，电磁铁反过来使电线里的电流发生起伏。到最后，这个过程被反过来，让声音重现。穆齐设备的工作模型不曾存世，他未能更新他的专利使用费。他到底是不是电话的第一发明人，至今有争议。

实验与实践

奥斯特演示电可以扰动磁针，此后不久，磁与电的相反关系也被人琢磨到了。在伦敦，迈克尔·法拉第（Michael Faraday）一直学徒当装订匠，努力尝试每一个可能的门路，想得到一份需要某种科学能力的工作，他对科学满腔热情。"英国科学研究所"（the Royal Institution）的偶发事件，包括汉弗莱·戴维在一次化学实验中暂时把自己搞瞎了，实验助手遭到枪击，因为他攻击仪器制作者，结果法拉第成了戴维的新助手。法拉第很快成了戴维的电磁实验的主要实验者。1821 年，法拉第建造了一个设备，电流能使一块磁石做圆周运动。这是这种研究的开始，最终导致他制作了一个电动机。更重要的是 10 年之后，法拉第设计一个机器，干相反的事：一块转动的磁铁，在一个围绕着这块磁铁的线圈里，产生了电流。这就是发电机背后的原理——一个不断旋转的发动机，如一台蒸汽机，能产生电流。法拉第的业绩，是创造了电力工业的两个半面：电流能产生运动，运动能产生电。

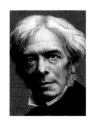

迈克尔·法拉第
1791—1867 年

发电机与电动机，起先大致是一直待在科学实验室里，当成了稀奇物，在公众面前炫耀。但是，到 19 世纪 70 年代，造出了一台发电机，能在工业规模上供电，这一次东西出自比利时的一位工程师齐纳布·提阿非罗·格拉姆（Zénobe Théophile Gramme）之手。他还建造了一台几乎相同的机器，作为电动机以相反的原理运行。现在工业规模上的电可以得到，工厂可以用水蒸气或者水力来推动巨大的发电机，来产生电力，然后把电力分配给较小的一些电动机，用电动机来推动机器，而不必搞那些复杂的皮带和传动，以便把工作机直接与蒸汽机结合起来。19 世纪 70 年代结束，托马斯·爱迪生成功造出了白炽灯泡，达到了商业上的可靠标准，因此工作场所如今在晚上被照得通亮，很容易了。新的电子技术迎来了所谓"第二次工业革命"。像德国那样的国家，工业化发明姗姗来迟，如今能够迅速发展经济，而欧洲的工业和商业力量平衡开始倾斜，不利于曾经雄霸世界的英国。

右图：20 世纪早期，德国汉诺威的一家用电工厂。电力的问世，是所谓"第二次工业革命"的一个重要因素。

右图：电动机用固定磁铁之间的排斥和吸引，来改变线圈里的电磁场，以此推动一个转子，并使驱动轴转起来。

个人力量

　　然而，到了 19 世纪末，有朝一日电居然会称霸我们这颗行星，仍然是不可想象的。就工厂里的全部变化而言，在晚上走路回家，仍然要走过一个用燃烧煤气照明的世界。要改变这一切，电提供了巨大潜能，但事情被一个巨大的限制挡住了：配电。在工厂旁边弄一个蒸汽机，去推动发电机，去推动电动机，去把灯泡点亮，这样敢情好。但是，能量在电线上损失得太大，在每条街道的两端，都需要一个蒸汽机和一个发电机，这样来为一个城市服务。确实，早期的配电网，在大约 2 千米的范围内。挑战是搞出一个系统，能够在很长的电线的末端提供有用的电力。

　　1883 年，"自由尼亚加拉运动"取得了胜利 —— 此乃一次最早的环境保护运动 —— 把尼亚加拉瀑布归还给一个更加自然的州，比那些来到这个地区的游客所体验的更加自然。瀑布的巨大自然力，蕴藏在加拿大和美国的边界上，人们早就接触到了：在一两个世纪前，最早的定居者在河岸上开凿磨坊。但是，磨坊和各种工厂，簇集于大河两岸，都由湍急的水流驱动。在瀑布周围建立州自然保护区，意味着商业上的人人免费开发寿终正寝，但瀑布主体的力量仍然不曾得到利用 —— 这显然是商业机会上的巨大浪费。然后，在 1886 年，瀑布附近伊利湖运河的一位工程师托马斯·埃弗谢德（Thomas Evershed）提出了一个巨大的工程计划，建造一系列隧道和水渠，把瀑布的力量从保护区引开，如此就可以利用之。可能的费用，是天文数字，但可以得到多少动力以偿还如此巨大的投资，还不清楚。然而，瀑布产生 8 000 000 马力，这对尼亚加拉瀑布附近的那个小镇子的需要而言，是太多了。小镇子的人口区区 5 000 人，于是就有了问题：是否有某种办法把电分给大约 40 千米外的那个正在发展壮大的水牛城（250 000 人并且在增加）？

右图：1 千米宽的尼亚加拉瀑布，每秒流量高达 5 700 立方米，一个不可抵抗的动力之源。

动力之争

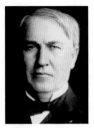

托马斯·爱迪生
1847 — 1931 年

电力工业的两大巨头，提供了两个不同的答案。托马斯·爱迪生，第一只可用灯泡以及许多其他电器的发明家，已经在曼哈顿建立了一个本地小型配电网，用直流电。直流电是电的一种形式：电流方向始终不变。直流电不免损失严重，这归咎于输电线的电阻。输电距离超过 2 千米，电流在起初就必须非常大，能把任何灯泡和电动机烧毁，那么电线就必须非常粗，粗得不能用。在竞争的另一边，乔治·威斯丁豪斯（George Westinghouse），列车的压缩空气制动系统的发明者，爱迪生以前的一位愤愤不平的雇员，已经买断了属于尼古拉·特斯拉（Nikola Tesla）的专利，琢磨出了交流电概念这种重要的改进办法 —— 电流果真在电线里以交替方向流动。在这个主意背后的东西，是高压电被用来长距离输电，而变压器 —— 特斯拉的发明是其关键 —— 在用电端把电压扳回更容易管理的水平上。

两拨互掐的企业家之间的战斗，是"电流之战"的登峰造极。电流已经流了十来年，欧美的不同阵营都声称自己的系统才是最好的。爱迪生在书里用尽营销手段，诋毁交流电，包括强调高压电的危险，顺便故意为新近发明的电椅推销威斯丁豪斯的系统。最终，第一次长距离配电出现在 1891 年德国法兰克福"国际电与技术展览会"上。法兰克福南边 175 千米的内卡河畔的劳芬，在一处水泥厂里，交流电发出来了，电线架在头顶上，把展览会入口的一千只灯泡点亮。令人啼笑皆非的是，还要用电来推动一个假水车。

> "电力，几乎全部现代技术的关键因素，即将无处不在。"

左图： 可靠的电照明，使欧洲和美洲的城市大放光明，街道更安全，形成了 24 小时运作的社会。

右图： 爱迪生的白炽灯泡并非首创，但许多革新使之更耐用，能在电网中使用。

这件大事的辉煌成功，是尼亚加拉大瀑布计划的决定性因素，中标的正是交流电。1896 年 11 月 16 日午夜，斯特拉和威斯丁豪斯系统，自证正确。从他们的变压器中出来的电力到了水牛城。最先的 1 000 马力到了电车公司，当地的电力公司立刻收到 5 000 多用户的订单。几年之间，尼亚加拉瀑布的发电机数量就增加到 10 台，输电线把纽约城电气化了。百老汇电灯耀眼，电车和地铁系统蔓延。电力，几乎全部现代技术的关键因素，即将无处不在。

放射线魔法

对新动力源的寻求，改变了现代世界的面貌。电能几乎无所不能。但必须有一个凑巧之事：除非你有一个瀑布，发出你需要的电，老式的动力源——无论是石油、煤炭或者木柴——都需要燃烧以推动发电机。然后，历史转入 20 世纪。一种全新的能源问世，轻易重温无限动力的旧梦。亨利·贝克勒尔发现了它，居里夫妇研究过它：放射性。放射性显得无中生有地产生热和光。用早期放电管（见第 2 章）的发明者威廉·克鲁克斯的话说，这种新力量是"似乎持续能源的例子——某种我们以前不可思议的东西——由它带头，谁说得出来会有些什么崭新的成就？"皮埃尔·居里认为这种能源能够持续不断。

1898 年，居里夫妇发现了镭，这是放射线铀衰变的一种产物。这种奇怪的新能源，暴风骤雨一般占据了人们的想象——想得好，到头来却也想错了。今天，在田纳西的一个特别的屋子里，严严实实锁着一份收藏品，那是一些属性不同凡响的产品，包括"闪烁镜"，是克鲁克斯发明的。它里面有一小块镭，小得肉眼看不到，还有一个小小的荧光屏，你可以凑上去看，通过一个铜制的放大目镜来看，在一个黑屋子里，看一种"没完没了的发射星的展览"。还有一种放射线牙膏、美容霜、药片，和名曰"液体阳光"的补药镭汤，据说能让人永葆健康。确实，在短时暴露于镭之后，动物和人似乎都会气色大好，但结果那仅仅是红细胞过多的身体的一种副作用，这是身体抵抗放射中毒的破坏效果的一种自然机制。匹兹堡的一位企业家每天喝一种"镭敌他"牌子的镭水，甚至用板条箱寄给朋友。他痛苦而死，下颚骨都变脆了。

下图：新发现的放射线物质被用来制造多种专利药品，以及同样靠不住的产品，导致难以形容的伤害，然后大家意识到那有多么危险。

CRÈME
SCIENTIFIQUE

CURATIVE
EMBELLISSANTE

THO-RADIA
à base de thorium et de radium selon la formule du
DOCTEUR ALFRED CURIE
EN VENTE EXCLUSIVEMENT CHEZ LES PHARMACIENS

上图：晚到 20 世纪 30 年代晚期，使用镭的化妆品仍然行销在市场上。

　　简单的事实是：没有人，甚至发明者，都对镭的作用方式略无所知。有人问皮埃尔·居里他们发现了什么，他回答："我们干脆不知道。我们发现了新力量，超出目前的知识，特别不可想象。"但在几年之间，人们就意识到放射是能的根本原理发挥作用的表现。

放射性

　　构成物质的化学元素，按照其原子序数（原子核里的质子数）排列在元素周期表里。较轻的元素稳定，但较重的元素不稳定。在一种重元素中，如在铀中，把原子核中的中子绑在质子上的力，不足够强大，因此原子核经历放射线衰变，发出亚原子粒子和电磁辐射：所谓阿尔法、贝塔、伽马射线。衰变持续，失去质量，直到这种元素转变成一个稳定形式。铀（原子序数 92）最终衰变成铅这种稳定形式（原子序数 82）。元素的原子核衰变一半所需要的时间，是所谓"半衰期"。铀的最常产生的同位素的半衰期，大约是45 亿年。因此，虽然这个过程发出能量的时间非常漫长，最终也会停止，因此不违背热力学定律。"放射性"这个名称是玛丽·居里首创的。

理论跟上了

理论最终确实赶上了对力量的实际利用。迈克尔·法拉第，因为他研究电与磁的效果，最终相信存在一种等级性的力量，而电（神之力）在最顶上，引力似乎在底下。法拉第是当时一位杰出的实验家，决定性地表明电流、静电荷和磁，处在同一个现象的核心。他论证说，电和磁沿着"力量线"发生作用，运动起来需要时间，或许以波的形式运动，但他的数学不够好，不能把他关于磁场和电场的观念推进一步。苏格兰的一位数学家詹姆斯·克拉克·麦克斯韦，在学校里的绰号是"傻子"，却被许多人奉为牛顿以来最伟大的物理学家，把这些观念用数学捆绑成了精确的定律。麦克斯韦在爱丁堡长大，在爱丁堡和剑桥上大学，25 岁居然在亚伯丁当了教授，然后在伦敦的国王大学定居下来。

詹姆斯·克拉克·麦克斯韦
1831—1979 年

他研究颜色和土星光环的物理学，但他重要的研究，是采纳法拉第的力场观念，以数学证明电、磁以及光本身，确实是同一个现象即电磁波的展现。1888 年，麦克斯韦死后的 9 年，这一见解得到了确定的证明，当时德国物理学家海因里希·赫兹（Heinrich Hertz）证明了无线电波的存在，并且表明无线电波以光速旅行。

光速一直不变，通过这个说法，麦克斯韦方程式也为冒到爱因斯坦心里的那些激进观点（狭义相对论）打下了基础。相对论在 1905 年发表，使物理学天翻地覆，与牛顿力学的宇宙观撞车，并把一些反直觉的概念引进到物理学词汇中，如时空、长度收缩、时间膨胀。但是，相对论也为力量是什么这个问题提供了一种根本解释，表现在著名的公式 $E = mc^2$ 中。能量等于质量乘以光速的平方，这是一个大得不可想象的数字。直到有了这种理解，能才被理解为热、电，甚至被理解为风力或水力，而且这些不同的形式

下图：核聚变反应在氢弹爆炸的核心，释放难以置信的破坏力量——恰当地控制，这种反应或许也能为未来提供能源需求的解决办法。

能够互相转化。但是，这是一种高远到怪异地步的相等关系，热、运动和放射，如今全都可以被视为这种根本性的洞见的表达方式。质量（任何东西的质料）含有大得不可思议的能量，通过运动、燃烧、合起来、拆开来，就把那些能量释放出来。

此前 3 个世纪，伟大的发明家或者工程师建造机器，又用机器建立帝国或者改变国家，都不需要爱因斯坦的那个公式，但如今那个公式有了，解释得了他们的全部业绩。通过分裂原子，释放骇人的力量，那个公式也能解释。突然之间，放射性可以被视为原始的能量，释放的手段仅仅是极少量的物质衰变。因此，科学理论开天辟地第一次设立了一个目标，发明家与工程师趋之若鹜。爱因斯坦本人起初坚信这种力量不可能派实际用处，但我们现在当然知道他想错了。原子弹问世了，今天的核武库就是这种科学成就的证明。

无论是哪种形式，到了我们家里，几乎总是借助于维多利亚时代的技术来发电和配电。

在力量故事中，还有更令人啼笑皆非的事情。如今，核放射是发电的一种重要能源，但核电站里的放射，仅仅是另外一种燃料，好比煤、天然气或者石油。核放射产生热，制造水蒸气，水蒸气推动涡轮机，涡轮机推动发电机。晚近的能量供应手段，无论风力、潮汐力、水力或者作为绿色燃料的生物物质，大多数都与此类似。我们鼓捣的能量，无论是哪种形式，到了我们家里，几乎总是借助于维多利亚时代的技术来发电和配电。

因此，事情就是寻找用之不竭的动力，能为我们带来可用的机器，来推动现代世界。与此同时，实验家和理论家试图发现这种机器的工作方式，却揭示了深刻的科学真相。他们得到了一些方程式，揭示世界上存在巨大的潜在能量，而热力学定律确定全部能量其实都不可能是用之不竭的。

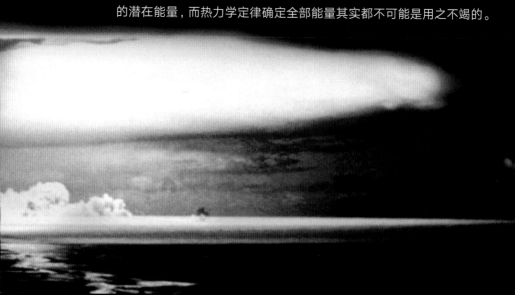

伊斯兰科学

古希腊

罗马帝国

中世纪

发现的时代

文艺复兴

宗教改革

∧ 最早的电池

∧ 雷顿瓶

创造动力的那个故事，始于利用我们周围的那些最明显的自然能源 —— 水和风。在启蒙时代，另外两种能源出现了。摩擦生电，转瞬即逝。到了 18 世纪 40 年代中期，米森布鲁克发明了一种蓄电之法，一种电容器或称"莱顿瓶"。伏打把它改进成"伏打盒"，即最早的电池。

与此同时，蒸汽时代开始了。原始的蒸汽机存在了几个世纪，但瓦特在 1760 年改善了

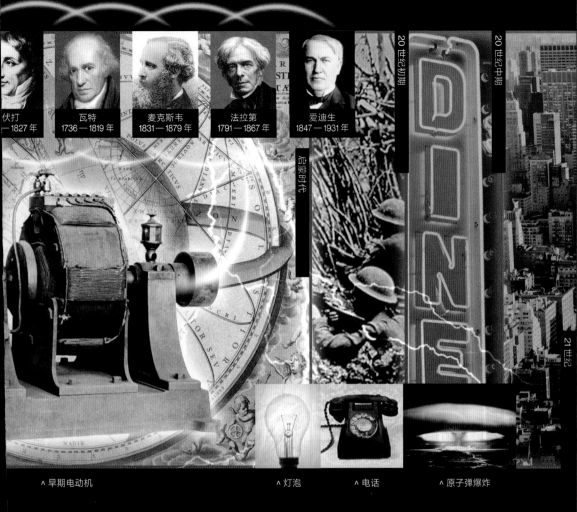

伏打
一1827年

瓦特
1736—1819年

麦克斯韦
1831—1879年

法拉第
1791—1867年

爱迪生
1847—1931年

20世纪初期

20世纪中期

启蒙时代

21世纪

∧ 早期电动机　　　　　　　　　∧ 灯泡　　　∧ 电话　　　∧ 原子弹爆炸

纽科门的蒸汽机，使工业生活的方方面面脱胎换骨。

　　法拉第有两项相关的发明，把电变为动力源，先是控制了蒸汽，最终取而代之 —— 电动机与更重要的发电机。到 19 世纪晚期，"第二次工业革命"开始，有了爱迪生对灯泡的革新，以及电话，永远改变了我们的生活、工作和通信方式。

　　这个故事的最后一幕，在于寻求动力的那种压倒一切的务实品性，与麦克斯韦研究电磁波的那种理论联系了起来，麦克斯韦为爱因斯坦的研究以及原子的骇人力量铺平了道路。

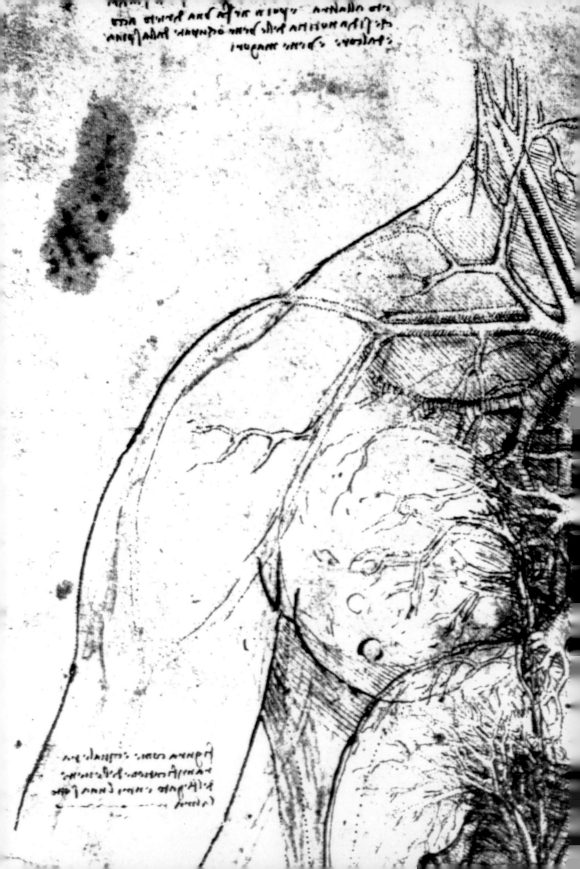

第5章　身体: 生命的秘密是什么?

　　出门购物,买 18 千克的碳,买足够制造 2000 盒火柴所需要的磷,再买一根小铁钉。然后,你去拜访一位友好的化学家,搜罗小量的其他几种比较常见的元素。带回家,在桶里把这些东西混合起来,加上大约 50 升水,搅拌。你得到的混合物,在化学上类似于一个人。然而,那不是一个人类,也当然鼓捣不出生命。

　　那么,生命的秘密是什么? 是什么把一堆化学品搞成一个会喘气、活的生物实体? 寻求对这些问题的答案,创造了现代医学,并允许我们走到如下地步:事情似乎是生命本身将很快能在实验室里合成。我们创造一个完整的人造细胞的那一刻,为期不远,一旦此事发生,那将是我们历史上最不同凡响的时刻。

　　在西方,在最近的两个世纪,科学家利用两种不同的方法,试图发现到底是什么把我们鼓捣出来了。第一种方法,简单地把东西割开,看看里面。生命或许仅仅是把东西凑在一起的那种方式的产物? 这种方法颇有成效,但我们现在已经到了极限:继续切割,我们也得不到什么有趣的东西。第二种方法,是寻找一种生命力 —— 某种在心理上或许能够解释死尸与活人之间的不同的那种东西。这种方法,如我们会看到的,导致一些重要的发现,如生物电和荷尔蒙的作用,但这本身不曾让我们能够更容易地回答"什么是生命"这个问题。

左图:达芬奇笔下的一幅人类躯干解剖图的细部。尽管有如此细致的解剖学研究,但要琢磨出五脏六腑的功能将是一场长久的奋斗。

解剖学家

第一个画出精确的人体的人，是文艺复兴时期的达·芬奇。身为律师和农妇的一个非婚生子，达·芬奇不曾受到正规教育，或许正因为如此，他才质疑好问，更愿意相信自己的眼睛，而不迷信古人的智慧。他画画，画他所见，不画别人告诉他应该看的东西。他的油画依靠对透视的新研究，但也依靠对人体的彻底理解。在他当初学徒的日子，他的师父安德烈亚·韦罗基奥（Andrea del Verrocchio）坚持他和自己的全部徒弟都应该研究人类解剖学。后来，等他成了一位大名鼎鼎的艺术家，通过解剖尸体，他对人体得到了更真切的见识。当时（16 世纪早期），解剖人体是非法的，叫人大皱眉头，无疑也是非常吓人的。他主要在晚上做解剖，有一个年轻的助手，而且得到尸体的时候偏是夏天，尸体就腐烂得很快。

列奥纳多·达·芬奇
1452 — 1519 年

达·芬奇的解剖画，属于自古至今的上乘之作，其中有一幅第一次描绘子宫中的胎儿。但是，关于达·芬奇作品，特别令人惊讶的事情是，他不仅画他所见，而且从观察中得到了启发人心的结论。比方说，通过比较一个老人与一个男孩的动脉，他得到了结论：老人的动脉里结了斑块，与他的死有关系。他对粥样动脉硬化的描述符合实际，比别人早了几百年，而且在一个许多医生误以为动脉仅仅是通气的年代。不幸的是，正如他的许多成就一样，他不曾把解剖学搞得让他自己满意 —— 总有某种其他事情有待于发现 —— 又过了 160 年，他的解剖图才得以出版。在达·芬奇的年

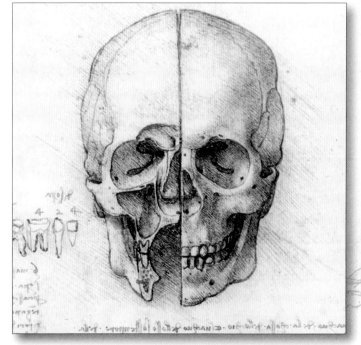

"达·芬奇的解剖画，属于自古至今的上乘之作，其中有一幅第一次描绘子宫中的胎儿。"

左图： 大约在 1489 年，达·芬奇完成了一系列细致的头骨画，试图确定精神能力处于在大脑的什么位置上。

代，医生们对人体解剖结构的理解，依赖于 2 世纪的一些粗陋的图，作者叫克劳迪亚斯·盖勒努斯（Claudius Galenus），也叫盖伦。盖伦是希腊人，出生在大约公元 130 年，地点是在如今的土耳其。盖伦为格斗士疗伤，开始其职业，这必定让他有了对死伤人体的真切知识。因为解剖人体在当时极遭贬斥，盖伦的研究局限于动物，从猴子到猪。他在罗马公民面前切割狒狒，显摆他广博的解剖学知识，从中得到好大乐趣。他的课本几乎被视为圣书，从来无人质疑。达·芬奇死后不久，弗兰德的一个矮个子，叫安德雷亚斯·维萨里（Andreas Vesalius）将最终改变这种状况。

右图：古希腊的医生盖伦，在全部医学问题上，在将近 1500 年中都是最终的权威。

中医药

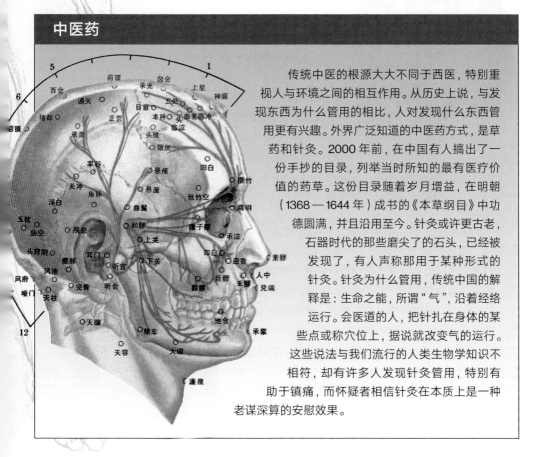

传统中医的根源大大不同于西医，特别重视人与环境之间的相互作用。从历史上说，与发现东西为什么管用的相比，人对发现什么东西管用更有兴趣。外界广泛知道的中医药方式，是草药和针灸。2000 年前，在中国有人搞出了一份手抄的目录，列举当时所知的最有医疗价值的药草。这份目录随着岁月增益，在明朝（1368—1644 年）成书的《本草纲目》中功德圆满，并且沿用至今。针灸或许更古老，石器时代的那些磨尖了的石头，已经被发现了，有人声称那用于某种形式的针灸。针灸为什么管用，传统中国的解释是：生命之能，所谓"气"，沿着经络运行。会医道的人，把针扎在身体的某些点或称穴位上，据说就改变气的运行。这些说法与我们流行的人类生物学知识不相符，却有许多人发现针灸管用，特别有助于镇痛，而怀疑者相信针灸在本质上是一种老谋深算的安慰效果。

阴森的切割

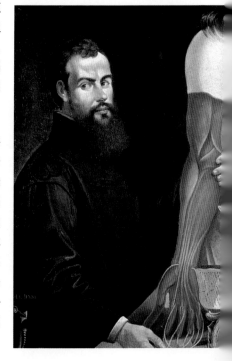

想象一个情景：发生在 1536 年，一个罪犯给吊死了，挂在绞架上任其腐烂。某个晚上，维萨里溜过来了，他是一个 22 岁的医学院学生。他眼巴巴望着那具尸体，想据为己有。人体解剖或许违法吧，但偷窃尸体铁定违法。这挡不住他。维萨里跳起来，抓住那两条腿，往下扯。一声撕裂，两条腿落在他怀里。他逃到夜色之中，死尸的腿在他怀里唧当着。稍后，他回来，取走尸体剩下的部分。

维萨里的所作所为，危险得要命。他不仅冒着坐牢与身败名裂的风险，而且他正儿八经地切割这具尸体和其他尸体，会对延续了若干世纪的那个信仰体系构成挑战。在维萨里的医学院，只有一套解剖学教科书——是盖伦写的，资深医生照本宣科，学生不提问，远远观望，频频点头。然而，维萨里决定做某种事情，那会激怒且恶心到当时的人：亲自解剖并检视人体。

左图：维萨里详细的解剖图，推翻了 1000 年来许多未受挑战的自以为是。

下图：安德里亚斯·维萨里，1514 — 1564 年，出生于医生世家。这位大解剖学家在童年花费了许多时光，切割鸟、老鼠和其他小动物。

不怕腐烂的人肉，维萨里把偷来的尸体放在厨房台面上，着手把它条分缕析，一直切割到骨头。他看待这件事，好比储存牛肉。首先，他盛满一大锅水，烧开。然后，他拿来尸块，尽力剥掉皮肉，然后放在锅里，煮几小时，煮到骨肉分离。最后，他不辞劳苦，确定人类骨架的每一个部分。这项任务艰苦卓绝，人体有 206 块骨头，而骨头仅仅是事情的开始。维萨里不仅想搞清楚骨头，而且要搞清楚每一个器官、每一条韧带和肌肉，决心理解人体每个部分应在的位置——好像完成拼图游戏。要成此事，他需要更多的尸体。因此，自然而然，他就盗尸。

"维萨里确定了人体全部主要器官、神经和肌肉的位置，开始了对人体解剖学的恰当研究，此事意义深远。"

上图：维萨里著作中的插图，包括展示"剧场解剖"（左）的扉页插图。

后来，身为帕多瓦大学的外科与解剖学主任，他物色了一位好心的法官，能以更合法的方式为他提供尸体。虽然是教授，维萨里一如既往地亲自解剖，雇来手艺好的画家来描绘他的研究。这些图画最终在 1643 年集成一册《人体结构》（De Humani Corporis Fabrica）。他在书中指出盖伦写的大部分东西不正确，1300 年以来的医学教学缺陷严重。有人把他贬为疯子。另一些人拿出时间细读，搔首不解人体在盖伦之后或许发生了变化。总而言之，安德里斯·维萨里纠正了盖伦那些延续了 200 多年的错误。

维萨里的名著与哥白尼的大著《天体运行论》（见第 1 章）在同一年出版。因此，1543 年被奉为科学时代的开始，虽然这有些牵强，因为哥白尼的著作在他死后很久才对世界产生了冲击。《人体结构》涵盖的论题，在幅度上不如太阳系那样具有史诗般的庄严阵容，但它自有本钱，也确实是永垂不朽之作。在书中，维萨里确定了人体全部主要器官、神经和肌肉的位置，开始了对人体解剖学的恰当研究，此事意义深远。他证明了他与达芬奇那样的人坚信的东西：古人的智慧不足信赖，通过观察的实验才是当务之急。

悲惨的是，维萨里的生活不曾长久而幸福。他跟一位赞助人起了吵闹，就踏上了到圣地巴勒斯坦的朝圣之旅。（有人说他良心发现，改邪归正，去为他切割的那些尸体赎罪，虽然他极端不可能有这种不安。）1564 年，在回家的海路上，在一个希腊岛屿附近，他坐的船触礁，结果他被饿死了，终年仅仅半百。

身体如机器

帕多瓦大学，维萨里在那里做了他大部分的先驱研究，作为一个领先世界、思想超前的医学中心，其名声继续日益隆盛。1597 年，在《人体结构》出版 54 年后，英格兰的一位医生，名叫威廉·哈维（William Harvey），到帕多瓦大学做研究。哈维是农民之子，在剑桥研究过医学，但发现教学沉闷，不启发人心，就到了帕多瓦。他在帕多瓦开始发展出了一些想法，丝丝缕缕都和维萨里的观念一样令人心神不安。讽刺的是哈维无意于挑战现状——他在骨子里尊重传统。他花费了很长时间才发表他的发现，这部分地是因为他害怕嘲笑，部分地是因为他担心别人胡乱解释他的发现。与哥白尼一样，他是一位迟疑的革命家，被迫处在某种境况中，不得不摧毁一直不受质疑的盖伦思想因素中的一个。在如此行事之际，他发起了一场运动，这场运动将建立一种关于人体的坚定的机械观，那是敬畏上帝的传统主义者恨之入骨的某种东西。

当哈维来到帕多瓦的时候，他在西罗尼姆斯·法布里修（Girolamo Fabrizio）的指导下做研究。法布里修，身为外科医生，如今主要以首次描述静脉中的瓣膜而出名。虽然他画出了这种瓣膜的详细图画，但他完全搞错了其功能。他误以为静脉瓣膜为控制从肝脏流向其他器官的血流量。如此一来，他就仍然固执于盖伦的另外一个错误。哈维将展示静脉瓣膜的真

下图：帕多瓦大学是 15 世纪到 18 世纪之间的一个医学与科学研究的大中心。

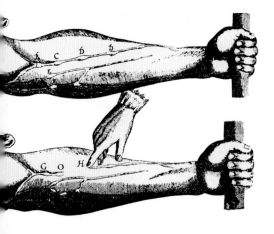

上图：哈维著作的插图，展示人类上肢静脉血流的方向。

正作用，手段是表明血液在动脉和静脉中循环，最终瓦解了盖伦的世界观。在哈维的年代，血液本身被视为四种体液之一 —— 四种体液被认为是充满人体的四种基本的物质。按照 16 世纪的医学，这些物质是黏液、黄胆汁、黑胆汁和血液。关键的事情是这些体液之间有一种平衡。比方说，太多的血液可能导致疾病。晚到 19 世纪，放血是一种非常流行的医疗实践。如果你相信它，那么它在当时确实是一种完全合乎逻辑的治疗方法。当时，医生如何看血液 —— 血液是什么，血液干什么 —— 大致依赖于极端古老的那些想法。人们广泛相信人类有两个不同的血液系统，即动脉系统和静脉系统，它们不是连着的，在滋养身体的过程中，它们的作用完全不同，而盖伦的学说把这种看法巩固了。在盖伦看来，肝脏制造血液，血液通过静脉到身体其他部分，一路上血液将被完全消耗掉。另一方面，动脉携带名为"生命精气"的东西，从肺部运到身体各部分，此乃动脉的主要任务。这明显是错误的，却不是一个很坏的猜测：想想吧，直到 18 世纪晚期，普里斯特利和拉瓦锡的实验才发现了氧气（参见第 2 章）。

伊斯兰医学

中世纪，伊斯兰世界的医学实践，远比西方世界更精细。伊斯兰学者搜集大量从古希腊和印度来的著作，译成阿拉伯文。他们不仅把这些著作搞得更容易接近和理解，但也在其基础上发扬光大。在伊斯兰世界最伟大的医生中，有一位如今以阿维森纳知名，生活在 11 世纪。其他事情不说，他意识到了像麻风病这样的病具有传染性，可以通过亲密接触散布开来，并强调检疫隔离的重要性，以此控制瘟疫的爆发。欧洲大学广泛使用他的书，一直用到 17 世纪。可以说，穆斯林医生创造了第一批现代医院，病人在那里得到了受过恰当训练的医生的照顾。他们讲清洁，有秩序，与此相比，在基督教欧洲，杂乱而肮脏，除了卧床休息，提供不了什么有效的治疗。多亏阿维森纳的努力，有分隔病房的伊斯兰医院问世了，因此传染病人就能够与其他病人分开了。

实验家

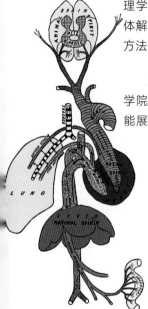

1602 年，哈维返回英格兰，他的社会关系使他能够成为一个精英俱乐部"皇家内科医生学院"的成员。他有了"学院研究员"这个新角色，就期望为那些显赫的会员讲三天的生理学课程。因为用尸体展示活体的那些生理学过程很难 —— 毋宁说不可能 —— 哈维就必须别出心裁。他把动物活体解剖引入课堂，展示他在人体上保险也能做的事情。为合适的展示寻找方法，导致他探究肺与心的关系，这又让他专注于心，并进而专注于血液。

正如当时几乎每个人，哈维相信肝脏不停地制造血。但他如何向皇家学院的成员们展示肝脏的血液的生产过程呢？慢慢地，他恍然大悟：他不能展示，因为他试图清楚地展示的样样事情，都表明盖伦宣称的事情完全错了。在仔细审查之下，盖伦对造血方式的描述，是不可接受的。哈维干脆重起炉灶，测量心脏的潜能，琢磨出了心脏每分钟必须抽吸多少血，当时，他大吃一惊，即便使用最保守的估计，他得到的数字是每天大大超过 240 千克 —— 比一个男人的整个体重的 3 倍还多。这可真是荒谬不堪了。他反复计算，得数总是一样。他踌躇于下结论说盖伦必定错了，但人体不可能制造这么多血，然后在很短的时间段里把那些血消灭了。

进一步的实验很快让哈维相信：关于人体里的事情，存在一种可信得多的解释。动脉和静脉必定连在一起，构成了一个循环系统。不幸的是，能够看清连接动脉与静脉的毛细血管的强大显微镜还不曾问世，因此，哈维不得不尝试用间接的方法来证明他的理论。他的一些最著名的实验，是在他自己身上做的。首先，他用绷带扎住自己的上臂，然后把流到手指头上的血全部放完。接

着，他慢慢把绷带放松一些，他的小臂的静脉（在绷带下）就膨胀起来。他解释说，发生这样的现象，是因为当他稍微放松了绷带，来自动脉的血现在就能流到手指上。但是，这种血液不可通过静脉流回心脏，因为绷带仍然阻挡着。如我们现在知道的，静脉比动脉浅，较少的压力即能阻挡其血流。他还推断出静脉瓣膜的真正用处，这是他以前的老

师的发现：瓣膜的存在，是为确保血液单向流动，流向心脏——尤其为抵抗引力。

由于这些和其他实验，哈维很快确信：血液必定循环全身，并由心脏推动。他笃信他的宗教和亚里士多德的信念，哈维宣称："血液回路这个概念，非但不毁坏，反而促进传统医学。"他完全错了——他的发现彻底瓦解了传统学问。血液循环这个概念将有助于发起一种看人体的新方式，人体不是生命力之间的平衡，而是一部复杂的机器。然而，关于他的发现会得到怎样的发落，哈维蛮有理由感到紧张，他推迟发表，却花时间发展他的医学实践。他成了詹姆斯一世的私人医生，詹姆斯一世在 1625 年驾崩，然后他为查尔斯一世当医生。但是，他不能完全扔下他的那些新观念而置之不理。比方说，心脏仅仅是一个泵子，他的同事满腹狐疑；等到有机会为他们演示一番，哈维兴致勃勃。这多亏了一个不幸的事故，遭殃的是皇室一个亲戚蒙哥马利子爵的儿子。子爵的儿子，在童年摔下马，在胸脯上留下一个张开的窟窿。哈维写道："通过这个窟窿，下面是受损的组织，我们可以摸到和看到心跳。"

在他首次做实验之后 12 多年，哈维的发现终于在 1628 年发表了，书名叫《关于动物心脏和血液运动的解剖学研究》（*Exercitatio Anatomica de Motu Cordis et Sanguinis in Animalibus*）。接受情况比他担心的稍好，他的名声大致上未受损伤。为支持关于身体的一种更机械论的看法，哈维不经意地发现了第一项证据；但是，虽然他石破惊天地回答了一个问题，却出现了更多问题。肝脏是干什么的？肺是个什么角色？承认血液循环，意味着抛弃既定智慧的稳当与圆满。

英格兰爆发内战，哈维仍然在国王身边当私人医生，最终撤到皇家的牛津要塞。在这里，他启发了一群年轻的实验家，其中有罗伯特·波义耳，此人后来观察封闭气体的压力而出了名（见第 2 章），以及罗伯特·胡克。在牛津期间，他们研究输血、受孕、胚胎学，以及范围广泛的其他学科。哈维把他的弟子们浸泡在"实验科学"这个概念中，在英格兰开创了一个传统，这个传统将在接下来的几个世纪中形成科学研究。当波义耳和其他人在 1662 年创立皇家学会之际，实验方法得到了进一步的改进。

下图：威廉·哈维的动物解剖展示图之一，描绘关于血液循环的一堂课。

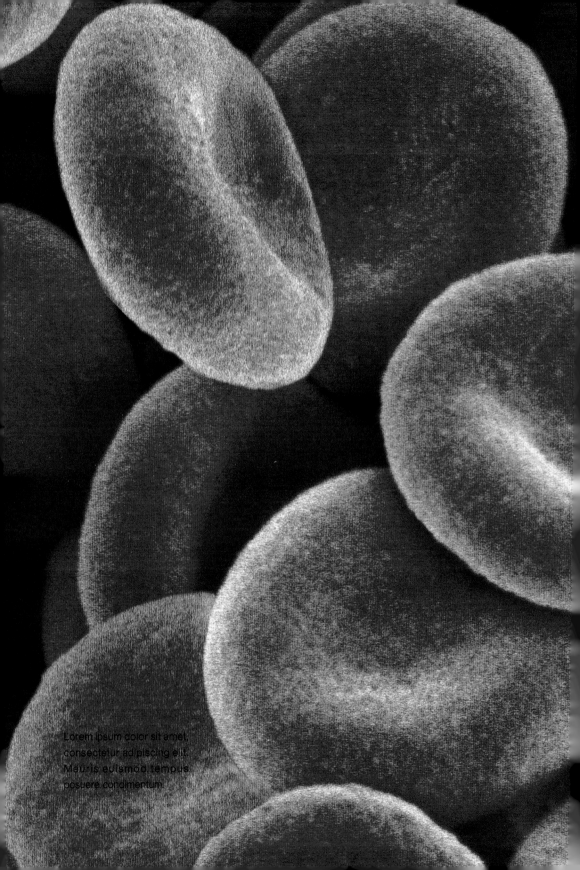

Lorem ipsum dolor sit amet,
consectetur adipiscing elit.
Mauris euismod tempus
posuere condimentum.

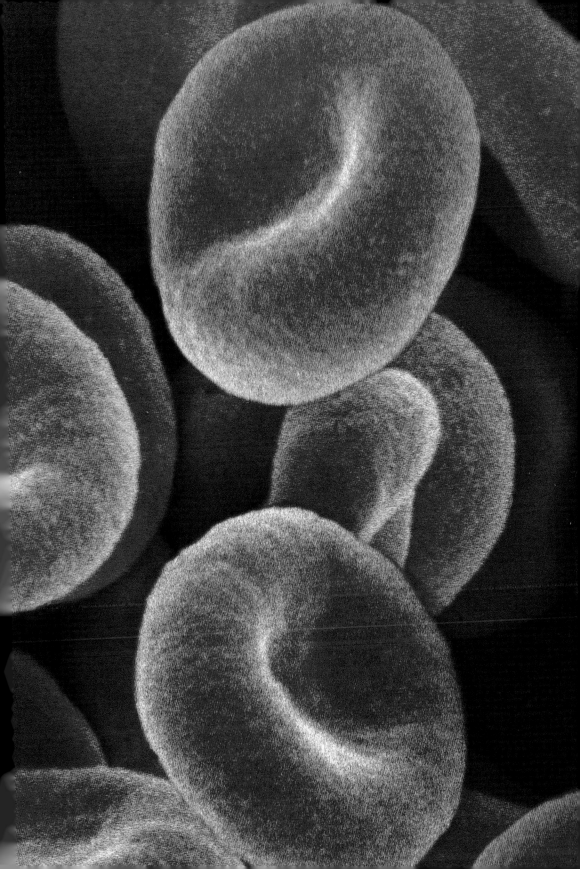

什么是生命？

　　维萨里 1543 年的书，瓦解了盖伦的许多说法，哈维的见识将最终把亚里士多德的体液信念的最后残余一扫而光，正如哥白尼 1543 年的书启发了开普勒、伽利略和牛顿，齐心协力思考宇宙的本质。牛顿的运动定律鼓励人们以数学和机械的方式思考世界，思考人自身。与此相似，到 17 世纪末，人体不再被视为一种神秘的、不可知的有机体，上帝为之赋予生气；毋宁说人体是一个极端老练的机器玩具。关于身体如何运作，即便有全部这些成功与解释，解剖学家们仍然不能解释生命的"活力"为何物。

　　存在许多因素，大多数人同意那是活物的一些特点，其中有：运动、生长、消耗营养、对刺激起反应，以及繁殖。但是，这些答案的每一个，都引起了与生命本质有关系的更多问题。比方说，一堆火，能运动，能生长；火能消耗营养，对风起反应，但火不是活的。另一方面，骡子和工蜂，不能繁殖，却是活的。作为一个概念，"生命"是个啥意思，因此就颇难定夺。我们直觉地知道死活之别，但指出确定的区别，是另外一回事。在 17 世纪的实验家看来，必定存在某种神秘的能 —— 一朵生命的火花。但那是个什么东西呢？

左图：五花八门的昆虫那些不同凡响的社会体系，对早期定义"生命"的尝试提出了挑战。

前页：人类的红血细胞，放大 5 000 倍。17 世纪，威廉·哈维琢磨出了血液循环系统的功能，到 1959 年马克斯·佩鲁兹（Max Perutz）才发现了血红素的结构，其中有携血蛋白。

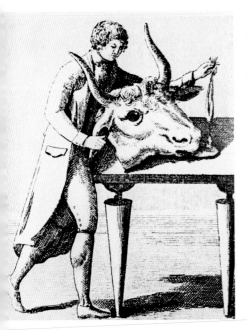

> "人体不再被视为一种神秘的、不可知的有机体，上帝为之赋予生气；毋宁说人体是一个极端老练的机器玩具。"

上图： 伽伐尼·阿尔蒂尼试图用电流把一个牛头起死回生。19 世纪，他到欧洲旅行，表演令人毛骨悚然的傀儡戏，有时候涉及人类的尸体，观众要买门票。

如我们在前几章了解的那样，电这个现象，得到了大量的研究，很少的理解。18 世纪晚期人们特别感到困惑的，是这么一个事实：像电鳐、电鳗那种动物，能产生电击，而这种电击和莱顿瓶产生的电击不可区分；莱顿瓶是米森布鲁克发明的早期蓄电装置。1786 年，当路易吉·伽伐尼（Luigi Galvani）用铜线吊着几条青蛙腿，然后把铜线连到一个阳台的铁栏杆上，就能使死青蛙腿抽搐，他就引发了一场狂暴的争论。他断定一种电力必定住在青蛙腿里，使它动，即便它是死的。寓意是清楚的——"动物电"是使身体活起来的那种力。

伽伐尼跟亚历桑德罗·伏打发生了口水战，伏打相信"动物电"与"化学电"是一模一样的，这导致伏打首次搞出了可靠的电池（见第 4 章）。但是，电是一种生命力，这一观念，其影响超出了物理学的范围，确实也超出了科学领域——它捕获了作家们的想象力，作家创造了起死回生故事的新流派，其中名气最大的无疑是玛丽·雪莱（Mary Shelley）的《弗兰肯斯坦》（Frankenstein）。同时，伽伐尼的侄子，伽伐尼·阿尔蒂尼（Giovanni Aldini），继续其叔的研究，推进一步。1802 年，在东伦敦的纽盖特区，他试图用电让一个被绞死的杀人犯乔治·福斯特（George Forster）起死回生。《纽盖特监狱日志》，是一份处决记录，报告说："第一次让面部过电，死囚下巴开始抽搐，附近的肌肉扭曲得可怕，一只眼其实睁开了。在接下来的部分，右手举起，握紧拳头，两腿踢蹬。"几个在场的人真相信福斯特会活过来。（《纽盖特监狱日志》报告说，即便他活过来，也得再次处死，因为对他的判决是"一直到吊死为止。"）一个名叫帕斯先生的男子，外科医生协会的干事，大惊失色，离开后不久就死了。

科学终于似乎马上就要发现生命的秘密了。1814 年，"皇家外科医生学院"发生了一场争论，有人说"电这个现象"和生命"同声相应"，而电"在活体中操作全部的化学活动"。但是，电是生命的答案，那么就出来另一个问题：活体内部如何生电？伽伐尼和阿尔蒂尼不知道，生物电这个观念却站起来了。生物电辗转到了 20 世纪，人们这才意识到，在细胞层面塑造生命，电有多么重要。解剖学家已经表明，在许多方面，人体像一部机器。电物理学家尝试证明发动生命这部机器的，是电，但大致失败了。化学很快就冒出来了，作为发现生命秘密的下一大步。

化学的诞生

19 世纪早期，威廉·冯·洪堡（Wilhelm von Humboldt）当了普鲁士的教育部长，完全改变了教育的目的，尤其在大学层面。因为他摧枯拉朽的改革，大学变成了研究之地，学生们参与，不再单纯地死记硬背。这成了耶鲁和哈佛那样的美国大学建校的教育样板。如今强调的是知识是一个过程，而非一种产物。"教育"被视为创造有思想的公民的一种重要方法，反复强调学术道德，诸如独立思考、自主判断与严格的思维。

洪堡的教育改革，为大学带来了更多的资金，并且创造了探索许多不同领域的兴趣大爆发。德国，第一次超过了英国和法国，因为德国发展了新技术，得到了新发现。学生们一窝蜂地开始研究化学，远游异国，了解那里的秘密，以完善自身。这就开辟了另一条探索之路，探索人类生命的内部在鼓捣些什么 —— 这条道路，将由德国人进行充分的探索。晚近建立的化学这门学科，比电物理学更能有效地揭开生命的秘密吗？

早年有一个人相信，化学能够解释生命，此人是尤斯图斯·冯·李比希（Justus von Liebig）。1824 年，他在德国的古森建立了一个研究中心，以惊人的热情研究身体的功能。他让学生们分析、测试、计算进入人体中的各种物质的化学成分（包括食物、气体和水）。学生们遭殃了：从身体排出的一切东西，也需要研究。他表明：摄入（或称输入）重量，严格等于排泄（或称输出）重量。在他看来，这就是证据，证明生命可以被简化为一系列的化学方程式。他断定，生命并不那么特别。李比希的分析方法，仔细归仔细，却遭到了批评。法国的大生理学家克劳德·伯纳德（Claude Bernard）说事情好比试图琢磨出"一座房子里发生了什么事情，手段是计量谁进了门，什么东西从烟囱中冒出来"。因此，在探索生命秘密的过程中，焦点缩小了，不再看整个身体的那些化学过程，而是寻找发生在身体中的那些特别的化学反应。

左图：尤斯图斯·冯·李比希（Justus von Liebig），1803 — 1873 年。李比希对人体的研究导致他搞出了一些重要的化学处理方法——他的发明包括化肥和氧立方。

右图：李比希的工作台，可见形状古怪的"李比希冷凝器"，至今广泛用于学校实验室。

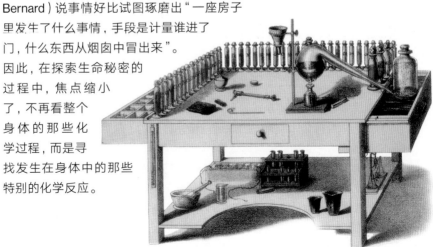

荷尔蒙天堂

夏尔-爱德华·布
郎-塞加尔
1817—1894 年

19 世纪 80 年代，一个"尽人皆知的事实"是：射精产生的一种"心智与体格上的虚弱程度与射精频度成正比例"。在某些人看来，这直接就是热力学定律用在人类那里：能量既不能被创造，也不能被消灭；因此，如果一个身体含有一定量的能源和精子（进而能创造生命），那么必然的结论就是：当射精之际，身体的生命能量必定有损失。按照这种逻辑，节制性事可维持身体的能量水平，维多利亚时代的人如此热衷于谈论自慰，理由或许在此。然而，在法兰西学院，"不要先入为主的想当然，而要自由思想的观念"是其座右铭，以金字铸在主楼上，那里的一位老教授，得出了不同的结论。夏尔-爱德华·布朗-塞加尔（Charles-Édouard Brown-Séquard）的推理是：如果一个人在失掉精子之际失掉生命力，那么精子必须含有某种具有生命力的东西。

布朗-塞加尔不是医学上的冒牌货。他是首次提出如下见解的人之一：某些器官分泌出化学物质，在血液中流动，影响其他器官如何行为。1856年，他表明如果你把动物的肾上腺切除，它们就死。（后来才发现，其他的不提，肾上腺产生肾上腺素，此所谓"或战或逃"激素，因为它让身体做好准备：战斗，或者逃跑。）因此，作为一位显赫的科学家，布朗-塞加尔有听众，甚至有人听他讲述他的那些最引起争议的实验。年龄 72 岁，他从狗和豚鼠身上抽出睾丸血，加上从它们被碾碎的睾丸来的精液和体液，然后把这种混合物注射到他自己的胳膊和腿里 —— 分十次进行。他在医学刊物《柳叶刀》中报告说，由于这种注射，他的体质年龄发生了"一种剧烈的变化"。在一本书里，书名是缺乏想象力的《长生不老药》（*The Elixir of Life*），他写到这个实验，进一步自称在注射后他感觉年轻了 30 岁。显然，如今他能工作到深夜，健步蹬楼梯，不扶栏杆。他还说他的肠胃运动得到了改善。有人嘲弄他"老糊涂"，他的报告却激发了对一组新物质的兴趣，后来大家知道那是荷尔蒙或称激素。

后来才清楚，那种睾丸激素，在狗和豚鼠的睾丸里，对雄性肌肉和体量的发育和维持至关重要。但是，布朗-塞加尔的说法，即注射动物睾丸的提取物导致他写到的那种身体变化，却荒唐可笑。我们现在知道，动物组织不能像那样被吸收。他体验的更可能是所谓安慰剂效应 —— 一厢情愿，人之常情。布朗-塞加尔的狗实验，大致遭到了医学体制的嘲笑，但这挡不住其他（男性）科学家努力发现他们能用人类睾丸干些什么事。1914 年，乔治·弗兰克·李德斯顿（George Frank Lydston）为自己移植了一个睾丸，如此这般，貌似得到了另外一份生命力。"这让我生气蓬勃。"他骄傲地宣告。在加利福尼亚的圣昆廷监狱，睾丸从被处决的犯人身上摘下来，移植给别人——总共搞了 1000 次睾丸移植，有许多人报告青春焕发的效果。很快，社会名流排队接受奇怪的治疗，专为增加睾丸物质的输出量，西格蒙德·弗洛伊德和诗人济慈身列其中。济慈常常说到他享受的"第二青春"，以及由此导致的创造力迸发，都柏林报界给他起外号叫"腺老头儿"。济慈吹嘘那复活了他的"创造力"，不提他非常可能自吹的会延续余生的"性欲"。

直到 1927 年，芝加哥大学的弗雷德·科赫（Fred Koch）最终发现了一个从牛睾丸中提取睾丸激素的方法。他非常幸运，工作地方的附近是巨大的芝加哥牧场，他就能搞到连续而新鲜的供应。提取过程必定极端地令人疲劳而呕吐；超过 18 千克的牛睾丸，剩给他的东西是区区 20 毫克睾丸激素。然后他把这种睾丸激素注射到阉猪和阉鼠身上。他发现，他这么做，阉猪和阉鼠重获雄风。到 1930 年，人们开始合成睾丸激素，我们如今知道这种荷尔蒙对雄性身体生长必不可少。任何胎儿的默认状态都是雌性，在受孕 7 到 12 星期之间，如果胎儿得不到睾丸激素的刺激，它就仍然是雌性，即便它在遗传学上是雄性。男人有乳头，理由在此，乳头的形成，在睾丸激素的刺激之前。

右图：人类内分泌系统中的荷尔蒙，是不多几个器官产生的——大脑中的松果腺和垂体，喉咙里的甲状腺，胸部的胸腺，肾脏上部的肾上腺，胰腺，以及卵巢和睾丸。

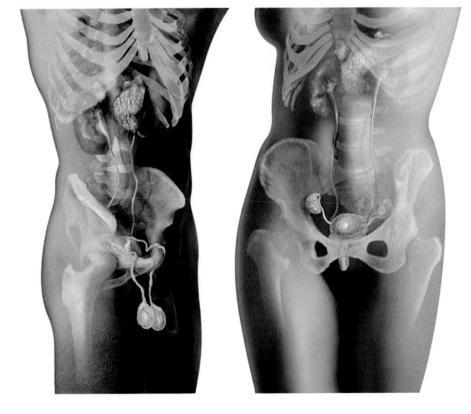

左图：在胎儿发育过程中，荷尔蒙是主要的信号系统，负责激发细胞分化为不同的器官和身体部分。

右图：从 1960 年代以来，避孕药易于得到，这在西方社会里引起了一场巨变。

　　大家很快发现，荷尔蒙或称激素在人体中执行多种多样的任务：性荷尔蒙决定一个宝宝是男是女，有助于形成大脑，俗话说的阳刚或者阴柔也可以解释了；生长荷尔蒙控制生长；多巴胺产生舒适感和愉快感；皮质醇控制免疫系统的活动；还有许多其他的荷尔蒙。荷尔蒙发挥强大的影响力，这个发现改变了社会，允许我们前所未有地控制我们自己的身体。类固醇、肾上腺素、胰岛素和甲状腺素，被引入到医药，拯救了很多生命。荷尔蒙更广泛的作用，是 20 世纪 30 年代的发现：黄体酮能阻止妇女排卵，最终导致第一代避孕药，20 世纪 60 年代在美国批准上市。从动物提取黄体酮，贵得吓人，但在 1941 年，宾夕法尼亚州立大学的一位美国教授发现可以用墨西哥山芋合成黄体酮。很长时间，科学令人惊讶地对这项研究不感兴趣：对合成黄体酮的安全性，大家太担心了 —— 那会不会导致乱交？在 1965 年之前，不是全部已婚妇女都能得到合成黄体酮。未婚女子还需要再等一会儿。起初，这种形式的避孕药片有副作用，因此另外一种荷尔蒙（雌激素）加进去了，制造混成药片，如今全世界超过 1 亿妇女在使用。

　　如今，荷尔蒙不仅用来控制生育，而且是一种替代性疗法，中年人还指望它延长青春。荷尔蒙在人体中显然发挥非常重要的作用，荷尔蒙发挥作用是对许多不同类型的细胞施加影响。

荷尔蒙

　　除了电系统（神经系统）之外，身体的另外一个交流系统是荷尔蒙系统。别的不说，荷尔蒙决定性别、青春期、生长速度，也决定你觉得谁有魅力。虽然荷尔蒙的作用一般和风细雨，但也能快得叫人难以置信——受到惊吓，不到一秒钟，身体里有了一股肾上腺荷尔蒙，立刻就有效果，让身体做好打还是逃的准备。另一方面，生长荷尔蒙表现出作用，则需要长得多的时间。荷尔蒙有几百种不同的类型，但大体上以相同的方式发挥作用。荷尔蒙是分子，是化学信使，在血流中运动。到了目的地，荷尔蒙

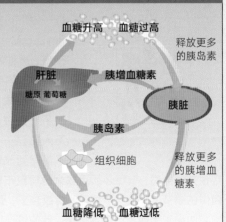

就坐落在细胞表面的接收器里，导致细胞大量以不同的方式起反应。荷尔蒙是组织产生的，如肌肉和脂肪，也可能是胰腺那样的腺体产生的；胰腺产生胰岛素（见示意图），卵巢产生雌激素，睾丸产生雄激素。大脑的一个叫丘脑下部的器官，协调荷尔蒙的活动。

细胞

罗伯特·胡克
1635 — 1703 年

我们每个人都由 60 万亿个细胞构成。每个细胞都像一个具体而微的化学车间,制造并鼓捣出超过 20 万种不同的蛋白,速度快得惊人。细胞是我们所知的最复杂的东西之一,但每个细胞只有几百分之一毫米的宽度。我们每次思考、运动、觉得饿或者悲伤,都是细胞鼓捣出来的。

第一个描述并书写细胞的人,罗伯特·胡克,我们早先遇到此公,当时他正跟牛顿打仗,为的是展示众行星被笼络在各自的轨道上,按照平方反比律(见第 1 章),胡克还评论过哈维的一个学生对实验方法的信念。然而,胡克最伟大的业绩或许是他的《显微图谱》(Micrographia),在 1665年出版。书里有许多奇妙的图画和观察结果,是他用显微镜搞出来的——当时,显微镜比老练的放大镜稍微好些,是一个单筒的铜管,里面有一个小小的透镜。尽管技术这么极端地有限,胡克却成功地展现了一个既往不知的世界。当他用显微镜看一片软木塞的时候,他的惊人发现之一出现了。他描述他看到的那种奇怪而规则的结构,说那好像修道院的那些简朴的僧房,因此为之起名叫"细胞"(cell,斗室)。

下图:这架显微镜,是仪器制造家克里斯多夫·怀特为胡克制造的,胡克得以发表在《显微图谱》(左图)中的那些观察结果。

《显微图谱》的成功意味着他在英格兰被广泛地尊为显微世界的领先专家,因此皇家学会的成员们把脑袋转向了胡克,当时他们收到了来自荷兰的一个神秘的包裹。包裹里有一封信和安东尼·范·列文虎克(Antonie van Leeuwenhoek)的画儿。列文虎克是一个布商,声称发现了一个隐藏着的世界,一个连最强大的英国显微镜都看不到的微小世界,其中满是生灵。荷兰小镇的这位布商,画出了一些关于放大状态的画儿,以前无人见过——而且在此后的 200 年不曾得到改进。他身为布商,这个事实也并非偶然;布商必须用放大镜检查布料,以此来评估质量。布商做的事情,是数一下线数:线数越多,亚麻布质量越高。列文虎克的秘密是他家产的显微镜。他的设计很简单,不同于胡克的设计(一个铜盘子,上面有一个孔,孔里镶着仅仅一个小透镜),但他的巨大成就,是他会磨制最精致的透镜。大头针的大小,几乎是圆的,这对清楚的放大是重要的,因为透镜越小,曲率越大,放大倍数越大。

因为他在科学界没有几个熟人，英语也说不好，在写信给皇家学会的时候，列文虎克不得不雇一个翻译。在信中，他声称看到池水里的微小动物，他称之为"微动物"。在每一滴水中，他估计必定有大约 100 万个动物。说这样的话，他担心自己遭到奚落，就写道："关于那些小动物，我常常听说，有人说我的所作所为就是讲聊斋故事。"皇家学会也收到一些笔法细致的画，画的是蜜蜂的刺，或者一只虱子的完整放大体貌，以及他声称看到的那些在他的精液中游泳的"微动物"的画。

"细胞是我们所知的最复杂的东西之一，但每个细胞只有几百分之一毫米的宽度。我们每次思考、运动、觉得饿或者悲伤，都是细胞鼓捣出来的。"

DNA 制造蛋白

在体内的每个部分，蛋白确实都发挥重要作用。蛋白形成架子结构，造就细胞壁，造就肌肉纤维的很大部分，也是免疫系统的重要部分；蛋白发出信号，征召免疫细胞并指导它们对疾病做出反应。蛋白也是酶 —— 那是加速体内的许多化学过程的关键分子。蛋白的构造，复杂而漂亮，涉及基因排列序列 —— 基因是很短的 DNA 片段；我们的全副 DNA 排布着 30 000 个这样的片段。到细胞开始制造蛋白之际，DNA 就部分地松开。一个短片段就被拷贝（被转录）为 RNA 的一个片段 —— 核糖核酸。常有人把 DNA 说成图纸，因为它提供模板，RNA 根据这种模板得以制造。一旦 RNA 完全形成，它就着手剔除非编码片段，然后把细胞核里的其他片段运输给在周围细胞质中的制造蛋白的机器（染色体）。此时，制造 RNA 所根据的那种编码"转运"为合适的蛋白。

微动物

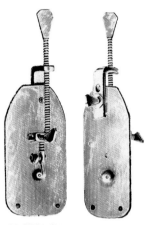

安东尼·范·列文虎克
1632—1723 年

起初，列文虎克的断言，受到了一些质疑。当胡克看了泰晤士河的水样本之后，他啥也没看到。他写道："我因此推断，要么是我的显微镜不如别人用的那个，要么是荷兰比英格兰更适宜产生那么小的生物。"然而，胡克的怀疑，对这位荷兰人也有好处，大家一直怀疑。最后，在显微镜放大倍数提高之后，胡克看到了列文虎克看到的东西。那些生物模糊不清，完全不像列文虎克的画那样细节分明，但那些生物确定存在。这位荷兰布商确定无疑地逮住了某种东西 —— 虽然他怎么能看得那么细致，在皇家学会看来，仍然是一个谜。列文虎克制造显微镜的秘密，是他保守的秘密，别人无缘知道。

受到了鼓励，列文虎克寄了更多的信，岂止有越发细致的画，有时候还附带真正的样本。他描述红血细胞取道蝌蚪尾巴里的静脉 —— 在活体中看到这种细胞，此为首次 —— 还画了连接动脉和静脉的毛细血管；仅仅几十年前，哈维推断毛细血管必定存在，但不能看见。他研究木质、植物细胞，以及动物身体的精细结构；他看到了导致痛风的那些晶体；他注意到神经、肌肉、骨骼、牙齿和头发的结构，审视了 67 种昆虫、11 种蜘蛛和 10 种甲壳纲动物的精细结构。1680 年，他成了皇家学会的会员，他的天才最终得到了承认。他或许觉得自己的新地位配享更大的荣誉，正是在这个时候，他的名字列文虎克改成了范·列文虎克。

他的观察结果或许会吓着皇家学会，然而对学术界之外的世界的影响在当时微不足道。医生们不为所动，因为他的发现对诊断和治病没有什么帮助，与以前相比没有改善。显微生命居然能以什么方式联系到在人体尺度上起作用的某种东西上，此事在很多人看来似乎颇不可能。医生和哲学家把显微镜的使用谴责为使人分心之事，对理解人类的生命、健康和疾病无关宏旨。因此，显微镜的放大效果在起初引起的兴奋，烟消云散了。大家希望显微镜将揭示构成我们的那些基本部分，但它仅仅揭示越来越小的结构。人们原以为显微镜在其中会提供那些领域的答案，显微镜却仅仅提出了更多的问题。列文虎克的发现不曾培养一种显微镜使用的传统，因为 17 世纪的那些大显微学家没有一人能够招来学生。细胞包含的那些秘密，不得不隐藏得更长久一些。

左上图：列文虎克一架显微镜的展示图——简单的设计，用大头针固定样本，用螺丝调整固定在金属架上的镜头的位置。

到 19 世纪中期，有某种进步。在 19 世纪早期，植物学家罗伯特·布朗远行澳大利亚，带回前所未知的物种。当他用显微镜研究这些物种的时候，他注意到兰花细胞的核心有某种看起来不同的东西——比较暗。他把这个区域称作"核"。他不知道细胞核是干什么的，但他意识到他看到的每个细胞都有核。

1839 年，一位德国科学家泰奥多尔·施旺（Theodor Schwann）宣布：动物，与植物一样，是由细胞构成的。他把动物说成"细胞的合作体"，每个细胞都独立行为，却又为整体的好处而协同工作。此乃"细胞理论"的基础，是全部科学中最重要的观念之一。但是，与"微动物"的发现一样，这些观念，尽管在性质上是革命的，却对现实世界少有影响。这些真知灼见的影响究竟有多么小，展现在一个故事中，故事讲的是医学中的那些默默无闻的伟大的悲剧英雄之一——匈牙利人伊格纳兹·菲利普·梅尔魏斯（Ignaz Philipp Semmelweis）。

身体里的电

　　人体有两个非常不同的交流系统——那是一些路径，把信息从身体的这个部分发送到另一个部分，或者从一个细胞发送到另一个细胞。第一个系统是荷尔蒙系统（见 204 页），这个系统一般是非常慢的；第二个系统是电系统，比较起来是极端快的。在我们身体里，电信息沿着神经系统运行，神经系统由几百万个名为神经元的神经细胞构成。这些神经元的纤维可能有一米长，形式却有五花八门。感觉神经元，把来自感官的信息传给中枢神经系统，然后传给大脑，而运动神经传送信息，却是反其道而行之。比方说，如果你抓住了一个炽热的金属锅的把柄，沿着通往中枢神经系统的感觉神经元，信息将从你的手指传送到大脑；你还来不及意识到发生了什么，一个信息将通过运动神经元，反馈给你的手指，告诉你"扔掉锅"。此类疼痛的信息走得极快，每小时超过 320 千米——速度赶得上表现优异的赛车。即便如此，与在金属线里流动的电相比，神经信息要慢几百万倍。

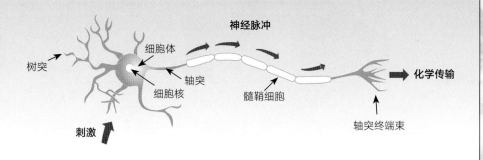

医生之死

1847 年，29 岁的梅尔魏斯开始在维也纳综合医院的妇产科工作。在他的周围，弥漫着某种神秘。维也纳综合医院是维也纳的主要医院，但每年有几百妇女到那儿生孩子，却落下了名叫产褥热的那种致命的病况，表现为腹部肿胀，多处脓肿，以及发烧，然后就是死亡。没有人知道病因，没有人知道怎么治疗，但有一些线索。医院有两个单位——一个由接生婆管理，另一个由医生管理。落到梅尔魏斯所在的医生单位的那些妇女，倒霉透了，与接生婆单位相比，医生单位的产妇更可能死于产褥热。梅尔魏斯执着于解开这个谜，千方百计要改变产妇卧床的方式，改变她们的饮食，但徒劳无功。他和他的同事医生甚至解剖过死去的产妇，但没有发现任何有用的东西。他天天去看太平间，然后返回病房，但产妇一直在死亡。

伊格纳兹・菲利
普・梅尔魏斯
1818—1865 年

梅尔魏斯沮丧、困惑，一筹莫展。不停的死亡，使他甚感悲哀，生命似乎没有价值，他曾经这么写。然后，他有了关键性的突破。他在度假，太平间的一位同事，扎破手指，死状非常像产褥热。梅尔魏斯忧心如焚，但这促使他思忖：莫非手术刀带着某种东西，那种东西导致他朋友的死亡。他还想，他和他的同事医生或许从太平间带回了某种东西，在手上，那种东西导致产妇死亡。他开始巡视病房，严厉地要求他的同事用石碳酸肥皂洗手。他病房的死亡率下降了 10 倍。但他的同事们不相信这归功于洗手，他心如死灰。

返回匈牙利，梅尔魏斯开始在一家医院工作，他再次努力让医生们洗手。他遇到了相同的抵抗，那些人不肯改变老习惯，他就越发暴躁，写信给欧洲的那些声名显赫的医生，指责他们谋杀。

下图：人体干细胞的显微图像。干细胞是胎儿的基本细胞，有待于分化为许多不同种类的专门细胞，有望带来一系列革命性的治疗方法。

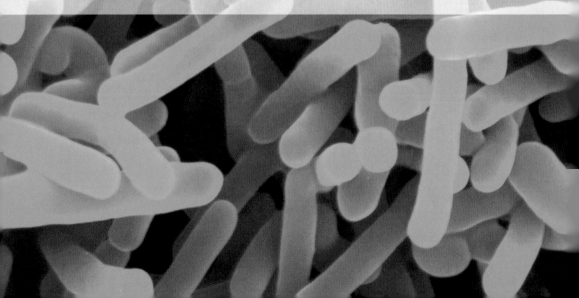

"而你身为她的教授，参与了这场屠杀……接生婆和医生犯下的谋杀行径……产褥热。我在上帝和世界面前宣布，你是一个杀人犯。"

他写了一本书，反响很差，这加深了他已经明显的妄想狂。随着他的行为变得越发古怪——他喝烈酒，去嫖妓——他妻子就颇不情愿地同意了梅尔魏斯的医生们的一项密谋。她建议全家到奥地利度假，到了维也纳，建议去访问一位朋友的医院。当他们到了那儿，梅尔魏斯遭到绑架，被拖进一个装了护垫的屋子里——那家医院其实是一个疯人院。接下来发生的事，无人确知。他或者遭到殴打，或者他割了自己的手指，但无论原因是什么，到疯人院之后区区几天，他就病得厉害。他有了多处脓肿，腹部肿胀，发烧。两个星期后，他死于败血病——血液中毒——与杀死他的朋友和维也纳综合医院妇产科的女人一样的情况。最后却有了一个悲剧性转折：到梅尔魏斯死的时候，其他人已经发现了为什么脏手能杀人这个谜团的关键。在法国，路易·巴斯德（Louis Pasteur）已经证明微生物导致腐烂，这离微生物也能导致疾病，只有一步之遥了。

次页：路易·巴斯德在实验室工作，时间在 1890 年前后。他的三个孩子夭折于襁褓，促使他研究疾病的原因。

路易·巴斯德

路易·巴斯德（1822—1895）是一位皮革匠的儿子。打从幼年，巴斯德似乎就相信自己出类拔萃，可成大业。他参加巴黎高等师范学院（法国最好的大学之一）的入学考试，通过了，但仅仅是第 14 名。他接受不了，没有去上学，次年重新考试，考到了更体面的第 4 名，这才进了大学。他成了一位物理学教授，然后是化学教授。正是当化学教授的时候，有人要求他发现为什么葡萄酒会变酸。他的研究表明：微生物的生长不仅为葡萄酒变酸，而且为啤酒和奶变质负责。他接着发明了"巴斯德杀菌法"，即加热杀死液体里的微生物。令人啼笑皆非，他自己厌恶啤酒，也不大喜欢葡萄酒。到他年过半百，虽然中风影响了他说话，手也不灵巧了，巴斯德却开始研究一个新领域——传染病，尤其是炭疽、霍乱和狂犬病。这种研究将产生医学上最重要的概念之一。细菌理论开天辟地解释许多不同的疾病是不同的微生物活动导致的。

细胞内部

到 19 世纪中叶，"细菌理论"流传开来，人们越来越接受微生物能杀人这个说法，这再次使人们关注那个只有用显微镜才能看到的世界。重要的事情似乎发生在细胞层面上，但细胞内部究竟在鼓捣一些什么事情呢？

1868 年，弗雷德里希·米歇尔（Friedrich Miescher）医生来到德国图宾根的一个城堡，研究血液。为他的研究，他需要大量脓液，这种东西里富有抗感染的白血细胞。德国的这个特别的地角，一直与普鲁士开战，那就到处躺着伤兵，伤口化脓。米歇尔取来浸着脓的绷带，用胃蛋白酶来分解白血细胞，胃蛋白酶来自他刮擦猪胃内的黏液。一旦胃蛋白酶毁坏了白细胞壁，他就能研究细胞核里的内容。他发现，正如他预料的，细胞核里有大量碳、氢、氮和氧，但他也表明其中有磷。这叫人吃惊，因为他原本设想细胞核心里的物质会是一种蛋白，而蛋白不含磷。他在细胞核里发现的无论是什么东西，它都是某种新东西。他称之为核素或核蛋白，因为它来自细胞核；如今我们知道那是脱氧核糖核酸，或称 DNA。好奇心上来了，米歇尔开始在其他人体细胞里寻找，也在五花八门的其他动物细胞里寻找，从青蛙到鲑鱼。无论他看的是什么细胞，他都发现了相同的东西。DNA 显然是普遍而重要的，即便米歇尔似乎不曾意识到那有多么重要。再说，将近 60 年，也没有别人知道那很重要。

弗雷德里希·米歇尔
1844—1895 年

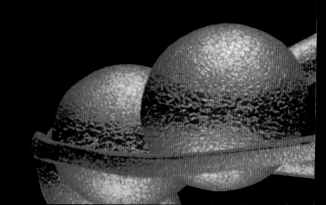

右图：画家为米歇尔的"细胞核"结构画的印象图——著名的 DNA 双螺旋。

DNA 时代

到 20 世纪 30 年代早期，大多数科学领域取得了巨大发展，尤其物理学和生物学，但在理解米歇尔蛋白方面进步很小。核酸分子，如今我们知道是这个东西，在当时有人发现含有几乎等量的四种特别的化学物，但如此简单的东西居然重要，那似乎太不可能了。肯定地说，没有人认为它足够重要，也就没有任何人拿出大量时间来研究它。

弗里德·格里菲斯（Fred Griffith），当时众多科学家中的一员，对 DNA 也不是特别有兴趣，做出下一个重大发现的正是他。格里菲斯，伦敦的一位微生物学家，对肺炎感兴趣，尤其对导致肺炎的细菌感兴趣。他发现有两种不同的菌线：一种杀人甚速，另一种无害。他加热杀死致命的菌线，然后注入老鼠，并不令人惊讶，老鼠活下来，安然无恙。然而，在 1928 年，他做出了一项发现，完全出乎预料：如果他杀死致命的菌线，像以前做的那样，然后把这种细菌与无害的菌线混合起来，某种惊扰人心的事情就发生了：活的"无害"菌如今有时候变得致命，能杀死被注射的老鼠。事情似乎是这样：某种未知之物，加热杀不死，被以前的无害菌捡起来了，无害菌摇身一变，成了杀手。

格里菲斯没有继续这条研究路子，他自己在第二次世界大战期间战死了，这离他成就的东西变得明朗还有好多年岁。他的发现却被一个在纽约工作的加拿大人捡起来了，他叫奥斯瓦尔多·艾弗里（Oswald Avery）。艾弗里和格里菲斯相似，若干年研究导致肺炎的细菌。他听说格里菲斯的成就，就转换了研究领域，许多年潜心考察这种细菌的每一种可能的成分，想发现是什么东西导致那种变化。他去掉脂类，然后去掉碳水化合物，然后去掉蛋

> *"他转换了研究领域，许多年潜心考察这种细菌的每一种可能的成分。"*

白质。这都不算什么。最后，几乎是不情愿的，他把注意力转向 DNA，最不可能的潜在目标。他发现，如果他把 DNA 去掉，细菌就不能杀死老鼠，细菌就不再致命。1944 年，那是格里菲斯原创研究的 16 后，艾弗里终于觉得信心十足，可以发表他的发现。他的进步缓慢，部分地是因为他要刨根问底，部分地因为他的每一步都遭到他的老板的反对；那个人认为艾弗里把时间浪费在到头来不重要的事情上。事情很快就清楚了，艾弗里已经做出了一个非常重要的发现；尽管如此，他的老板还是游说诺贝尔奖委员会，确保艾弗里永远不能获奖。

左图：奥斯瓦尔多·艾弗里，1877–1955 年，出生于加拿大，在纽约度过大半生。人们说他最应该得到诺贝尔奖，却没有得到。

DNA 是什么？

到第二次世界大战末，事情终于变得更清楚了。每个活物都是由细胞构成的。这些细胞，大家明白了，包含基因，基因决定生物体如何生长和行为。基因主要包含在细胞核里，是由 DNA 构成的。然而，DNA 是什么，它如何为其所为，仍然大致是秘密。然而，这个秘密的一部分，很快就要揭开了。

第二次世界大战不仅是军队之战，也是科学家之战。在战争期间，许多最聪明的头脑应征入伍，发明别出心裁的杀敌方法，而最复杂而致命的武器，当然就是原子弹。原子弹是原子论发展的结果，而原子论是在 19 世纪初开始的（见第 2 章）。那种研究的另外产物之一，是量子力学。量子力学显然是物理学的一个深奥的分支，将成为电子时代发展的核心力量，但也能解释造就 DNA 结构的化学键。

战后，有许多心灰意冷的科学家，想做某种有益而养生的研究，而不要做原子弹和其他屠杀人类同胞的东西。因此，像毛里斯·威尔金斯（Maurice Wilkins）和弗兰西斯·克里克（Francis Crick）那样的物理学家转向了生物学。威尔金斯，一个羞涩的新西兰人，到伦敦的国王学院研究。在那里他接触了新出现的爱克斯光成像技术，科学家用这种技术观察物质的更精细的结构。20 世纪 50 年代，一位才华横溢的晶体研究者罗莎琳德·富兰克林（Rosalind Franklin）跟他一起研究。她被安排在很深的地下室研究 DNA。在研究过程中，她接触了大剂量的埃克斯光，这或许与她英年早逝有关系。富兰克林得到了 DNA 的结构成像，方法是分离出单独的 DNA 链，然

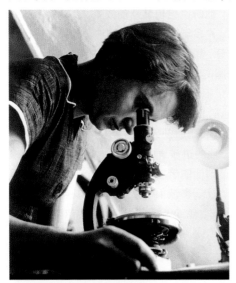

后用埃克斯光照射。埃克斯光通过 DNA 就散射，结果被捕捉在照相底版上。富兰克林一共拍摄了 100 多张照片，每幅照片耗时长达 90 小时。她在研究中，吃苦而细致，却不曾得到配受的荣誉。光荣归于詹姆斯·沃森和弗兰西斯·克里克。

左图： 罗莎琳德·富兰克林，1920 — 1958 年。她对烟草花叶病毒和小儿麻痹症病毒的研究，与她对 DNA 结构的研究一样重要。

"富兰克林得到了 DNA 的结构成像，方法是分离出单独的 DNA 链，然后用埃克斯光照射。"

右图： 这幅埃克斯光晶体影像，模式清晰可辨，揭示 DNA 是螺旋形，与盘旋式楼梯相似。

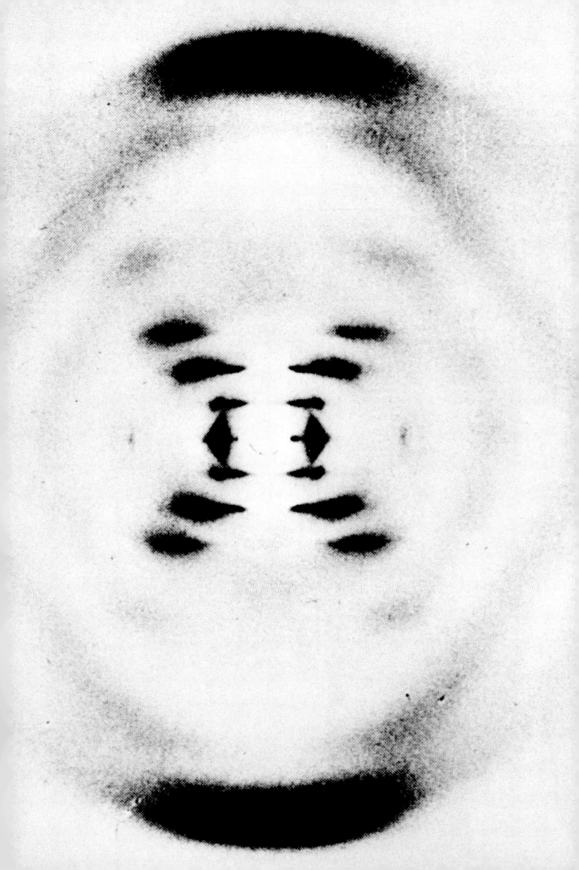

生命的秘密

　　20 世纪 50 年代，剑桥大学是学术研究的枢纽 —— 极端聪明的人来来去去，在那里快乐地分享观念。为什么克里克和沃森选择在那里研究，此乃原因之一，那也是一个聪明的决定，因为多亏他们有缘相会，才可能推断出那个著名的结构。他们都意识到 DNA 必定有螺旋结构，却不理解全部的部分如何斗榫合缝。沃森遇到了毛里斯·威尔金斯，威尔金斯把富兰克林拍的照片拿给沃森看（不曾告诉富兰克林，也没有得到她的同意），他们才可能创造一个可行的模型。据传说，1953 年 2 月 28 日，克里克溜达到剑桥的老鹰酒馆，声言"我们发现了生命的秘密"。关于他们的发现的消息，辗转传回伦敦，在伦敦的罗莎琳德正准备自己的论文，要给科学刊物《自然》投稿。在 4 月 25 日那一期，她的论文最终发表了，连同沃森和克里克的论文。她有所不知，沃森和克里克的模型，其实基于她的数据。5 年后她死于癌症；再过 4 年，为这项出类拔萃的研究，诺贝尔奖颁给了沃森、克里克和威尔金斯。

　　沃森和克里克意识到 DNA 由两个长链构成，它们连在一起，采取逆时针的螺旋形状。在面对面的那边（螺旋的里边）仅仅有四个分子：腺嘌呤（A）、鸟嘌呤（G）、胞核嘧啶（C）和胸腺嘧啶（T）。人类的每个细胞包含大约 34 亿个这种"字母"。如果 DNA 被视为"生命之书"，大家常常这么说，那么这本书就是由染色体（"章"）构成的，各章分为基因（"段落"）。DNA 的那种绝妙的简朴性，是某条链上的每个字母都总是与另一条链上的对应字母相配。C 总与 G 结成对子，T 总与 A 结成对子。因此，一条链的一个小片段是 AACGGTCA，总是对应另一条链上的 TTGCCAGT。这种美妙之处，是它能精确解释细胞分裂之际发生了什么事：DNA 分裂成两个不同的链，每一条链，都建立一条相伴的新链，新链与原始链盘旋而合。理解这个过程的另一种方式，是设想一男一女两个舞伴，彼此抱合。他们暂时分开，就在分开之际，与其舞伴完全相同的一份拷贝即刻创生，他们现在就各自与新创生的舞伴高高兴兴地缠绕在一起。

> *生物就是如此生长和自我修复的，手段仅仅是产生新细胞，新细胞里有完全相同的 DNA 链。*

　　生物就是如此生长和自我修复的，手段仅仅是产生新细胞，新细胞里有完全相同的的 DNA 链。比方说，头发生长，那是因为发根在努力工作，鼓捣出几十亿完全相同的新头发细胞。然而，如果我把自己割伤了，需要赶紧修补，那就复杂得多了。我的身体对此损伤起反应，手段是产生许多不同种类的细胞（皮细胞、白细胞、血小板等）的拷贝，以应对这种损伤。因为每个细胞都不含相同的 DNA，这就要问一个问题：细胞究竟怎么"知道"干什么，其职能是什么。这个问题，科学仍然在搏斗。

左图：沃森（左）和克里克（右）与他们 1953 年石破天惊的 DNA 双螺旋结构模型。磷酸盐"梯子腿"分列两边，碱基对是盘旋楼梯的"横档"。

虽然全部DNA符合基本的"双螺旋"设计，但这种复杂的分子可以呈现许多不同细节的"确定"结构。此处展现的三种确定方式，是所谓A、B和Z的DNA。在活细胞中，B-DNA形式是目前最普遍的。

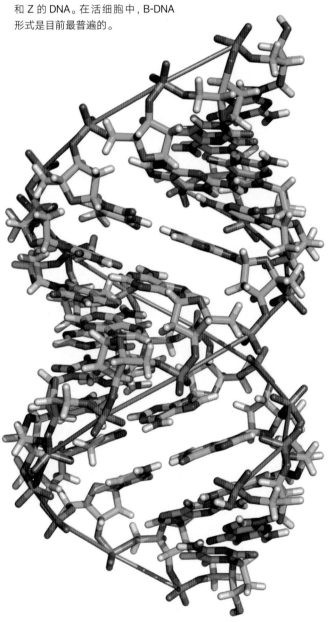

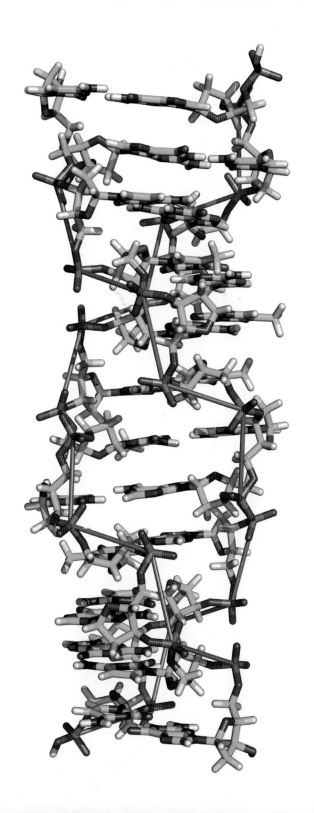

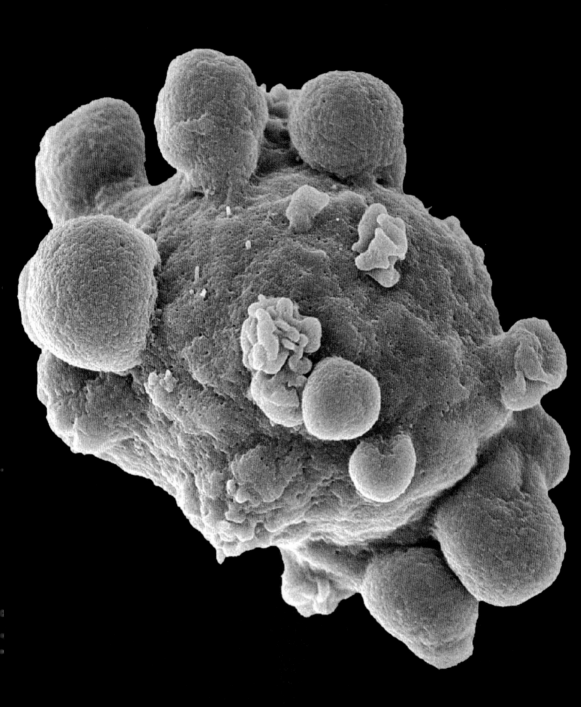

左图：被肺炎折磨的血细胞的电子显微图像。关于细胞和其他身体结构的研究能力，到了如此细致的程度，可以揭示其潜藏功能的方方面面，甚至可以指出治病的新方法。

DNA 结构的发现，在科学史上，在孜孜以求生命秘密的过程中，是一个伟大时刻。理解这个结构，能回答许多非常重要的问题，事关复制、突变，与人类进化。自从 1953 年以来，对理解 DNA 究竟如何复制，DNA 如何制造蛋白，DNA 如何会出错，以及为数如此少的基因（区区大约 3 万）居然能制造像人类那么复杂的东西，已经有了巨大进展。以我们在仅仅半个世纪中了解的情况而言，我们不禁想说，有些兴致过高的人就那么说：我们濒临能够真正控制和操作生命的边缘。问题是：如科学家们在以往发现的那样，我们看得越仔细，事情就变得越复杂。但是，我们或许还不知道到底是什么东西让我们嘚瑟，我们确实知道某种不同凡响的分子处于我们以及地球的芸芸众生的核心。

突变

突变，听起来吓人，好比一个危险的实验得到了不吉利的结果，造出了某种怪诞的魔鬼。然而，若无突变，我们就不会存在，因为我们远古的祖先就不能从原始的泥汤里爬出来。受欢迎的突变在进化过程中发挥至关重要的作用，为自然选择提供变异的源泉。在细胞分裂之际，在 DNA 片段的字母（形成某种特别的基因）不曾如实得到拷贝之际，突

变就会发生。比方说，一段 DNA 是 AACCCG，可能拷贝成 AGCCCG。当这一段 DNA 在后来被用来制造一种蛋白的时候，那种蛋白将不同于原来序列产生的蛋白。这可能重要，也可能不重要。那可能导致动物的死亡，也可能仅仅导致某种微妙的改变，或者完全不导致改变。作为一个简单的例子，设想一个突变改了一种蛾子翅膀的颜色，从淡色变为深色。如果这种蛾子生活在淡色的树林里，这种突变会使它们变得显眼。这种突变的蛾子会很快被鸟灭绝。但是，如果树林变黑了（或许是被附近工厂的煤烟熏黑了），那么黑色的蛾子就与这种新环境打成一片，这种突变就是受欢迎的。我们将看到更黑得多的蛾子。突变导致进化。

生命：大事记

盖伦
公元前 130 年

古希腊

罗马帝国

中世纪

伊斯兰科学

发现的时代

文艺复兴

达芬奇
1452 — 1519 年

维萨里
1514 — 1564 年

哈
1578 —

^ 达芬奇
解剖学绘图

我们试图理解和延长生命，促使我们更细致地审视身体的运作方式。不幸的是，直到文艺复兴时期，对我们身体结构的看法基于希腊人盖伦对动物的解剖。教会反对解剖人体，阻碍了进一步的研究。达芬奇无比精确的图画，大多数看不到。直到帕多瓦大学的解剖学教授安德里斯·维萨里，勇敢地发起前无古人的解剖项目，精确得说得过去的解剖学指南才得以问世。54 年后，一位年轻的英国医生威廉·哈维，发现了血液循环，更使盖伦的研究相形见绌。

我们对人体的理解，如何保护身体，在 17 世纪随着显微镜的使用，发生了一个新维度。

1800 1900 2000

文虎克
一1723 年

胡克
1635 —1703 年

罗莎琳德·富兰克林
1920 —1958 年

沃森
1928 年一至今

弗兰西斯·克里克
1916 —2004 年

启蒙时代

20 世纪早期

20 世纪中期

21 世纪

< 罗伯特·胡克的显微镜

∧ DNA 双螺旋结构
∧ DNA 埃克斯光

罗伯特·胡克有能力观察细胞，细胞是生命本身的预制块。列文虎克的显微镜更强大，看到了微生物，为细菌理论以及像巴斯德那样的科学家的传染病预防研究，铺平了道路。

19 世纪晚期，我们的焦点更其精准，看到了什么力量使细胞运作。到 20 世纪中期，基因清楚地具有决定性的重要性，基因是神秘物质 DNA 构成的。如今使用埃克斯射线而非显微镜，罗莎琳德·富兰克林能够为单独的一条 NDA 链拍照片，克里克和沃森据此确定了DNA 的结构，回答了关于身体的许多问题，而提出的问题就更多了。

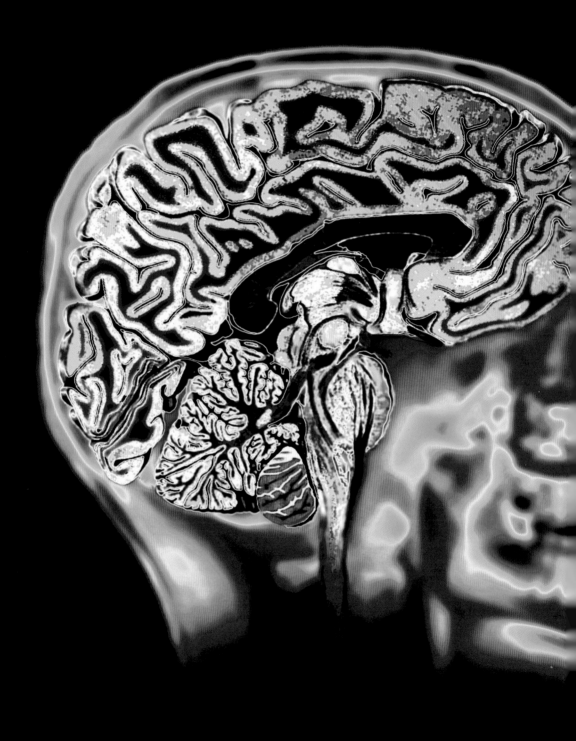

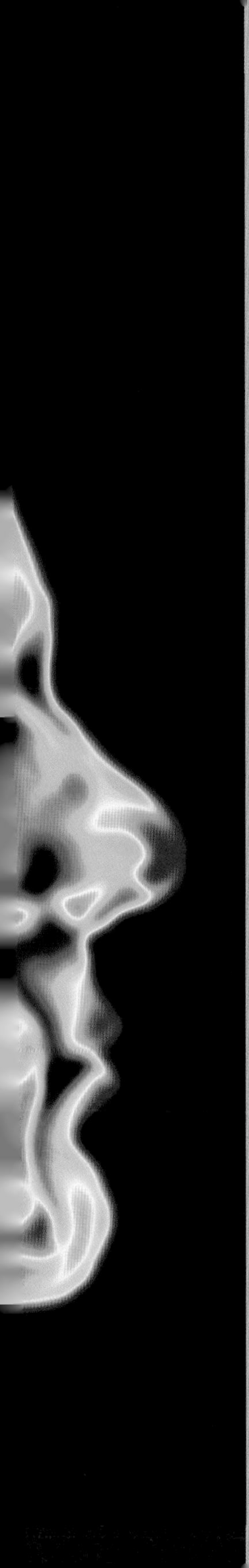

第6章　心灵：我们是谁？

如果我要你描述你自己，你多半从你的身体外貌讲起。但是，若论精准地描述是什么力量促动我们，我们大多数人将不知所措。真相是我们没有几个人真理解我们心灵的运作方式；我们的所作所为，常常不理性，拖沓延迟，做些始料不及的事情，其理由连我们自己也不甚清楚。试图理解我们是谁，是什么力量动员了我们，这是一项漫长的探索。早期的人类文明，完全不知道大脑为认知负责，仅仅在20世纪，我们才开始理解位于我们脊髓顶上的那1.5千克的灰质和白质，怎么就能让我们思考。但是，神经科学家如今在发掘越来越多的证据，证明大脑做的好多事情潜伏在我们有意识的知觉之下，我们所思所行的那些决定，其实是蛮有道理的结果——我们的意识部分为我们的决定做合理解释，其实却已经被潜意识的部分视为理所当然了。

我们的大脑，正如我们的身体，是极端漫长的进化过程的产物。在5亿年的爬行动物的大脑（包含脑干和小脑）之上，嫁接上了一个年轻得多的部分：名为新皮层的那个大脑区域，它为语言和抽象思维负责。新皮层（neocortcx），拉丁语的意思是"新树皮"，是一薄层的灰白质，位于大脑左右两半球的最顶层。新皮层是理性思维的宝座，有人认为那是某种"指挥中心"。但是，新皮层其实更像是看象人，高高坐在大象的背上；有时候他能指引大象沿着他想走的道路走，但大象也常常我行我素，看象人落得个装模作样，是的，假装大象走的路正是他想走的路。

左图：核磁共振成像扫描人类颅骨，揭示大脑复杂的沟回与细节——人体最复杂和精巧的器官。

像埃及人那样思考

埃及中部的卢克索，一个漫长的热天，当地的一位名叫穆斯塔法·阿嘎（Mustapha Aga）的代理领事，正在赶路去见一位埃德温·史密斯（Edwin Smith）。大约 4 年前，1858 年，史密斯从康涅狄格州到那里去。史密斯是一位名誉可疑的探险家。他在巴黎和伦敦研究埃及学，如今靠贷款给别人，倒腾古物，以及传言说的制造赝品，过着一种健康的生活。阿嘎有信心他拥有的那份古代卷轴会迷住那个贪婪的美国人。果然，史密斯立刻对阿嘎在他面前仔细展开的那个东西感兴趣。检视了出自僧人手笔的 469 行文字（不怎么像画的象形文字变体），他认出那是某种医学文件，就决定购买，为自己收藏。

虽然史密斯是某种学者，但他不曾费心翻译这份纸莎草纸文件，几十年这东西不过是一件珍玩而已。在他死后，这个卷轴给了纽约历史学会，在两次世界大战之间得到了翻译。事情清楚了：这个文件，被认为是公元前 1500 年的东西，其实是一份更古老得多的著作（多半至少更早 1000 年成书）的抄本。它包含 48 名伤员的细致病例，大多数遭受头部损伤，那可能是在战斗中受的伤，或者在今天，倒可能是建筑工地事故的结果。有人认为，在建造金字塔的过程中，总有人受伤。在某个病例中，作者指示："如果你检查一个头部开裂的人，伤到骨头，颅骨破损，大脑破裂，你应该摸一下伤处。好像坩埚中的熔铜起了皱褶，你的指头下有某种东西在跳动，好像幼儿尚未闭合的囟门。"

已经翻译过来的东西，不仅是一本古代医学知识的教科书，而且也是已知对人脑最早的描述。如今人脑被视为已知宇宙中最复杂的有机体，而在 400 多年前才开始得到理解。埃及人知道大脑覆盖着膜（我们如今叫那是脑膜）；治疗头伤，他们知道五花八门的方式——有的有道理，有的没怎么有道理。他们知道一些怪异的瘫痪效果：大脑创伤能够与四肢有明显的关系。然而，尽管他们涉入神经学世界的最初方式不同凡响，但埃及人对大脑的重要性却有一种非常不同的看法。他们认为灵魂——人的认知自我和不死的自我——跟大脑没有任何关系。他们相信心脏是意识发轫的器官。于是，为了来世，埃及人对尸体善加保存，制作木乃伊，心脏却腌制在一个特别的陶瓮里，大脑却被用一种金属钩子掏挖出来，漫不经心地扔掉了。

右图：埃德温·史密斯纸莎草纸文件的一页，那是世界存世最古老的外科文件。所用文字是所谓僧体字，是用于纪念建筑的象形文字的一种手写变体。

大脑登场

希波克拉底
约公元前 460 —
公元前 377 年

你问他们到底是什么，大多数会描述他们的行为特点或者思维方式——今天，我们开始把我们真正的自我视为我们心灵的作为。但是，从世俗和宗教的角度，最早严肃考虑他们是谁的那些人，是古希腊人。著名的医生希波克拉底，不仅琢磨出了影响相反半身的大脑损伤，而且理解癫痫是一种大脑疾病，并非邪灵附体。虽然希腊人相信自己决定于名为"命运"的神秘存在，但他们认为日常行为受制于单个人的心。

柏拉图，生活在公元前 4 世纪到公元前 5 世纪，是最早发展出如下观念的人之一：自我，为理性决定、推理和思想负责，与大脑联系密切。柏拉图的理论，更多地基于哲学，较少基于临床考查，说我们的认知性的灵魂，在死后会传给另一个身体，是由极端快速移动的球形粒子构成的，那些粒子集中于头颅和神经系统里。他表明，其他器官也有心灵，尽管它们不是不死的。一个心灵，与欲望或者兽性的欲望有关系，居住在横膈膜处，能够很容易地发动近旁的肝脏，而大家相信肝脏是欲望的器官。另一个心灵（控制感情），坐落在心脏里。（情人节卡片上画的心形，追溯到这些观念。）

亚里士多德，从他父亲那里了解人体的第一人。他父亲是马其顿国王的私人医生，对当时的心理推理的风尚感兴趣。他后退了一大步，他教导文明世界：心脏是理性灵魂的宝座，而宣扬大脑不过是一个没有血的散热器，让身体冷却下来。中风，按照他的见解，是黑色的胆汁堆积在颅内导致的。然而，他的那个具有长期价值的观点，是说存在一种神秘的、几乎是天界的物质，中央化的心灵能够为肌肉输送这种物质，使肌肉发挥功能。当然，他对沿着神经运行的电脉冲没有知识，对神经元突触之间的化学传送机制没有知识，但他的概念为未来的世代指出了正确方向。亚里士多德认为，全部的虚空都包含一种有力的却不可见的新元素，名为以太的第五元素。肺把以太纳入身体，然后在心脏里把以太转变为"元气"或者"生命热"，他认为心脏是认识器官，全部神经从中散发出来。元气，是一种赋予生命的力量，于是被血液输送给肌肉，在肌肉中元气发动起精神，刺激肌肉行动。因此，亚里士多德理解的东西，是存在一种控制其他全部器官的器官。他仅仅不曾琢磨出那个器官是大脑。

右图： 柏拉图的名声在于其数学与哲学理论。他的心灵观念来自理想化的信条，而非仔细的观察。

下图： 中世纪的浅浮雕，展现柏拉图与亚里士多德——两位伟大的哲学家，他们对心灵的想法被证明错得厉害。

探索死与生

　　古希腊人不能使神经学突破他们的那些灵巧而思辨的哲学，原因之一是与他们看待死人有关系的信念，严重限制了他们通过解剖或许能够了解的东西。他们以为，如果一具尸体得不到恰当的照顾——尽快体面地埋葬——那么一个人将永远徘徊在凄凉的冥河岸边。因此，人体解剖是严重违法的。连动物解剖也受到打压，因为许多古希腊人相信转世。但是，亚历山大大帝带来了希腊化时代，把首都迁往埃及，而不在希腊本土，宗教观念开始变化。灵魂与身体不再被视为如此密切地联系在一起，病理学家也可以把手术刀磨得锋利一些了。

　　卡尔西登的西洛菲罗斯，是一位生活在亚历山大城的土耳其希腊人，做了几百次人体解剖，因此首次细致地考查了我们的大脑。把大脑切片，他注意到大脑里有四个空间（脑室），把覆盖脑室的膜分开了，描述人脑的两大部分（小脑和大脑），查探他认为是发动机或者感觉神经的那些部分，从脑延伸到身体的其他区域。然而，虽然他做出了一些有趣的发现，他的方法却残忍得出格。当时的埃及国王托勒密，热衷于探索人类大脑，就为西洛菲罗斯提供死刑罪犯，用来做活体解剖。

右图：一幅中世纪的插图，西洛菲罗斯与他在亚历山大城的学徒埃拉西斯特拉图斯，继续解剖学的早期传统。

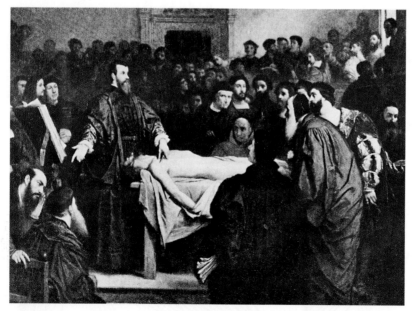

左图：在学生们的注视下，西洛菲罗斯做解剖，地点在亚历山大城他的医学院。

OCLESSHEROPHIL9ERASISTRAT

开颅与最早的脑手术

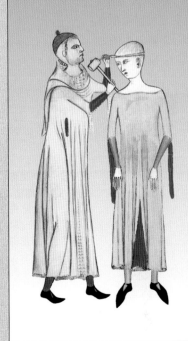

　　虽然脑研究仍然处于相对的幼稚状态中，成功的开颅手术却有7000多年。环锯、环钻或者开颅，讲的是把颅骨割开一块，然后让它愈合。开颅术首见于新石器时期的欧洲，远早于巨石阵的创立。在法国昂西塞姆发现的颅骨，展现整齐的切口，常常几英寸宽，是用燧石刀切割的，接受手术的人在手术后很久才死去。另外一些早期文化，从中国绵延到中美，也有热衷于开颅。虽然那不是严格意义的脑手术（大脑的最外层，是硬脑膜，在这上面钻孔，结果几乎肯定是感染而死），但开颅术或许能挽救头部受伤的病人免于脑积水。到15世纪，走江湖的理发师兼医生游走欧洲，为交钱的病人开颅，因为那些郎中声称能治忧郁症或者癫痫。有人甚至散布一种神话，说是有一种可以取出来的"疯人石"，那想必是把一块鹅卵石藏在手心里，在手术后拿出来给人看。甚至今天，一种更老练的钻颅手法，不但外科医生用来缓解颅骨下的肿胀，而且还吸引了"新时代"社区的那些自我修炼的宗教狂热之人也钻颅，他们相信那能够强化人的存在状态。

堕入黑暗

在前一章，我们遇到了盖伦，这位罗马人的学术主张雄霸西方医学超过 1000 年。他的研究与霸道的权威，对我们是谁这个问题的影响也不稍微小一些。身为古希腊的帕加马城的角斗士的医生，他研究了大量的头部损伤，能够观察伤情对那些运气更差的斗士的效果，这些斗士的功夫或许也差些吧。盖伦注意到，头颅遭到重击，能够妨碍某些身体功能，而另一些功能丝毫不受影响。虽然他不曾深入探究大脑的功能分区，把那些分区与不同的能力联系起来，但他确实撒下了理论的种子，那种理论叫大脑功能定位，我们将在以后论及。

与早期的希腊哲学家不同，盖伦的工作方式基本是经验性的。他不仅构造理论，也着手验证理论 —— 他做实验。比方说，剑锋刺中了一位角斗士的脖子，让他瘫痪，但他能继续呼吸，砍伤他近旁无论什么不走运的动物，也砍它的脖子。他把大脑切片，然后把结果仔细记录下来，并进行比较。这些实验结果最终证明：我们脑袋里似乎有"某种东西"控制着我们余下的身体，盖伦不知道怎么居然没能琢磨出这个"某种东西"就是脑本身嘛。他认为真东西是脑中的空间。通过把活动物颅骨顶部切开，他注意到下面的大脑如何起伏，就像肺那样。他的结论是：包含着亚里士多德所说的那种养生的元气的空气，必定通过鼻腔上边的壁被吸进了前脑室。在前脑室，这种元气被转变为生气或者"动物性的"精神，然后在后脑室里操作一番，流入神经以及更远处，流入身体的各部分，那些部分需要养生的力量。这个想法花里胡哨，最终却变成了后来 1000 年医学学生研究的那种理论。

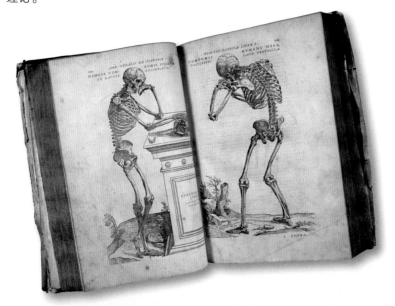

左图：维萨里著作的两幅插图。他在 16 世纪的解剖学研究，最终推翻了盖伦的许多错误观念。

盖伦之后，基督教让欧洲哲学和数学的进步失去了速度。在黑暗的中世纪，我们的存在这个问题，好多人还不能把握。教会的责任是确保每个人都知道自己的重要性（或者缺乏重要性），并接受他们在世界上的位置，那是不可见的神决定的，而你无权怀疑神。在这种迷信的封建社会中，理性探究的精神得不到鼓励。与此相比，当时的伊斯兰医学更先进，但穆斯林世界对脑的工作方式的理解，也同样基于 4 世纪亚历山大城的那些哲学家的观点，没有什么不同。阿里-侯赛因·伊本·阿卜杜拉·伊本·西纳（Ali al-Husain ibn Abdullah ibn Sina），大家更熟悉他的名字阿维森纳（Avicenna），与他的欧洲同事相似，也相信脑室是我们的认知力之家。按照他的理论，前脑室接受进来的精神，通过后脑室把动物精神流向神经，流向储存起来的记忆。理性，或者能讲理的灵魂，住在中脑室里。

盖伦注意到，头颅遭到重击，能够妨碍某些身体功能，而另一些功能丝毫不受影响。

女巫、麦角与麦角酸二乙基酰胺

马萨诸塞州的塞伦镇，1692 年冬，八个年轻女子开始遭受不常见的病状的折磨。她们沉入精神错乱一般的恍惚中，感觉昆虫在四肢上爬；语无伦次，浑身抽搐，相信自己遭到了一种恶毒邪灵的诅咒。六个女子最终以行巫术上了绞架。区区 250 多年后，1943 年，瑞士工业化学家阿尔伯特·霍夫曼（Albert Hofman）首次吞下麦角酸二乙基酰胺，此物的简称 LSD 如今更为人知。他并非有意这么做，才几分钟，他就开始恐惧家具，不能骑自行车，相信自己邪灵附体，邻居来照顾，他却以为那是一个邪恶的巫师。霍夫曼和塞伦镇的女子的体验相似，如今大家相信那仅仅是碰巧了而已。霍夫曼用麦角合成 LSD，麦角是麦子上的一种有毒的霉菌。对中世纪的临床记录再做查考，显示的是超自然力量的附体——烧死不幸的妇女，以及圣安东尼之火（又名丹毒）的发生，就是表现：整个村子同时精神错乱这么一种怪现象——与麦角症的肆虐同时发生。虽然像 LSD 那种抗血管收缩素药物影响大脑的方式还不完全为人所知，但这种化学物能够完全改变我们的人格却是清楚的。

上图：小麦穗感染了黑色的、突出的麦角真菌。

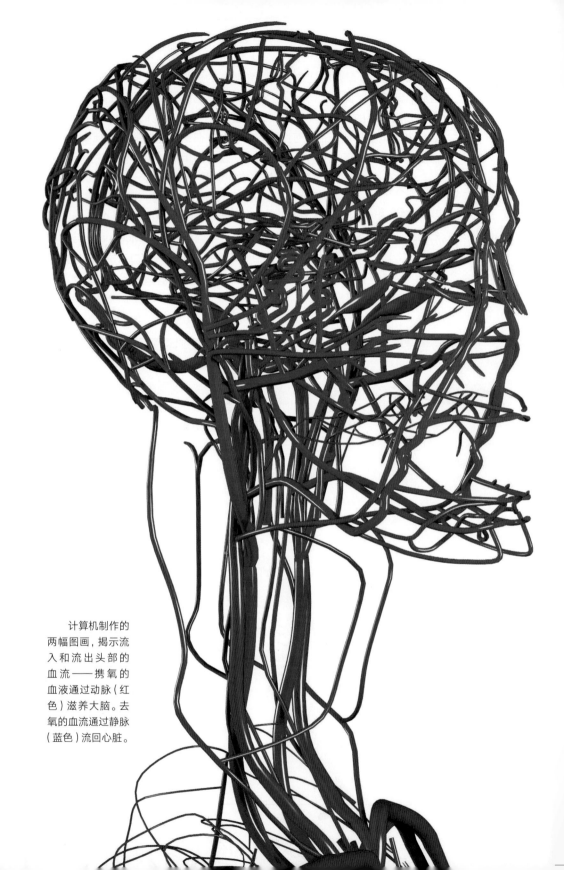

计算机制作的两幅图画，揭示流入和流出头部的血流——携氧的血液通过动脉（红色）滋养大脑。去氧的血流通过静脉（蓝色）流回心脏。

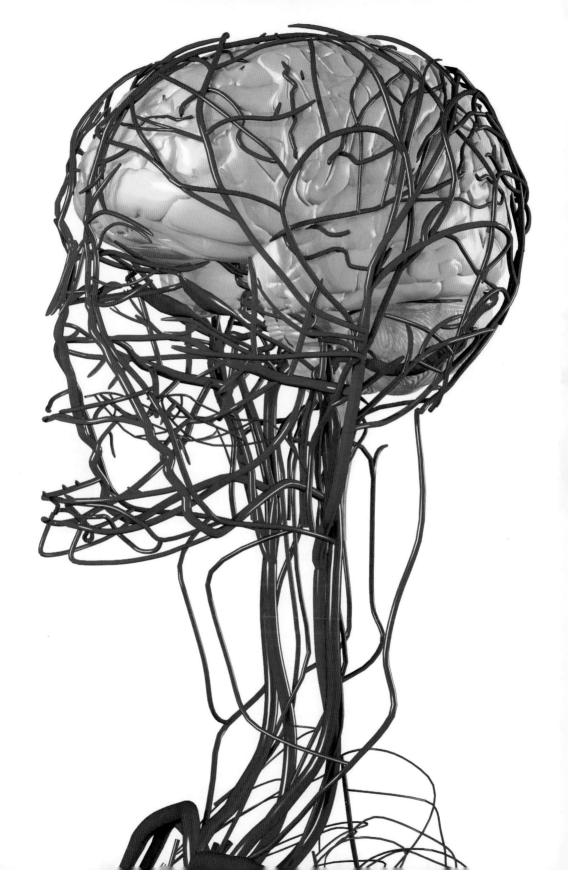

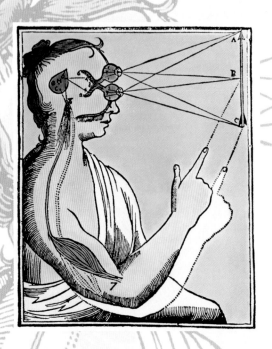

新希望

　　不奇怪，文艺复兴见证了我们看自己的那种方式的脱胎换骨。因为维萨里搜罗了帕多瓦市的尸体，撕毁了盖伦的标准课本（见第 5 章），他就重新打开了探究人脑的大门。他注意到动物脑室与人的脑室几乎相似，维萨里就起了疑心。因为脑室被认为是理性与意识的宝座，而动物也有灵魂这么一个看法在当时荒谬绝伦，他知道有某种东西搞错了。在他寻求答案的过程中，维萨里研究细脉网，即脑基部的血管网，这个网络被视为全部重要的精神现象之源。在探索了足够多的头颅之后，他意识到，虽然细脉网是牛脑的一个主要特色，但在人脑中却不存在。事情变得非常清楚了：一个更好的心灵模型，迫在眉睫地需要。

勒内·笛卡儿
1596 — 1650 年

　　勒内·笛卡儿，出生于 1596 年的一个法国小镇，看来不大可能是神经学的救命恩人。他不是医生，而是哲学家，对数学有热情，还有一个法学学位。到他二十几岁，他为新教的荷兰军队反抗西班牙而战，为信奉天主教的巴伐利亚的马克西米利安大帝而战。他周游欧洲，发现了解析几何，然后就觉得乏味了。当他在巴黎他家附近的一个公园里溜达和沉思的时候，最近树立起来的一套叫人大开眼界的机械雕塑让他兴致勃勃。雕塑安置在六个洞穴里，表现古希腊神话的生动场面：真人大小的男神女神，果真是会动的。一系列液压管道，攀爬在那些用铰链连接的雕塑上，雕塑似乎就

上图：笛卡儿的《论人》的一幅插图，展现他的理论，说松果腺是关键，可以用来解释来自外部世界的信号，以及引发反应性的动作。

跟活人似的。连雕塑的脸都能对旁观者起反应，那是藏在周围铺的石板下面的杠杆系统牵动的。笛卡儿进入一个灯光怪异的洞里，裸体的女神戴安娜就急急忙忙藏在芦苇后，海神尼普顿站在一个巨大的蚌壳里，漂过浪头，挥舞着三叉戟，气势汹汹地走向笛卡儿。一个长鳞的海怪从波浪之下探出头，把水溅在他的脸上。在他最初的惊讶之后，笛卡儿开始思考：那些杠杆把雕像的四肢运动起来，在某种方式上，或许与心灵控制身体的那种机制有几分相似？他很快待在屠宰场和太平间里，试图琢磨把我们搞得不同于机器的那种东西是什么。身为一个新世界的笃信的天主教徒，地球不再是宇宙的中心，而心脏不过是一个机械的泵子，他需要把他的精神与科学协调起来。他必须琢磨出是什么东西把我们搞得不同凡响。如果人脑不比一个复杂的气动雕像更复杂，他就想，那么是什么东西把人类搞得非同一般？

> "笛卡儿身怀法宝：那是一种看世界的奇妙方式，把灵魂和有理解力的心灵与身体的其余部分分开——二元论。"

　　笛卡儿身怀法宝：那是一种看世界的奇妙方式，把灵魂和有理解力的心灵与身体的其余部分分开——二元论。他的观点是：灵魂住在大脑的一个小部件里，其名曰松果腺，一个貌似松果的小构造，所以得其名。他断定，这个命令中心，好像一个练拳击的沙袋那样挂在几个脑室附近，发号施令，控制我们的身体。这个概念最容易想象，方法是以现代计算机游戏的操

左图：中国道家的太极图，是二元论的经典呈现。阴阳（身心、明暗、男女）相辅相成，而为整体。

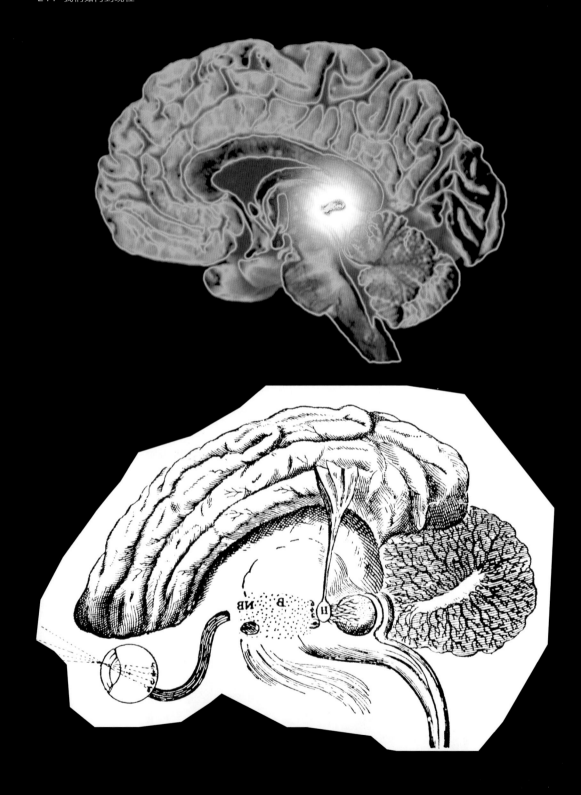

纵杆或者战斗机的控制系统的那种方式来设想。笛卡儿写道：松果腺能够旋转或者转动，把特别的动物精气粒子沿着必要的神经分配，神经里有活络门，活络门连着纤维，纤维能把活络门打开或者关闭。他说，那些精气粒子流出神经末端，使肌肉膨胀，以物质方式迫使肌肉伸展，以及相对的肌肉收缩。按照笛卡儿的理论，心灵是有意识的驾驶员，控制着身体，有改变身体寻常运动的能力。潜意识活动，借助于反动的反射得到执行。身体感觉把神经纤维拉紧或者松弛，导致肌肉的收与缩。虽然大家相信灵魂为身体提供活力的热，如今的一个流行的模型，暗示说身体独立于灵魂，没有灵魂身体照样活，所以就有不理性的、不敬神的魔兽世界嘛。笛卡儿断定，动物没有灵魂，不过是一部老练的机器。

即便笛卡儿把灵魂与身体分开能够得到教会的赏识 —— 把天堂里也有猪这么一个棘手的问题消灭了 —— 他的理论照样令人反感。他余生一直在逃亡，躲避可怕的宗教法庭。但是，他对人类机械性的那些推测，不曾得到很多支持（解剖学家知道动物也有松果腺），他的衣钵就是哲学上的伴随品了。笛卡儿的推理"我思故我在"，表明我们的意识和认知力量把我们造成了如此这般的人。地球并非太阳系的中心，在这一惊人的发现之后，笛卡儿的理论为我们提供理由，让我们相信我们自己的重要性，我们是唯一有心灵的生物。我们并非无足轻重之物，而是我们自己宇宙的核心。脑的工作方式变成了解开人之为人这个秘密的钥匙。

左图：现代计算机绘制的人脑切面图（上），高亮显示笛卡儿以为至关重要的松果腺，与笛卡儿自己的示意图相比较（松果腺标着 H）。

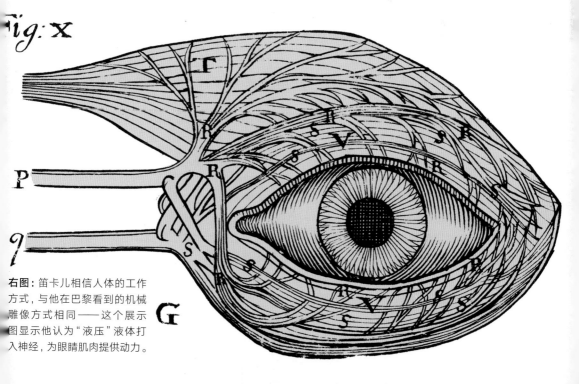

右图：笛卡儿相信人体的工作方式，与他在巴黎看到的机械雕像方式相同 —— 这个展示图显示他认为"液压"液体打入神经，为眼睛肌肉提供动力。

理解人脑

托马斯·威利斯
1621－1675 年

　　16 世纪，学者托马斯·摩尔（Thomas Moore）宣布："人头里的这种髓质，显示不出比一罐板油或者一碗凝乳更具思想力。"托马斯·威利斯（Thomas Willis）医生不同意，他断定脑值得我们另眼相看，就着手证明摩尔说错了。威利斯的骑士风度几乎肯定来自英国内战的一种怪癖。他生于1621 年，在威尔特郡的大比德文上乡村学校（他在学校常常把午饭送给穷人，他父亲担心他会饿死，就让他回家吃饭），然后入学牛津大学研究医学。当时的学期是长达 10 年的艰苦跋涉，要读古典文献，其中有盖伦的著作。然而，1641 年内战爆发，牛津成了一个皇家兵营，他的研究大打折扣。歪打正着了，这意味着他逃脱了被盖伦的理论洗脑，让他能够从事他自己感兴趣的事。这些情况到头来却是特别有益的。

　　身为博学之士，威利斯对解剖学和生理学的方方面面都感兴趣。他成了伦敦最富的医生，是神经系统疾病的最早专家之一，死后葬于威斯敏斯特教堂。但是，大家记得威利斯，是因为他的脑研究。心灵，而非仅仅上帝，或许为人之为人负责，利用这个新观念，威斯利是第一个系统审视大脑结构各部分的人。他没有把脑视为一块果冻似的无用之物，他努力把身体功能与各个脑区域联系起来。他开始解剖大量不同动物的脑 —— 从蚯蚓到绵羊 —— 也解剖传染性脑膜炎的人类死者，以及那些非常不幸地钻进了绞索中的人的脑。然后，他硬拉来皇家学会的一位会员，著名建筑家克里斯多夫·沃伦，请他制作解剖学图，其细节层面前所未知。1664 年，他出版了《大脑解剖》（*Cerebri Anatome*），一部内容

"有史以来第一次有人掌握了恰当的理由，宣称：'我们是谁'要以我们的脑来界定。"

丰富的著作，首次使用"神经学"这个词，并且使用"脑叶""脑半球""大脑脚""小脑脚"来描述脑的各部分。但更重要的，是他的结论纠正了我们对人脑的理解方向，这种理解一直走到了目前对脑的解释。虽然他不曾具体地描述新脑皮层，把新脑皮层形象地描述为骑着大象的驯象人，他倒是肯定脑功能存在一种等级结构。他断定存在一种低级的脑，全部物种都有 —— 这是暗示小脑及其附近区域 —— 但只有人类有一个发展充分的高级的脑，他确定那是皮层。想象的过程，他认为发生在胼胝体里，胼胝体是一束神经纤维，横向贯穿脑核心，把左右脑半球连接起来。人类灵魂，他说，包含在两个脑半球的内部。有史以来第一次有人掌握了恰当的理由，宣称："我们是谁"要以我们的脑来界定。

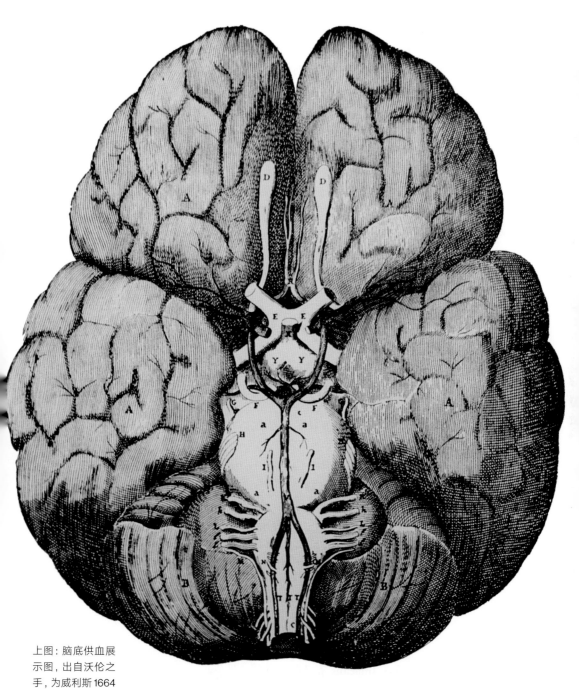

上图：脑底供血展
示图，出自沃伦之
手，为威利斯 1664
年的书而作。脑底
动脉环至今被称作
"威利斯氏环"。

17 世纪的宠物主人得到了一点奉承，威利斯承认畜生也有灵魂，但暗示说动物灵魂完全与其身体连接，因此身死则灵灭。他也相信亚里士多德的"动物精气"是沿着神经运行的粒子，甚至断定这种粒子在脑表面的血管里形成。正如丹麦解剖学家尼尔斯·斯坦森（Niels Stensen）在直言不讳地批评威利斯的生理学理论以及关于心灵控制身体的方式的几个世纪的迷信之际说的那样："动物精气，更精妙的血液成分，血液蒸汽，神经液。这些都是许多人用的名称，但那都是一些词儿，意思空洞。"他正确地指出威利斯和笛卡儿的生理学理论有趣或许是有趣，但比猜谜语好不了多少。没有人真正知道心灵到底是怎么发挥作用的。在理解大脑的物质机制一事中，也没有任何真正的进步，直到 19 世纪，直到动物电和细胞的发现，情况才有所改观。但是，威利斯起码意识到我们的认知力藏于何处：深深地包藏在皮层中。

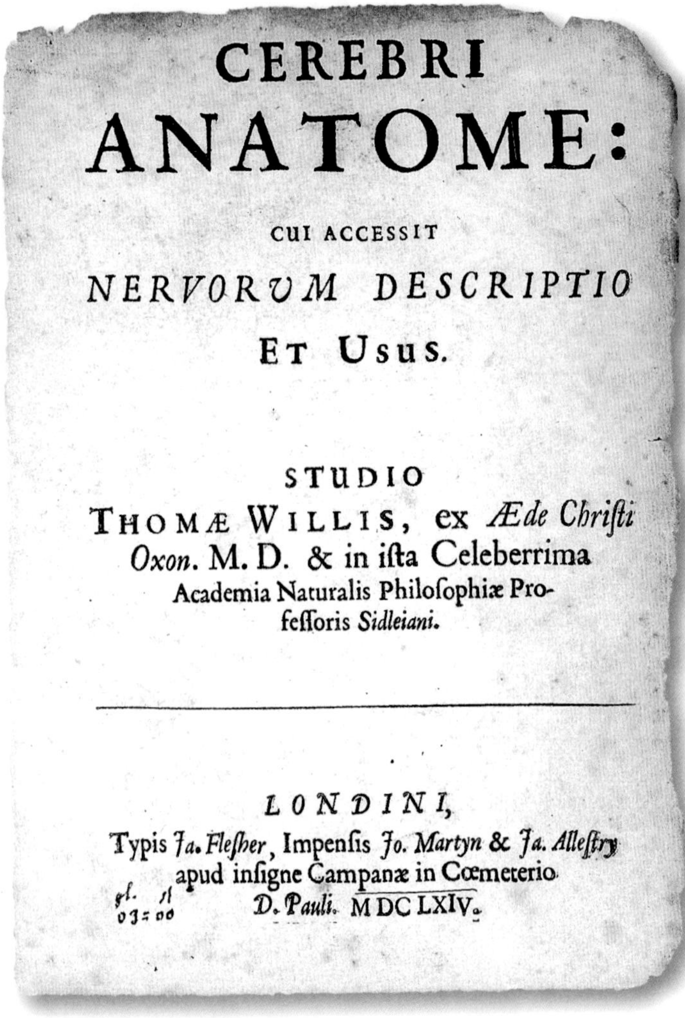

CEREBRI
ANATOME:

CUI ACCESSIT

NERVORUM DESCRIPTIO
ET Usus.

STUDIO

THOMÆ WILLIS, ex Æde Chriſti
Oxon. M. D. & in iſta Celeberrima
Academia Naturalis Philoſophiæ Pro-
feſſoris Sidleiani.

LONDINI,
Typis Ja. Fleſher, Impenſis Jo. Martyn & Ja. Alleſtry
apud inſigne Campanæ in Cœmeterio
D. Pauli. MDC LXIV.

"动物精气，更精妙的血液成分，血液蒸汽，神经液。这些都是许多人用的名称，但那都是一些词儿，意思空洞。"

左图：威利斯在脑解剖学上的伟大著作，把他自己的研究与他的几个同代人的发现融为一体。

低能特才：学者症候群

　　达斯丁·霍夫曼在电影《雨人》中扮演自闭症患者雷蒙德·巴比特，观众勉强相信在拉斯维加斯的一个赌场里，有个人会赢牌，但他说话都说不利索。然而，虚构人物巴比特那种不可思议的情况，是所谓"学者症候群"，神经科学家们已经知道几百年了。第一个有案可查的低能特才，1707 年出生于德贝郡，名叫杰迪戴亚·巴克斯顿（Jedediah Buxton）。他是一个小学教师的儿子，大家认为他学习严重困难，就被迫务农，但他很快就开始表现出非同一般的心算能力。有人问他 140 根钉子的价钱：假如第一根钉子是四分之一便士，下一根的价钱翻倍。他立刻说出正确的答案：725 958 096 074 907 868 531 656 993 638 851 106 英镑 2 先令 8 便士。另一位 18 世纪的低能特才，戈特弗里德·迈恩德（Gottfried Mind），不能正常交流，但能完美地记住任何他遇到的动物，而且能凭记忆把它们画出来。这些存在于受损心灵中的"封闭起来的天才"，仍然是大量研究的对象，科学家们不仅致力于发现线索，而且致力于解开记忆的奥秘。目前的理论暗示"学者症候群"的原因，或许是两个脑半球之间的错误连接，制造了偏向于右脑的那么一种不平衡 —— 右脑更直接地处理感知和具体的思想 —— 其代价由更逻辑性的左脑来承担。

开窍了的头脑

约翰·洛克
1632—1704 年

审视神经组织，难处不仅在于我们很难寻味我们存在的根基，很难把人何以为人的那个东西理论化。最有洞察力的人之一是约翰·洛克（John Locke），他为未来的心理学这个学科铺平了道路。在牛津大学，他跟威利斯研究，然后成了夏夫兹博里伯爵的医生，并且从事奴隶买卖。他的《人类理解论》写于他被流放荷兰期间，当时光荣革命把英格兰国王詹姆斯二世推翻了。这本书成了美国宪法的一块基石。确实，该书非常重要，传言说他比同代人约翰·弥尔顿的 12 卷史诗《失乐园》赚得的稿费更多。

笛卡儿认为"自我"是我们的思想构成的，洛克对这个观念着迷，但觉得需要做重大调整。他的爆炸性观念，使"自我"这个概念脱胎换骨：从内在的自言自语，变为我们与世界对话的历史。他说，我们之所是，乃是我们全部生活经验的总和，我们的心灵是一个大仓库，仔细藏着我们的记忆，随需随取。他说，这个大仓库不是一蹴而就的，我们的心灵在出生之际不存在预先就有的思想观念，初来乍到这个世界，是空空如也的一块板：白板说。我们最终变成了什么，决定于持续不断的经验流。今天看来，就我们关于世界的经验而言，我们心灵工作的方式本身，起码是有份儿的。这个看法深深嵌入我们对世界的思想方式中，这在今天都几乎是不言自明的。但是，在洛克的年月，那可是一个激进的观点。在洛克之前，大家广泛相信：灵魂或者自我，是我们生来就有的东西，因为灵魂据说不死，灵魂就不可能真的变化。洛克意识到：如果他自己的想法是正确的，那就把非常大的重要性放在了青少年教养上。1693 年，

左图：洛克的雕像身列伟大的科学家和哲学家之列，装饰伦敦的皇家学会。

在他的书出版 3 年后，洛克开始写另一本书《教育漫话》。他在书里说，儿童不是成年人的缩小形式，不是尚未放大的成年人，而仅仅是空空如也的画布，儿童在成长岁月里的经历与教养，将影响他们终生的性格和行为。儿童学到的东西，货真价实地能决定他们变好或者变坏。当时那个历史阶段，首次大规模出现了儿童玩具，设计出来是为了自我改善心灵，就不奇怪了。

下图：按照洛克理论，在儿童性格与心智发展中，游戏与教育具有重要作用。

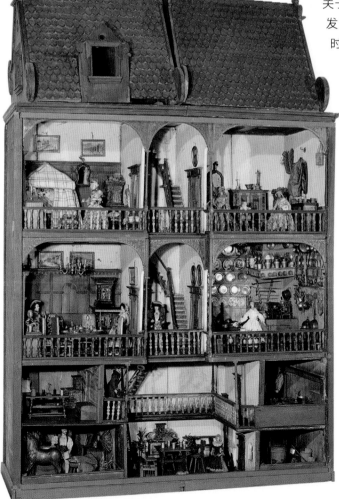

洛克的理论影响深远，也不局限于教育领域 —— 它对全世界的革命也做出了一份贡献。人人生而平等，这个观念成了 1787 年实行的美国宪法的基础。与此同时，在法国，"自由、平等、博爱"的呼声，从他的理论中吸取了额外的养分。如果臣民相信国王的心灵仅仅是多年娇生惯养、享受特权的积累，而臣民为此付出代价，那么一位国王宣称自己天生特别，天生具有神圣权力坐上金銮殿，就说不过去了。法国革命与其他欧洲革命，是一个世纪辩论的登峰造极，那些关于自我、关于"我们是谁"的辩论，变得越发重要而有趣。在英国，乔治王时代的文雅做派、报纸以及咖啡馆，对人类身体变得越发厌恶，好比现在我们看附赘悬疣的动物。起码在有教养的圈子里，身体用脂粉和假发掩盖，而"心灵"（完全属于人的精细部分）变成超尘拔俗、非常可贵的东西。

"儿童不是成年人的缩小形式，不是尚未放大的成年人，而仅仅是空空如也的画布；儿童在成长岁月里的经历与教养，将影响他们终生的性格和行为。"

感情的回归

　　大多数时候，人类举止似乎真能表情达意。但是，身为人类，"思想"和"意识"并非全部，这也很清楚。我们必须面对我们兽性的激情，然后才可能理解心灵；需要有人审视感情的复杂世界。查尔斯·达尔文（Charles Darwin），19世纪最著名的自然科学家，走出了最早的科学步骤，进入晦暗不明的感情世界。他读过苏格兰医生与生理学家查尔斯·贝尔（Charles Bell）的一个论点，该论点宣称：具体的面部肌肉，上帝设计出来，就是为人类表达感情。这与达尔文曾经相信的一切事情背道而驰。因此，1872年，达尔文出版了他的新书《人类和动物的表情》，着手证明：我们从动物那里继承的东西，不仅仅是身体特征。在论述人类起源的著作《人类的由来》的丰富附录中，他试图表明我们的行为、我们的面部对精神状态的反应，以及我们的感情本身，都是继承来的性状。

左图：达尔文的著作《人类和动物的表情》的照片页。

达尔文研究动物，如在社会境况中的狗、猫和马，注意到动物不仅表现出基本的感情，例如愤怒、胆怯和欲望，也表现出更复杂的感情。一条狗会嫉妒，因为主人与另外一条狗玩耍，它甚至表现出一种幽默感，因为它暂时地、故意地守着一个球，不把球还给主人，它知道主人把球扔出去，还想把球要回来。达尔文用摄影捕捉动物对简单的感情事件发出的面部表情，并与不同国家的人类表情相比较。（书变得畅销，其中有 7 幅比较人兽表情的照片图版，出版商担心这会影响利润）。通过这种研究，达尔文不仅能够表明全世界每个角落的人都有相同的表情，而且这些表情与其他哺乳动物的表情在根本上是相同的。运用他所谓自然选择的力量，他表明：和全部的性状一样，表情泄露感情，必定具有生物学的优势，那些优势导致哺乳动物在漫长时间里有了表情。他认为，我们冷笑，是因为我们对某种可疑之物嗤之以鼻；我们愤怒之际把牙露出来，是因为那是一个准备张嘴咬人的动作；我们吃惊就瞪大眼，好像是放大瞳孔，为了看得更清楚。但最重要的，是达尔文意识到某些表情不再具有一目了然的生存价值，那么表情在全人类中（包括若干万年孤立的岛民）都是一样的这个事实，表明表情不是我们学来

> "达尔文不仅能够表明全世界每个角落的人都有相同的表情，而且这些表情与其他哺乳动物的表情在根本上是相同的。"

抽动秽语综合征

1825 年，巴黎的那位受人尊敬的医生让-马克·伊塔德（Jean-Marc Itard），在《全科医生档案》杂志中发表了一份病例报告，讲的是当地的一位贵族夫人，得了一种最叫人尴尬的病。26 岁的德·德穆皮埃尔侯爵夫人（Marquise de Dampierre）深受一种脾性的折磨：正处于一场优雅而可敬的谈话中，她突然之间就破口大骂，举止夸张，狗屎臭猪，口不择言。对这种潜意识的爆发，她明显尴尬，但伊塔德找不到治疗的办法。不久之后，她的朋友们都不理睬她了。她最终落到了夏科的萨尔佩特里埃医院（Charcot's Salpêtrière Hospital），于 1884 年孤寂而死。然而，她的行为大大激发了这位神经学家的年轻助手乔治斯·吉尔斯·德·拉图雷特（Georges Gilles de la Tourette）的兴趣。图雷特在其他病人那里看到了相似的症状。第二年，他把德穆皮埃尔夫人用作主要的研究案例。他研究的是一个新种类疾患，注意到该病通常从年轻时发作，在行为与语言上有不由自主的抽搐现象，逐渐发展为秽语症（coprolalia）—— 字面翻译希腊词，意思是"污言秽语"，即后来大家所知的图雷特综合征，至今不曾得到恰当的理解，但这展现科学家们在理解人之为人的时候常常面对的那种复杂问题。

的。表情一定是从人兽的共同祖先继承来的。他意识到我们的感情及其表现与动物相似。

人类感情仅仅是动物生存模式的一种连续物，这个说法似乎符合亚里士多德首次提出的一个理论：我们在方方面面与动物相似，只有一个高级的灵魂除外——这如今被视为我们的理性能力或者心灵——灵魂能够压制或者超越我们的基本欲望。在正襟危坐、道貌岸然的维多利亚时代，这个心灵观念颇受欢迎。但是，达尔文的理论也捅了马蜂窝。如今，在科学上要思量我们是什么，而不深究其理，不走到我们那种纯粹逻辑、理性而有意识的心灵之外，怕是也不可能。

"达尔文的理论也捅了马蜂窝。如今，在科学上要思量我们是什么，而不深究其理，不走到我们那种纯粹逻辑、理性而有意识的心灵之外，怕是也不可能。"

右图：达尔文关于感情的著作的另一页图版，令人震惊。该书售出5 000多册，成了畅销书，即便装帧精美而昂贵。

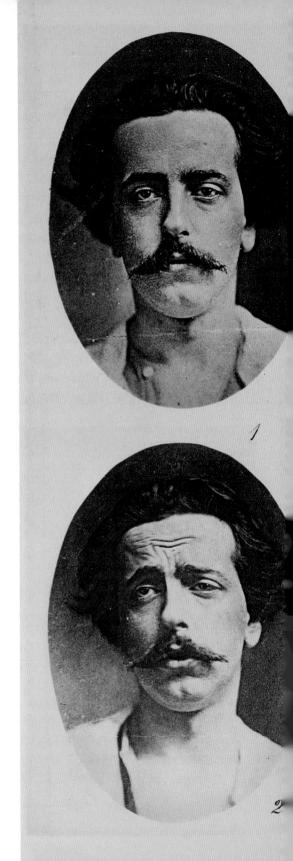

1

2

3

4

5

6

7

人心深处

一位恐怖片的导演，寻找灵感，要拍一部关于 19 世纪疯人院的电影，读读关于巴黎的萨尔佩特里埃医院的资料，会大有帮助。最初设计成一个大火药库 —— 在法语里，火药的配料之一硝石，法语叫"萨尔佩特里埃"，故得其名 —— 它最终派了一个不同的用处，用作一个大监狱，关押女性流浪者、妓女和不良分子。法国革命之后，它又成了一家精神病医院，但其中的几千人胡乱混杂，待遇不比动物好，常常锁在墙上。必定弥漫在这座建筑中的感情混乱，是难以想象的。

让-马丁·夏科，造车匠的儿子，1862 年 37 岁，在萨尔佩特里埃医院当实习医生，然后当了主任医生。对这项任命，他满腔热情。"这个庞大的疯人院，装着 5000 人，其中为数很大的人被视为一辈子的不治之人。各种年龄的病人，遭受各种慢性病的折磨，但大多数患的是神经系统疾病。"他写道；"供研究的临床疾病类型，表现为大量病例，这使我们能够研究一种明确的疾病的全过程，可以说，任何具体疾病的空白记录很快就填补了。换言之，我们拥有某种鲜活的病理学博物馆，资源巨大。"

夏科，有一只宠物猴子做伴，骄傲地在办公室里挂着一条标语，声明他反对动物实验 —— 毕竟他用来做实验的人类应有尽有。他研究每一个病人，仔细注意症状的发展，病人死了就记录他们大脑和神经系统的物理状态。虽然他知道这家医院有潜力促进神经学，但他也努力让他的病人的生活更可忍受一些。他最早做的事情之一，是把不同的精神疾患和神经疾患

下图：路易十四 1656 年建于巴黎的萨尔佩特里埃教化医院。那里原本是一家老火药厂，故得其名。

右图：在夏科的时代，对付失调症的不协调的肌痉挛和颤抖，一个流行的方法是用带子从腋下把人吊起来——这很少有长期效果。

分门别类。比方说，帕金森氏病的病人自成一类，与精神错乱病人不同。

夏科知道他手头的"资源"的寓意，他强大的观察力（他甚至雇了一个多发硬化症患者为他端茶倒水，以便于他持续研究她的身体退化）让他能做出大量突破，理解神经疾患，描述大脑的哪些部分为不同的身体机能负责。确实，把神经学转变为一个专业学科，归功于他，巴黎医学院专门为他设立了一个新教席，研究神经系统疾病。

虽然夏科主要是一位严肃的神经学家，他也对催眠术着迷，是首次把催眠术用作一种严肃的治疗方法的人之一。发现了电的重要性，孵化了一种对不可见之物的兴趣，那常常是精神力量，确实也是不可能的力量。此后，19 世纪有时候以"神经世纪"知名。催眠术、磁性和冶金学都得到了研究和查考，看看有没有治疗精神病的潜在用处，夏科实验过全部这些东西，但仅仅对催眠有热情。他断定歇斯底里是精神疾患，而非身体疾患，他感觉催眠这种不可捉摸的疗法，或许对治疗精神疾患有帮助，推断催眠或许能搞出不同的人格，其方式颇像他的一些病人似乎从一种性格变为另一种性格。夏科的一个病人布兰奇·威特曼（Blanche Wittmann），巴黎的一位社会名流，有了严重的歇斯底里，她害怕外在世界。夏科发现她特别容易接受催眠，进入梦游状态——此时她就变得安静，也乐意接受医生的建议——其他医生也常常目睹这种情况。夏科强调，在催眠状态中，她不曾变成他的机器人，而仅仅展现另一个自我。在一次实验中，在济济一堂的观众面前，夏科给布兰奇一把塑料刀，告诉她，观众道德败坏，叫她刺杀观众里的一些人。接着，在这种想象的屠杀狂欢后，她不亦乐乎地涉入其间，夏科告诉她，屋子空无一人了，她可宽衣沐浴。她没有服从，却狂暴地撕打，从恍惚中清醒过来。夏科的催眠术是否真有医学之功，此事虽不清楚，但这是另外一个证据，表明我们仅仅从理性精神的角度，是不能理解我们自己的。奥地利的一位年轻的比较神经学家，早在 1885 年亲眼见过夏科的那些精心的演示，把大部分的职业生涯用于研究淡水蟹的神经系统，如今却对变换心智这个观念感兴趣。西格蒙德·弗洛伊德（Sigmund Freud），就是成了潜意识心灵的教父的那个人，步入了这个学科。他试图为自我之感另造模型，原本那个模型看似非常严整而合理，如今却很快堕入混乱。弗洛伊德表明笛卡儿犯了一个根本性的错误，因为他宣称有意识的思维使人之为人，弗洛伊德就琢磨出了一个替代性的说法：我们其实受我们的潜意识的控制。我们的基本感情，他说，好比幕后的木偶表演者，决定着我们的思想和行为。弗洛伊德的那些更详细的说法，有许多与性、对梦的解释有关系，他关于被压抑的记忆如何塑造我们的生活的那些观点，现在起码可以说是可以质疑的。但他的核心观点，即控制我们生活的那个潜意识，不是灵魂或上帝，而是深居于我们心灵的某种东西，这重新把"我们是谁"这个问题的焦点落脚到大脑的物质属性。

左图：夏科的学生弗洛伊德，接过其师对歇斯底里的热情。然而，他在萨尔佩特里埃疯人院的时候，让他确信应该把精神分析而非学术研究带进神经学。

右图：夏科于 1886 年在萨尔佩特里埃疯人院，讨论一个受歇斯底里折磨的妇女。他的"病人"是布兰奇·威特曼，她能照本表演。她后来成了夏科的助手。夏科死后，她在居里夫人手下工作。

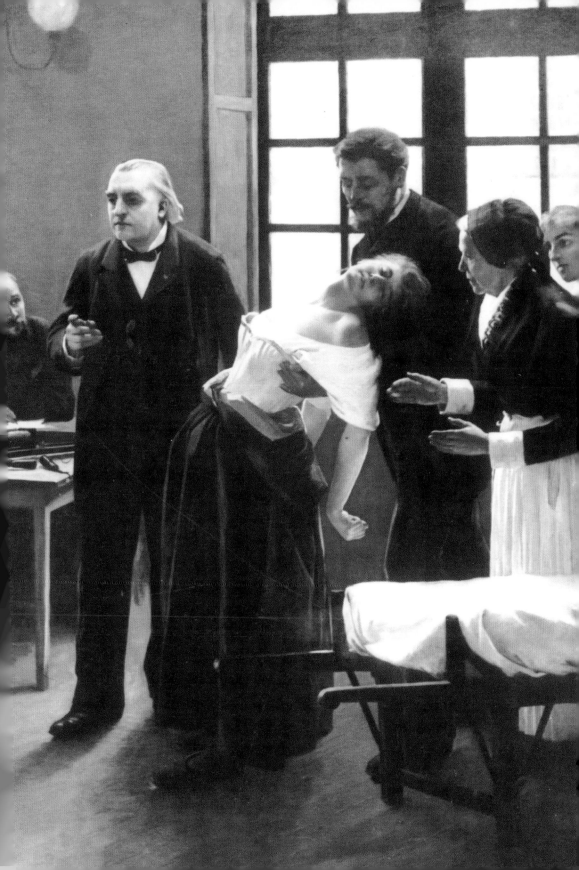

部分还是整体？

**弗 兰 兹 · 约 瑟
夫 · 高 尔**
1758 — 1828 年

直到现在，脑研究一直完全在概念或宏观的层面上。在解剖的时候，解剖学家是从形状和大小的角度来考察大脑的，或者把大脑视为一个整体，或者视为各种可以追索的区域。分析大脑物质本身的构成，不可能有用，但大家好早就知道大脑的不同部分受伤，似乎影响身体的不同部分。我们已经遇到过托马斯·威利斯，他以功能为根据，把大脑分为不同的区域。他的理论在 18 世纪得到了斯堪的纳维亚人伊曼纽尔·斯韦登伯格（Emanuel Swedenborg）的推进，表明脑皮层的不同部分控制身体的不同的肌肉群。然而，据说他看到了一系列神灵显现，就放弃了科学，而变成了一位神学家，这导致他的神经学研究 —— 虽然那是精彩的开创性研究 —— 却一直到 1772 年他死后才出版。

大脑功能分区的这些理论，最终被弗兰兹·高尔（Franz Gall）捡起来了。高尔是法国的斯特拉斯堡的一位解剖学家，断定脑皮层的不同区域，不仅与不同的身体区域有联系，而且也与一个人的性格的方方面面有关系。高尔有些流氓习气，他周游列国，总带着一班随从：奇怪的宠物，生活奢侈的女人。（如他喜欢说的，"罪恶和朋友都离不开我"。）他对大脑的运行方式的兴趣，显然是因为他在仅仅 9 岁的时候自尊心受了伤害 —— 注意到一个凸眼的同学在记忆词汇表方面比他厉害。当他知道其他暴眼的孩子记忆力高于平均水平之际，他下了结论：这个特点一定与记忆力有关系。高尔曾经身为科班出身的科学家，努力研究大脑内部，以得出结论 —— 但徒劳无功。他断定，他真能开始理解脑皮层各区域如何与精神能力相联系，唯一的路子，是查看人们头部相应的大小与形状。这个学科，他称之为"颅检查术"，即后来大家知道的"颅相学"。他研究了 400 多人的颅骨，他先已知道那些人的精神特点，很快就宣布：他能够确定与 27 种精神能力相关的不同颅骨区域，从颜色感到嗜肉天性。

高尔的观念，新奇而骇人，结果在 1801 年，皇帝弗兰兹二世，即神圣罗马帝国的末代皇帝，禁止他关于头形的出版物，否则他自己的头保不住。但他成了当年最有影响的科学家之一，搞出了一个信仰体系，在将近一个世纪中，这个体系毁了那些"脑袋比例不对"的人的生活。虽然高尔的方法漏洞百出，他的大脑区域功能定位的理论，在 19 世纪一直得到热烈的争论。法国生理学家让·皮埃尔·弗卢朗（Jean Pierre Flourens）断定高尔受了误导，大脑只有 3 个松散的功能区 —— 小脑，控制运动；髓质，涉及生命力功能；脑皮层，涉及感知与理智能力。他试图证明最后一点，手段是做手术把一只鸽子两个脑半球切除，却能成功地让它活着。确实，虽然鸽子显得既盲且聋，一般是怠惰的，无能于思想，但它保持其生命与运动

保罗·布罗卡
1824—1889 年

功能。这就紧跟着一个令人焦躁的问题：大脑可以分为不同的区域吗？或者大脑的运作好像内部互相勾连的一个大团块？科学家们开始把大量动物的脑一劈两半，公众为之反感，那是活着的乌龟、兔子和狗的大脑。德国的弗雷德里希·高尔茨（Friedrich Goltz）切除了一只猎犬的一大块脑皮层，却让它活了 18 个月。另外一些人打开颅骨，用化学品、手术刀或者电击，来刺激大脑的不同区域。还是那样，没有达成一致意见，尽管功能分区理论看起来越来越正确了。

最后，1861 年，保罗·布罗卡（Paul Broca）证明：大脑额叶为说话负责，使其成为脑皮层的第一个几乎被广泛承认的区域，与语言这种具体功能相关联。与此同时，英国亚伯丁的一位神经学家戴维·费里尔（David Ferrier）断定：在整体论的拥护者与相信功能分区的人之间，需要一种折中。用活狗和猴子做实验，费里尔得到了如下结论："精神现象的复杂性，以及运动与感觉底层都涉及精神现象，由此可见，关于精神能力分区的任何体系，若是不能把运动与感觉这两个因素都纳入考虑，都必定错得离谱。"他意识到，虽然没有具体的脑区域为智力负责，另外一些比较狭窄的功能或许有其大脑区域。作为对他的这一点宝贵智慧的奖励，他被动物权利保护者告上了法庭，他们对他无数的活体解剖恶心透了。

到维多利亚时代末期，神经学和心灵的工作方式，变得不可救药地模糊不清。每一个其他科学领域都有大量发现，但与大脑相关的，问题仍然

精神外科

菲尼亚斯·盖奇（Phineas Gage）是一位建筑领班，1848 年在佛蒙特州的从拉特兰到伯灵顿的铁路上工作。一天，他把大量烈性炸药装进岩石上的一个又深又窄的洞里，这时候打出了一个可恶的火花。浓烟散尽，盖奇绊倒在山坡上，他的那根用来填实炸药的铁钎，3 英尺长，1 英寸半直径，贯穿他的大脑额叶。不可思议的是盖奇死里逃生。然而，他的性格大变，朋友家人不再认为他是原来那个人。盖奇，曾经责任心强，颇受欢迎，如今却成了一个粗鲁而冷漠的白痴。他九死一生，以及性格巨变，被广泛报道，导致一些科学家相信他的大脑能够并且应该得到手术，以治疗心理问题，特别是在有了如下猜测之后：把额叶从大脑的其他部分割断，能使人减少焦虑或情绪化。在 20 世纪中期，华盛顿的一家精神病医院的实验室主任沃尔特·弗里曼（Walter Freeman）认真地捡起了这个主意。弗里曼急于止息病人对他的那些悲惨而激动的指控，就搞出了"经眼眶额叶切断术"。他把寻常的冰锥，插入病人的泪腺，然后搅动，把脑组织切碎。尽管总是让他的病人落得个比菲尼亚斯·盖奇更惨的境地，他却搞出了足够大的名声，在 1936 年到 1967 年之间，做了超过 3 000 次这种歪门邪道的"精神外科"手术。

巴甫洛夫的狗

　　伊凡·彼得洛维奇·巴甫洛夫（Ivan Petrovich Pavlov）一不留神成了现代心理学之父。身为乡村牧师的儿子，他也打算从事神职，却在神学院里掉队了。他入学圣彼得堡大学，成了那里的一位生理学家，专攻肠胃系统，为此在 1904 年得了诺贝尔奖。然而，大家记得他，却是因为他的一项更偶然的观察结果：他实验室的狗在开饭之前流口水，不仅仅在看到或闻到饭味的时候流口水，而且每当它们看到一个人穿着白大褂也流口水。巴甫洛夫断定狗必定把肉块和那个喂养狗的人联系在一起，他就思忖：教给狗脑一些新的反射行为，是不是可能。巴甫洛夫验证此事，手段是弄出一个声音（传说他摇一个铃铛，其实他也用了音叉，甚至电击他的一些狗），同时给狗东西吃。他很快就证明：只要猎犬感觉到了它们学会与食物联系起来的那些刺激，猎犬就会立刻分泌唾液，这种反应可以"以条件促成"。动物和人类可以被训练得不由自主地反应，这个观念发动了一种更客观的方式，来研究行为。

左图：巴甫洛夫的实验室。大约在 1904 年，他正在研究动物的胃液分泌。

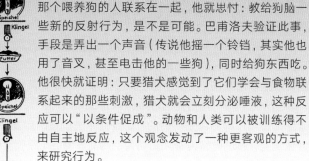

比答案多得多。或许能够最终揭开大脑一些秘密的那件仪器 —— 大功率显微镜 —— 终于问世了，但需要进一步的发展，这种显微镜才可能派上用处。

瓮中捉鳖

为发现大脑的真正结构一事负责的两个人，生活在不同的国家，不曾谋面，甚至不曾通信，一直到他们一起领取了 1906 年的诺贝尔奖。卡米洛·高尔基（Camillo Golgi）在 1843 年生于意大利北部的伦巴第。他的胡子引人瞩目，在意大利的帕维亚大学研究解剖学，然后到地处偏僻的一家医院治疗晚期病。他接受这个职位，不为离群索居，不为他对临床的热爱，而是因为这个工作比在大学里做研究稳当。但是，他仍然孜孜以求声名远扬，因此他就把医院的一个小厨房改造成他自己的实验室，配有显微镜。

对脑研究有贡献的另一个人，圣地亚哥·拉曼·卡哈尔（Santiago Ramón y Cajal），是一位理发师兼医生的儿子 —— 当年，理发师干医生的营生，司空见惯。卡哈尔曾经想当艺术家，但有人说他没有天资，他的老师们认为他是一个白痴。在西班牙的庇里牛斯山，他厌学，还坐了几天牢，因为他用一个树桩当炮筒，造了一门土炮，把邻居的街门轰塌了。他给当地鞋匠当学徒，却被打发回家。他开始对他和他父亲在家乡墓地发现的骨头感兴趣，就决定上医学院。身为在古巴的西班牙军队的外科医生，卡哈尔得了肺结核和疟疾。他返回老家，当了解剖学教师，开始对细胞发生了真正的兴趣。

细胞理论，相信活的有机体是由完全独立的一些单位构成的，已经在 1838 年提出了，越来越多的人也相信，但大脑仍然被视为某种特别的、不同的东西。在早期显微镜下审视，我们看到的那种结构，与其他组织的蜂巢模式完全不同。大脑类似于一团互相交织的纤维。这些纤维构成一张连续的网，连同原生质的扩展，因为神经细胞的枝状端（树突）在当年已为大家所知，树突连接在一起。这种"网状"理论是高尔基热烈相信的理论之一。问题是要看清到底是什么东西在运行，那就难得不可想象，因为要区分大脑物质是非常难的。高尔基着手找到答案。他需要搞出一种更好的染色剂，比约瑟夫·冯·格洛克（Joseph von Gerlach）的深红色更好。高尔基的染色剂是用压碎的昆虫制造的；受照相冲洗过程的启发，他于是就用溴化银做实验。通过显微镜看大脑切片，他能够看到（原因至今不十分明白）每 30 个细胞中大约有一个变成黑色，在黄色背景下可以轻易看到。开天辟地第一次，他能够观察长和短的神经细胞体（轴突），如今叫作高尔基一型和高尔基二型神经元，以此纪念他。然而，细胞末端仍然不清楚，因此高尔基满足于这种纤维的分叉和散漫性质，仍然凭借网状理论而自信。

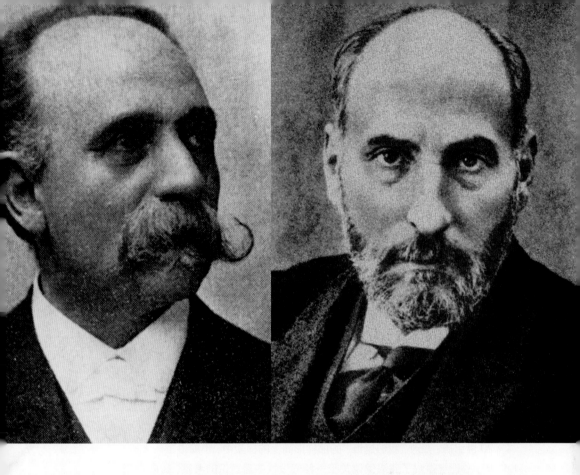

左上图：卡米洛·高尔基，1843—1926年。高尔基的显微研究范围，从大脑结构到细胞内部。他在细胞中发现了一个重要的小构造，名为高尔基体，用于生产蛋白。

右上图：圣地亚哥·拉曼·卡哈尔，1852—1934年。他的艺术技巧与细致观察使他能够画出大脑的显微结构，并且经得住时间的考验。

　　1887 年，卡哈尔如今在巴塞罗那工作，看到了高尔基的染色样本，就决定进一步做实验。这种样本，不沾着脂肪包层（所谓髓鞘），对研究细胞好用得多，意识到了这一点，他就用晶胚和鸟的脑做实验。在显微镜下，样本显得清楚多了，他能看得清神经其实是一个一个的实体，而非平铺的一张网。有些细胞是重叠着的，在另外一些细胞那里，他看到了自由端或称悬空端。卡哈尔发现了神经元。很快，他就能够表明：神经元运载的信号总是从树突流向轴突——他的动态极化定律。脑的真实路径，如今是可以描绘出来的。1906 年，他和高尔基共同获得诺贝尔奖。但是，卡哈尔这个意大利人，不把高尔基视为亲密的兄弟，却在演讲中攻击这位西班牙人。卡哈尔一直不相信神经元理论是正确的，仍然固执地相信大脑的运作方式更像一张网。

"在早期显微镜下审视，我们看到的那种结构，与其他组织的蜂巢模式完全不同。"

新世纪的探险家

20 世纪，世俗主义陡然而起，这碰巧与我们对大脑机制与日俱增的知识同时发生。有了神经元这一发现 —— 并且意识到我们的大脑是一个传送电信号的无比复杂的网络 —— 一个神性的灵魂居然能够表现为几千亿简单的细胞，此事就殊难想象了。在一些人看来，把一位可爱的上帝的存在和第一次世界大战的那些暴行协调起来，甚至是更加困难的；但在另一些人看来，充斥欧洲医院的那些破碎的大脑，为研究提供了难得的机会。戈登·霍姆斯（Gordon Holmes），是爱尔兰的一位神经检查专家，研究了西线的 2000 多头部受伤的人。尽管在老鼠和蛆虫肆虐的战地医院里工作，他忙到深夜，描绘投射物在颅骨内的轨迹，仔细观察不幸的士兵受伤的结果。然而，他为医学课本增补了许多新症状，不仅由于他在临床上的责任心，以及他医院里伤兵数量惊人。他与全部未来的大脑探索者，如今也能利用英格兰神经科学家查尔斯·司各特·谢林顿（Charles Scott Sherrington）的研究。在发表于 1906 年的一篇文章中，谢林顿揭示：神经信号从一个神经元传到下一个，凭借名叫突触的化学桥。这一认识，把整体性的大脑功能的拼图游戏的最后那一片重要的片段，摆到了正确的位置上。

20 世纪初，在对"我们是谁"的那种形而上的探索中，也前进了一大步。1913 年，心理学挣脱了弗洛伊德关于一种假设性的潜意识的考察，转向更具有科学性的领域。美国心理学家华生（J.B. Watson）发表了他的《行为主义》（*The Behaviorist Manifesto*）。这是一个号召，要把这个学科搞得更客观，只研究可以测量的东西。华生把他的心理学观念建立在约翰·洛克（John Locke）的研究上，相信人心与其说是我们经验的总和，不如说几乎是输入－输出的机器。他打算把这个想法付诸考验。在巴甫洛夫著名的狗与香肠的实验之后，这种实验表明动物能够在"条件作用之下"为铃声而分泌唾液，华生想验证：人类的幼儿是否能够以相似的方式受条件作用的影响。他做此事的方法，是借来一个 9 个月大的婴儿，名叫阿尔伯特，华生说这孩子健康而不动感情。然后，他给这孩子一只白鼠和其他物件，孩子并不表现出明显的恐惧。在把这些物件拿走之后，华生开始在他的小床旁边抢一把锤子敲打一根铁撬。这种令人烦躁的叮叮当当让阿尔伯特哭出了泪。几天之后，那只白鼠又给拿出来，但现在每次这孩子触动白鼠，华生就用锤子敲打铁撬。很快，阿尔伯特把白鼠的出现和这种可怕的噪声联系起来，每次仅仅把白鼠拿给他看，他就开始哭 —— 甚至在华生不再抢锤子的时候，他也哭。

"20 世纪，世俗主义陡然而起，这碰巧与我们对大脑机制与日俱增的知识同时发生。"

左图：20 世纪中期的推测小说，包括奥威尔和赫胥黎的作品，注意机械论的大脑理论最终可能导致的黑暗结果。

阿尔伯特的母亲领悟到了正在发生的事情，急忙把孩子带走了，这种实验就过早地结束了。然而，华生肯定自己的实验成功了。他写道："给我一打健康而没有缺陷的婴儿，并在我自己设定的特殊环境中教育他们，那么我愿意担保，随便挑选其中一个婴儿，而把他训练成为我所选定的任何一种专家：医师、律师、艺术家、商界首领乃至乞丐和盗贼，而不管他们的才能、嗜好、趋向、天资和他祖先的种族。"在华生看来，"我们是谁"仅仅是一件我们在条件作用下会如何思想的事情，通过从我们自己的经历中选取来的那些联想。这个想法，即我们的心灵完全是可预言的，因此是可训练的，被用于包括奥尔德斯·赫胥黎（Aldous Huxley）的《大胆的新世界》（*Brave New World*）和乔治·奥威尔（George Orwell）《一九八四年》（*Nineteen Eighty-Four*）在内的当代小说中，以制造一种令人不舒服的效果。

下图：纽约时代广场，1936 年的庆新年场面。随着每个新年来临，科学发现与日俱增。20 世纪见证了科学知识的迅猛增加，21 世纪的允诺也是一样。

　　然而，即便在行为主义者的阵营里，也并非人人接受华生对人性的这种简单化的看法。伯尔赫斯·弗雷德里克·斯金纳（Burrhus Frederic Skinner），一位别出心裁的发明家兼哈佛的心理学家，意识到人无论多么年轻，都不能被说成输入-输出机器，感情一如理性，也总是影响行为。他断定：为了客观地研究大脑，必须引进另外一个控制条件。他的解决方案是"操作性条件反射室"，别名"斯金纳箱"。这种设计的改造版本，至今用于心理学实验室。那是一种特别的笼子，放在其中的动物，通常是老鼠或者鸽子。笼子里有杠杆系统，会提供一点美食，作为奖赏；还有一个区域，能发出电击，是为惩罚。斯金纳意识到：在这种封闭环境中，如果动物以某种方式对一个事件的反应的概率增加了，动物的行为将因循以往。行为能够以科学方式得到研究，甚至可能预言。

　　当然，在现实世界中，选择方式、经历和感觉是无限的，要成功地做出预言，这种本领仍然求而不得。计算机不同凡响的能力，出自第二次世界大战的炮兵阵地和对德国的"伊尼格玛"密码的苦苦破解，尽管如此，我们对能够模仿大脑的那种人类逻辑，仍然不足够知道。我们的推理活动仍然过分复杂，真正理解我们的"自我"还是很难。艾伦·图灵（Alan Turing），常常被奉为人工智能之父，是曾经在"布莱奇利园"工作的科学家之一。二战期间，科学家在英国的这个园子里破解密码，并猜想机器能不能思想。迄今为止，对这个问题的回答是不能。即便我们是行为-反应的机器，我们仍然非常复杂，不可被复制。

幻觉与魔术

　　我们或许会想，我们可以相信眼见为实，但我们的感知其实受到我们的想象的影响。在我们心灵中形成的景象，或许不能完全反映现实，而是我们期望看到的东西，那种期望基于以往的经历和联想。光学的幻觉能愚弄人，理由在此。这方面的一个简单例子，是一幅名叫"来自海豚的爱情消息"（*Message of Love from the Dolphins*）的画儿，作者是桑德罗·德尔-普瑞特（Sandro Del-Prete）——成年人几乎总是看到裸体的一男一女，亲密地搂抱着；儿童看到的是一幅天真无邪的画面：九只海豚。心灵与眼睛之间的交流，很少是完善的，无论我们的眼神儿多么好。如果我们盯着下降的扶梯，盯的时间足够长，然后扫一眼一架静止的扶梯，就看到它好像在上升。这是因为那些专门对向上运动起反应的大脑细胞，变得疲倦而迟钝了，这意味着那些为向上运动负责的脑细胞就有更大的、更失真的效果。在神经学家开始理解感知的原理之前，在大脑可能感知的东西与实际发生的事之间的区别，魔术师已经意识到了，并加以利用。例如，在一个戏法中，我们总是注意那只鬼鬼祟祟的手的运动，但假定玻璃纸里有一副扑克，里面有百搭，组成完整的一副扑克。听起来简单，魔术师知道我们关于一副扑克的先入之见将把我们引导到错误的道路上。魔术师的一副扑克牌，数目鲜有正确的，即便那是一幅看似不曾开封的扑克，这一点，值得牢记在心。

超越

正如望远镜在 17 世纪扩展了人类对宇宙的理解，现代的大脑扫描技术，功能磁共振成像，正在开启一扇大门，面向与大脑运作有关系的大量新信息。我们现在知道，比方说，我们有一些神经元，非常专门化，它们显得只对一件事感兴趣。科学家发现某种神经元只在一个人想到女演员詹妮弗·安妮斯顿（Jennifer Aniston）的时候才兴奋起来；比尔·克林顿（Bill Clinton）和哈莉·贝瑞（Halle Berry）也各有其特别的神经元。早在 1960 年代，确定的一种神经元，只在一个人想到其祖母的时候才会受到激发。大脑扫描机还能揭示一些大脑区域，每当你做一个简单的选择之际，就活跃，比方说按动一个具有两个选择项的按钮之际。这使实验者能够提前几秒钟预言被试者的决定，其时正在接受分析的那个人连自己也不知道自己已经做出了某种选择。

虽然我们越发能知道我们的大脑有多么复杂，但我们也明白起来：我们的大脑，和我们相似，趋向于抄近路。比方说，大多数人认为视觉好比一架摄像机，忠实记录面对的东西。其实，视觉完全不像那样。大脑趋向于创造它自己的现实，无视它看到的大部分东西。在一个测验中，心理学的学生正去参加一次见面会，见到一位坐在桌子后的接待员。某人喊他们的名字，趁着他们稍一分神，另一个完全不同的人掉包换下了那位接待员。学生再回头看这位接待员，没有一个学生注意到他们如今的说话对象是一个完全不同的人。调查交通事故的科学家们发现了大脑抄近道习惯的寓意更令人不安。如果你在一条无人的街道上开车，却眼看别处，等你把眼光收回来，大脑就假定你现在看到的，与你在一秒钟之前看到的，大体是同一幅画面。常有一个不小的时间延迟，然后大脑才注意到那个景象变了，并且现在有一个人站在马路中间。这个现象是所谓"变化盲视"。发生此事的原因，是我们通过五官不断接收的巨量信息，不能全部即刻处理。大脑被迫走捷径，就做假定。

"现代的大脑扫描技术，功能磁共振成像，正在开启一扇大门，面向与大脑运作有关系的大量新信息。"

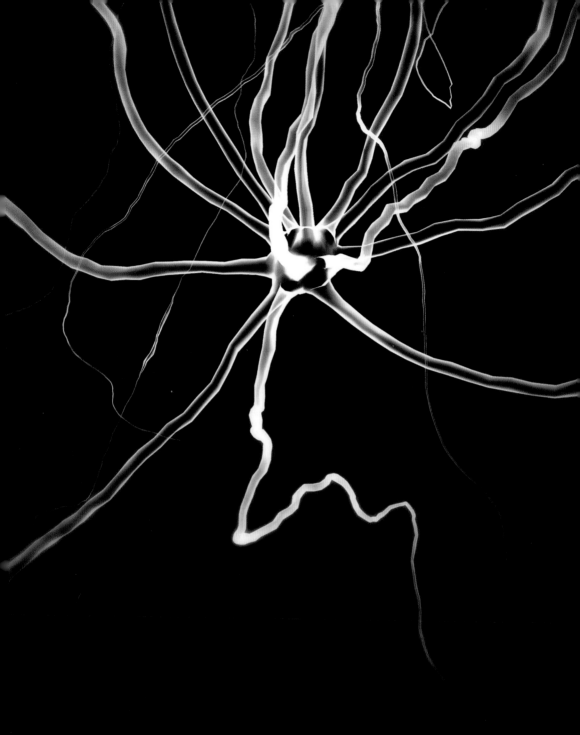

上图：显微景象，显示一个神经元（信号处理神经细胞）及其轴突网或神经纤维 —— 很长的延伸部分，用来在神经元之间传送信号。

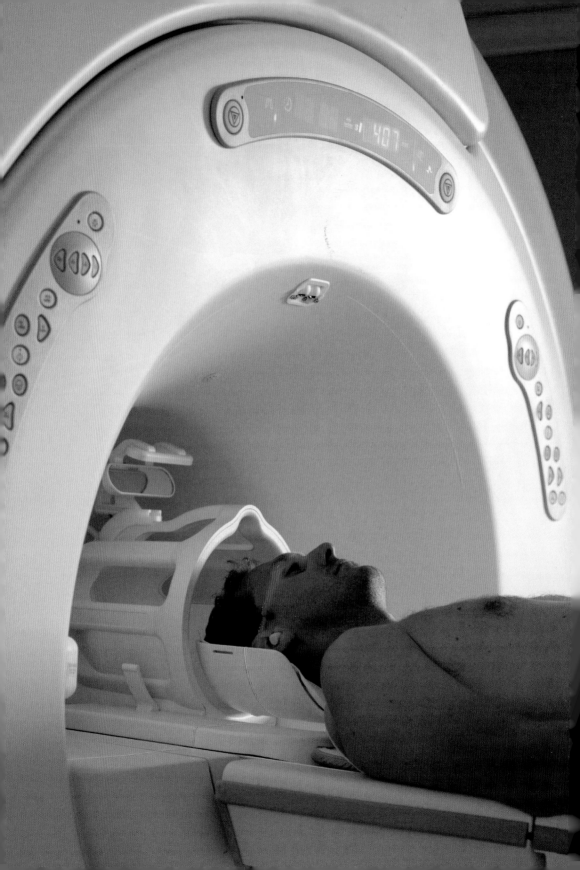

从某种意义上说，大脑的行为好比一个住在脑袋里的微型科学家。我们无意识地搜集数据，做假设，验证假设，相应地修正我们的信念。科学方法一直用于我们头脑的全部方面。你坐着听化学课，可能不喜欢，但科学在某些方面是一种非常自然的活动。大多数动物显然使用"科学"，这意思是它们做一些关于环境的假设，然后验证这些假设，虽然是在无意识水平上这样做的。然而，我们是唯一能够反思自己所作所为的生灵，我们超越了我们关于这个世界的当下经验。这似乎是只有人类才有的某种东西——这种能力，超越我们的感官告诉我们的那些东西，把表面现象拨开，看到幻觉背后的东西。我们常常把事情搞错了，但科学方法的非凡之处，是与其他信念体系相比，科学方法允许我们从错误中学习。我们知道，无论你感觉地球是怎么个德性，地球都在空间中绕着太阳飞行，而非相反。我们知道，桌面摸上去或许是坚硬的，但它主要是由虚空构成的。我们知道，虽然我们周围的世界，在我们有限的时间尺度内，在感觉上是不变而永恒的，但世界其实一直在变。我们知道，通过 DNA，虽然我们感觉自己是挑选出来的，是特别的，但我们人类与地球的其他芸芸众生紧密相连。

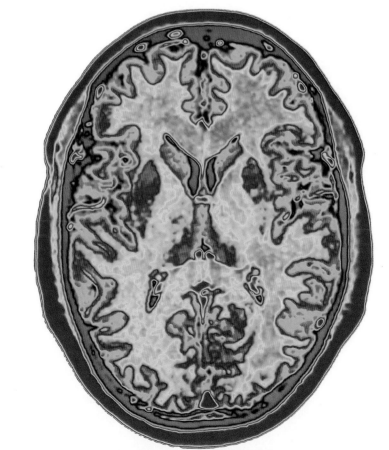

左图：现代医学成像扫描机，在被试者不但活着，而且有意识的时候，查看大脑如何发挥功能，这种能力在我们关于人类心灵的研究中创造了一场新革命。

右图：磁共振成像，通过水分子的存在，描绘人体软组织。这种技术也能追踪血流中的氧水平，揭示大脑的兴奋区域，手段是通过这些区域增加了氧气需求量。

心灵：大事记

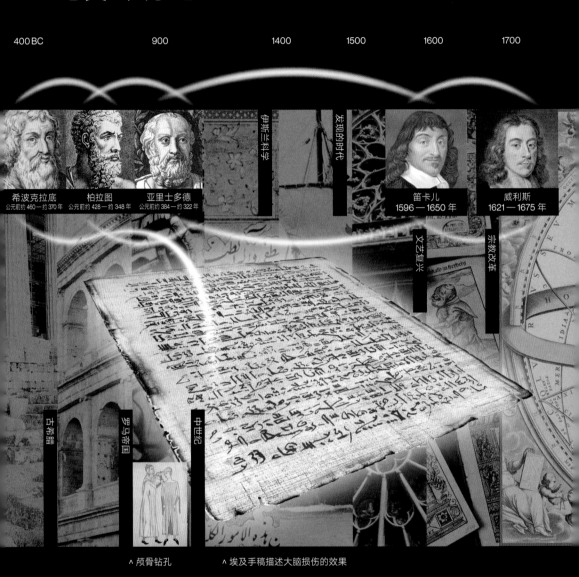

400 BC 900 1400 1500 1600 1700

伊斯兰科学

发现的时代

希波克拉底
公元前约460—约370年

柏拉图
公元前约428—约348年

亚里士多德
公元前384—约322年

笛卡儿
1596—1650年

威利斯
1621—1675年

文艺复兴

宗教改革

古希腊

罗马帝国

中世纪

∧ 颅骨钻孔 ∧ 埃及手稿描述大脑损伤的效果

　　我们试图理解人之为人和人之问世的原因，长达 2000 年。然而，大家同意这种研究应该专注于大脑，却是令人惊讶地晚近。在古希腊，希波克拉底，正如他之前的早期埃及人，从大脑损伤的结果中推测：大脑对控制身体有某种影响，颅骨钻孔这种实践多半反映这种信念。柏拉图在希波克拉底的观念上继续发展，但是亚里士多德把理性的灵魂重新定位于心脏，结果灵魂在心脏里待了 1000 年 —— 天主教会采纳并维护这一观念。

　　安德里斯·维萨里对人体解剖的观察，以及后来的雷内·笛卡儿，把研究重新扳回正轨。笛卡儿搞出了二元论：心灵与身体相分离，心灵坐在大脑的松果腺里的座舱中当"飞行员"。不久之后，托马斯·威利斯首次系统考察大脑的解剖结构，确凿地宣称大脑决定我们是谁。

高尔基
1843—1926 年

卡哈尔
1852—1934 年

斯金纳
1904—1990 年

20 世纪中期

20 世纪早期

21 世纪

启蒙时代

∧ 显微镜

∧ 核磁共振成像扫描大脑

　　但是，对自我的研究远未结束。调查研究在继续 —— 调查我们的心灵何以异于其他生灵，调查我们如何可能被条件训练，可以被控制（巴甫洛夫和斯金纳做得最出名），调查我们何以能够治疗精神疾患。在所有方面，我们理解人脑的物质结构与运作过程的那种不断改善的能力，是至关重要的 —— 早期的显微镜使意大利人卡米洛·高尔基和西班牙人圣地亚哥·卡哈尔能够解释大脑的细致结构与神经元的存在。今天，有了核磁共振扫这样的技术，我们甚至能够看到在运作中的大脑。

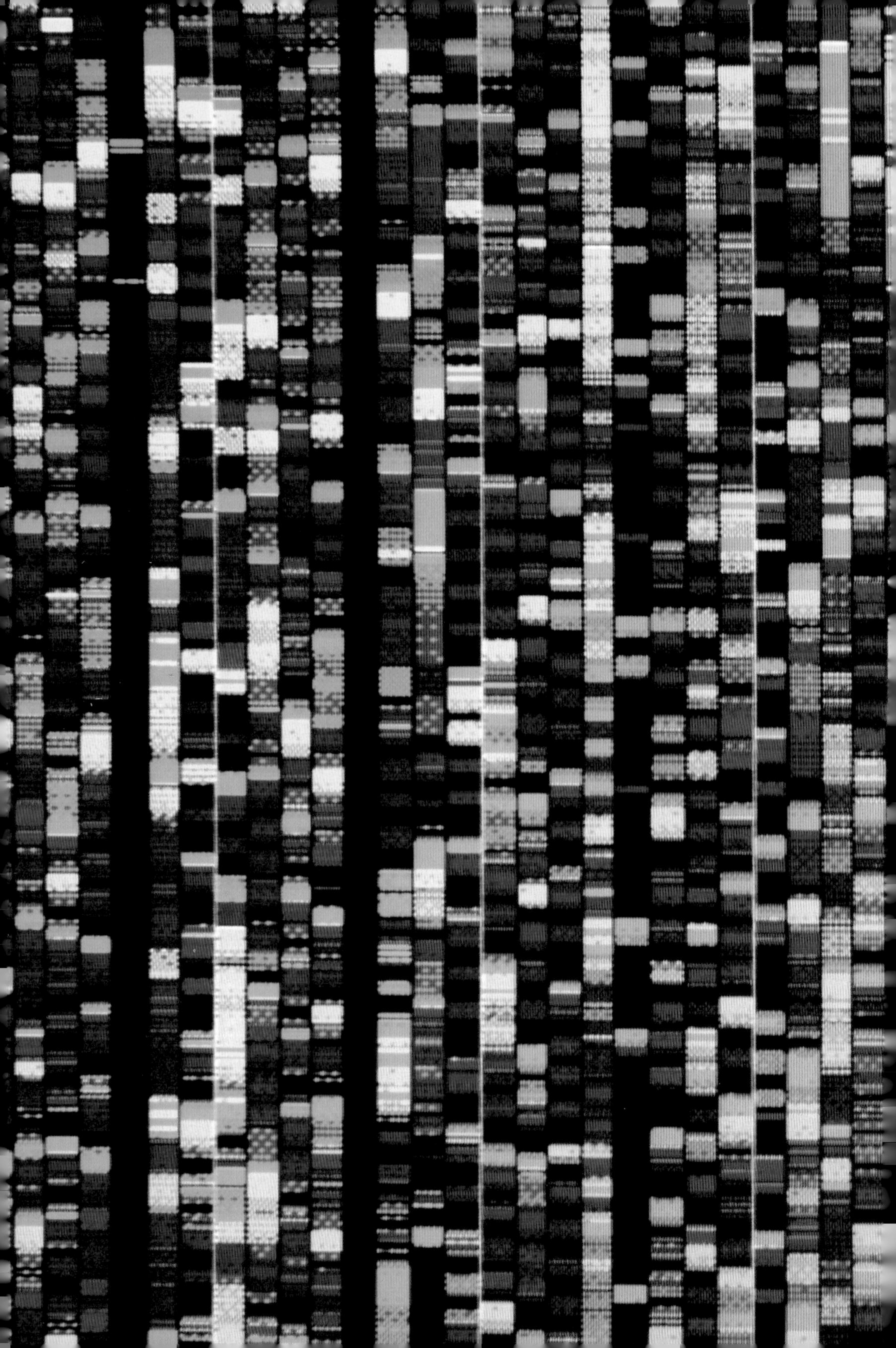

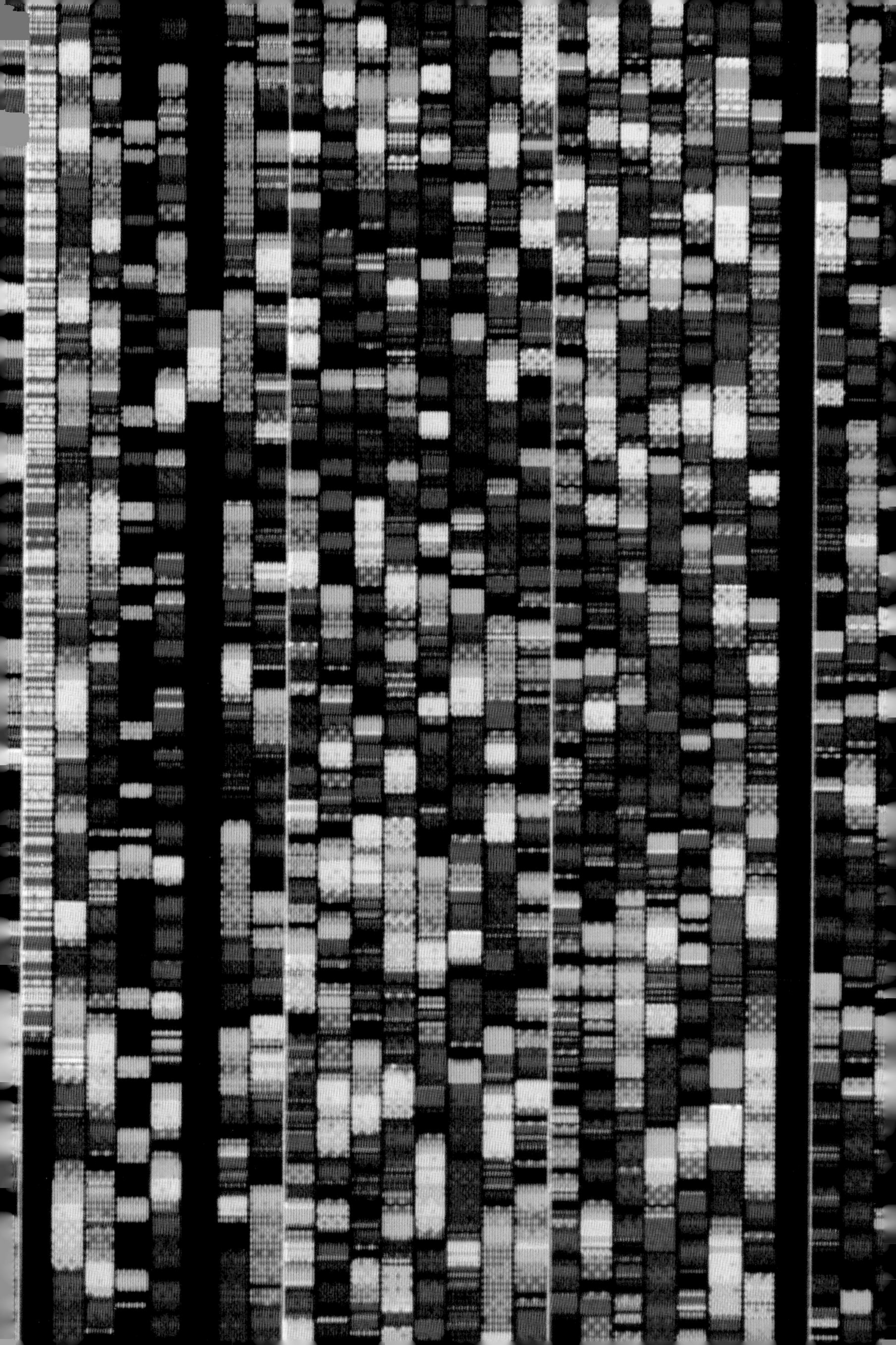

推荐读物

一般书目

Bryson, Bill *A Short History of Nearly Everything* (Black Swan 2004)
Dunbar, Robin *The Human Story* (Faber & Faber, 2005)
Dunbar, Robin *The Trouble with Science* (Faber & Faber, 1996)
Roberts, Royston M. *Serendipity: Accidental Discoveries in Science* (John Wiley & Sons, 1989)
Waller, John *Fabulous Science: Fact and Fiction in the History of Scientific Discovery* (Oxford University Press, 2004)
White, Michael *Rivals: Conflict As the Fuel of Science* (Vintage, 2002)
Youngson, Robert *Medical Blunders* (Robinson Publishing, 1996)
Youngson, Robert *Scientific Blunders* (Robinson Publishing, 1998)

第1章

Biagioli, Mario *Galileo Courtier* (University of Chicago Press, 1993)
Fara, Patricia *Science: A Four Thousand Year History* (Oxford University Press, 2009)
Gingerich, Owen *The Book Nobody Read* (Heinemann, 2004)
Gleick, James *Isaac Newton* (Pantheon Books, 2003)
Gribbin, John *Science: A History* (Alan Lane, 2002)
Jardine, Lisa *The Curious Life of Robert Hooke* (HarperCollins, 2003)
Sharov, Alexander S. and Novikov, Igor D. *Edwin Hubble, the Discoverer of the Big Bang Universe* (Cambridge University Press, 2005)

第2章

Bell, Madison Smartt *Lavoisier in the Year One: The Birth of a New Science in an Age of Revolution* (W. W. Norton & Co., 2006)
Fara, Patricia *Pandora's Breeches: Women, Science & Power in the Enlightenment* (Random House, 2004)
Gribbin, John *Deep Simplicity: Bringing Order to Chaos and Complexity* (Penguin Press, 2009)
Holmes, Richard *The Age of Wonder: How the Romantic Generation Discovered the Beauty and Terror of Science* (HarperPress, 2009)
Lavoisier, Antoine *Elements of Chemistry* (Dover Publications, 1984)
McClellan, James E. and Dorn, Harold *Science and Technology in World History: An Introduction* (The Johns Hopkins University Press, 2006)

第3章

Darwin, Charles *The Origin of Species* (Penguin Classics, 1985)
Gould, Stephen Jay *Time's Arrow, Time's Cycle* (Harvard University Press, 1987)

前页：计算机屏幕显示人类遗传密码的一串构成部分。因为每个人的遗传密码是独一无二的，这个系列被称作 DNA 指印。

Gribbin, John and Gribbin, Mary *Flower Hunters* (Oxford University Press, 2008)
Holmes, Richard *The Age of Wonder* (Harper, 2008)
McCoy, Roger M. *Ending in Ice: Alfred Wegener's Revolutionary Idea and Tragic Expedition* (Oxford University press, 2006)
Quammen, David *The Reluctant Mr Darwin* (Norton & Co, 2006)
Winchester, Simon *The Map That Changed the World* (Viking, 2001)

第4章

Devreese, J. T. and Berghe, G. Vanden *Magic Is No Magic: The Wonderful World of Simon Stevin* (WIT Press, 2007)
Fara, Patricia *An Entertainment for Angels* (Icon Books, 2002)
Highfield, Roger and Carter, Paul *The Private Lives of Albert Einstein* (St Martins Press, 1994)
Jardine, Lisa *Ingenious Pursuits* (Little Brown, 1999)
Marsden, Ben *Watt's Perfect Engine* (Icon Books, 2002)
Morus, Iwan Rhys *Michael Faraday and the Electrical Century* (Icon Books, 2004)

第5章

Endersby, Jim *A Guinea Pig's History of Biology* (Heinemann, 2007)
Endersby, Jim *Imperial Nature: Joseph Hooker and the Practices of Victorian Science* (University Of Chicago Press, 2008)
Waller, John *The Discovery of the Germ: Twenty Years That Transformed The Way We Think About Disease* (Icon Books Ltd, 2004)
White, Michael *Leonardo: The First Scientist* (Abacus, 2001)

第6章

Pietro Corsi, *The Enchanted Loom* (Oxford University Press, 1991)
Damasio, Antonio R. *Descartes' Error: Emotion, Reason and the Human Brain* (Vintage, 2006)
Damasio, Antonio R. *'How the Brain Creates the Mind' in Best of the Brain* (Dana Press, New York, 2007)
Doige, Norman *The Brain That Changes Itself* (Penguin, 2008)
Ekman, Paul *Darwin and Facial Expression: A Century of Research in Review* (Academic Press, New York, 1973)
Finger, Stanley *Origins Of Neuroscience* (Oxford University Press, 1994)
McHenry, Lawrence C. *Garrison's History Of Neurology* (Charles C. Thomas, Illinois, 1969)
Panek, Richard *The Invisible Century: Einstein, Freud, and the Search for Hidden Universes* (Harper Perennial, 2005)
Shorter, Edward *A History of Psychiatry: From the Era of the Asylum to the Age of Prozac* (Jossey Bass, 1998)
Stevens, Leonard A. *Explorers Of The Brain* (Angus & Robertson, London, 1973)

索引

A

阿尔蒂尼，伽伐尼 Aldini,
　Giovanni 201, *201*

阿尔特，戴维 Alter, David 172

阿嘎，穆斯塔法 Aga, Mustapha
　232

阿克莱特，理查德 Arkwright,
　Richard 153

阿拉伯科学 Arab science 23

火药 gunpowder 60

阿维森纳 Avicenna 193, 239

埃弗谢德，托马斯 Evershed,
　Thomas 176

埃及，古代的，关于大脑的信念
　Egypt, Ancient, beliefs about
　the brain 232, 233

埃拉西斯特拉图斯 Erasistratus
　237

埃特纳火山（西西里）Mount
　Etna (Sicily) 122, 123

艾弗里，奥斯瓦尔多 Avery,
　Oswald 218, 219

爱迪生，托马斯 Edison, Thomas
　174, 179, *179*

爱克斯光 X-rays 88, 89, 220

爱克斯光晶体学 X-ray
　crystallography 88, 221

爱因斯坦，阿尔伯特 Einstein,
　Albert 50, 51, 182, 183

安德烈亚·韦罗基奥 Andrea del
　Verrocchio 188

安慰剂效果 placebo effect 204–
　205

奥内科特，维拉德·德 Villard de
　Honnecourt 150

奥斯特，汉斯·克里斯钦
　Oersted, Hans Christian 171

奥威尔，乔治 Orwell, George,
　1984 267

奥西安德，安德烈 Osiander,
　Andreas 27

B

巴贝加尔（法国），水力
　Barbegal (France), water
　power 146, *146*

巴甫洛夫，伊凡·彼得洛维
　奇，用狗做实验 Pavlov, Ivan
　Petrovich, experiments with
　dogs 263, 266

巴克兰，威廉 Buckland, William
　122

巴克斯顿，杰迪戴亚 Buxton,
　Jedediah 249

巴斯德，路易 Pasteur, Louis 213,
　214–215

巴斯卡拉，永动机 Bhaskara,
　perpetual motion 151

白山，索热尔与 Mont Blanc,
　Saussure and 117

白血病 septicemia 213

柏拉图 Plato 21–22, 29, 59, 234,
　235

拜占庭 Byzantium 23

半导体 semiconductors 95–98

鲍威尔，詹姆斯 Boswell, James
　163

贝尔，亚历山大·格雷汉姆 Bell,
　Alexander Graham 173

贝克勒尔，亨利 Becquerel, Henri
　91, *91*, 180

比顿，伊莎贝拉，家政 Beeton,
　Isabella, Household
　管理 Management 169

避孕药片 contraceptive pill 206,
　207

变化盲视 change blindness 270

波义耳，罗伯特 Boyle, Robert
　64, 72, 151, 197

波义耳的小体 Boyle's
　corpuscles 64

道尔顿与 Dalton and 80

德谟克利特的理论 Democritus'
　theory 59

裂变 splitting 94, 95, 183

亚原子粒子 subatomic particles
　91, 92–94

波义耳定律 Boyle's Law 64

玻尔，尼尔斯 Bohr, Niels 93

玻璃 glass 38

伯纳德，克劳德 Bernard, Claude
　203

博尔顿，马修 Boulton, Matthew
　153, 158, 162–163

布封，乔治-路易·勒克莱
　尔·德·布封伯爵 Buffon,
　Georges-Louis Leclerc, Comte
　de 118, 119

布拉赫，第谷，参见第谷 Brahe,
　Tycho see Tycho

布兰德，亨尼格 Brand, Hennig
　61–64

布朗，罗伯特 Brown, Robert 211

布朗-塞加尔，夏尔-爱德华
　Brown-Séquard, Charles-
　Édouard 204, *204*

布林德利，詹姆斯 Brindley,
　James 112

布罗卡，保罗 Broca, Paul 261

C

采矿业 mining industry
　发展 developments in 65

蒸汽动力 steam power 160, 162,
　162–163, 162, 166–167

超新星 supernovae

原子 atoms 58

SN 1572 20, 24

潮汐力 wave power 183

虫子之餐 Diet of Worms 31

抽动秽语综合征，图雷特综合征 Tourette 's Syndrome 253

创世的自然史遗迹 Vestiges of the Natural History of Creation (1844) 126-127, 126, 131

创造论 Creationism

创造论运动 creationist movement 133

年轻地球创造论 Young Earth Creationism 117

磁性 magnetism 171

雌激素 oestrogen 206

催眠术 hypnotism 257-258

D

DNA 88, 135, 209, 216, 216-217, 219-227, 221, 222, 224-225

达尔文，查尔斯 Darwin, Charles 129-133, 130, 153

比格尔航行 Beagle voyage 129-130

感情研究 study of emotions 252-255

达尔文，伊拉莫斯 Darwin, Erasmus 129, 153, 158

达芬奇，参见列奥纳多，达芬奇 Da Vinci see Leonardo Da Vinci

大爆炸原创理论 " Big Bang " origin theory 50

大洪水理论 Flood theories 110, 115, 117, 120, 122

大陆漂移 continental drift 136-137

大陆运动 continental movement 136

大脑，脑 brain 231-273, 247

血液循环 blood circulation 240-241

计算机绘制的切面图 computer generated crosssection 244

解剖，切割 dissection of 236, 246, 260-261

脑区域功能 local functions 260-261

结构 structure of 264-265

手术 surgery 237, 237

大脑扫描 brain scans 270, 272

大西洋中脊 mid-Atlantic ridge 137, 139

大型强子对撞机 Large Hadron Collider 58, 57-58, 99

大英博物馆 British Museum 107

大英图书馆 British Library 107

戴维，汉弗莱爵士 Davy, Sir Humphry 79-80, 79, 171, 174

淡紫色 mauve 83-85

蛋白 protein 209

导体与绝缘体 conductors and insulators 154

道尔顿，约翰 Dalton, John 80

德谟克利特，" 挖苦者 " Democritus " the Mocker " 59, 59

迪，约翰，见证 " 永动机 " Dee, John, witnessed " perpetual motion " 151

笛卡尔，勒内 Descartes, René 242-245, 242

地层 strata, geological 111-112, 113, 120-121

地球，推断其年龄 Earth, deducing the age of 117-123, 135

地震 earthquakes 138

地质年代确定 geological dating with 135

地质学 geology 111-112, 113, 135

赫顿不整合 Hutton 's Unconformity 120-121, 120-121

索热尔与 Saussure and 117

第谷·布拉赫 Tycho Brahe 19-20, 24-25, 30

鲁道夫天文表 Rudolphine Tables 33

电 electricity 79, 154-157, 170-179

直流电与交流电 DC and AC current 179

身体中的 in the body 211

配电 distribution 176, 179

作为生命力 as life force 201

参见电池 see also batteries

电报，电磁的 telegraph, electromagnetic 172-173

电报系统 telegraph system 172

电池 batteries

电的 electric 79, 170-171, 201

参见电 see also electricity

电磁 electromagnetism 171, 174

电磁波 electromagnetic waves 182

电动机 electric motors 174

电话 telephone 172, 173

电解 electrolysis 171

电力 electric power 170-179, 183

寓意 implications 145

电容器 capacitors 154-156, 170

电鳐，鱼雷鱼 torpedo fish 170, 170, 201

电椅 electric chair 179

电子 electrons 58, 91-94

电子显微镜 electron microscopy 212, 226, 270-271

参见显微镜 see also microscopy

丁尼生，阿尔弗雷德勋爵 Tennyson, Alfred Lord 123

动物 animals

动物寓言集 bestiaries 102, 103

比较解剖学 comparative anatomy 114-115

灭绝物种 extinct species 115

选择性繁殖 selective breeding 131

动物精气，动物精神 animal spirits

阿维森纳 Avicenna 239

笛卡尔 Descartes 245

盖伦 Galen 238

威利斯 Willis 248

毒气，军事用途 poison gas, military use 85, 86

E

厄谢尔，詹姆斯，《旧约编年史》Ussher, James, Annales of the Old

二氧化碳 carbon dioxide 67

二元论 Dualism 243

F

发电机 dynamos 174

发动机 engine 160

法布里修，西罗尼姆斯 Fabrizio, Girolamo 192

法国革命 French Revolution (1789) 78

法国皇家科学院 Académie Royale des Sciences 42, 71, 72, 151

法拉第，迈克尔 Faraday, Michael 174, 174, 182

泛古陆 Pangea 136, 139

防水 waterproofing 82

纺织工业，机械化 textile industry, mechanization 111

放射线 radioactivity 91, 92, 180–181, 183

放射中毒 radiation poisoning 180

飞轮 flywheel 146

飞艇 airships 77

费尔，阿尔弗莱德 Vail, Alfred 172

费里尔，戴维 Ferrier, David 261

分子生物学 molecular biology 99, 135

风力，荷兰 wind power, the

Netherlands 147–149

佛罗伦萨 Florence 40

弗拉德，罗伯特，水锯 Fludd, Robert, water screw 151

弗里德里克二世，丹麦国王 Frederick Ⅱ, King of Denmark 24

弗里曼，沃尔特 Freeman, Walter 261

弗卢朗，让·皮埃尔 Flourens, Jean Pierre 260

弗洛伊德，西格蒙德 Freud, Sigmund 205, 258, 258

伏打，亚历桑德罗 Volta, Alessandro 79, 171, 201

伏打堆 Voltaic piles 79, 79, 171

富兰克林，本杰明 Franklin, Benjamin 153, 156

富兰克林，罗莎琳德 Franklin, Rosalind 220, 220, 223

G

伽伐尼，路易吉 Galvani, Luigi 170–171, 201

伽利略·伽利雷 Galileo Galilei 36, 37–41, 200

科学之父 father of science 41

望远镜 telescope 37, 38

异端审判 trial for heresy 40–41

改革 reforms 203

盖革，汉斯 Geiger, Hans 92

盖伦（劳迪亚斯·盖勒努斯）Galen (Claudius Galenus) 189, 189, 190, 191, 192, 193, 195, 200

对大脑的研究 work on the brain 238

感情，达尔文与 emotions, Darwin and 252–255

高尔，弗兰兹·约瑟夫 Gall, Franz Joseph 260, 260

高尔茨，弗雷德里希 Goltz,

Friedrich 261

高尔基，卡米洛 Golgi, Camillo 264–265, 265

高斯，卡尔·弗里德里希 Gauss, Carl Friedrich 172

睾丸激素 testosterone 204–205

哥白尼，尼古拉斯 Copernicus, Nicolaus 26–29, 32, 40–41, 200

哥伦布，克里斯多夫 Columbus, Christopher 42

鎶 copernicium 81

格拉姆，齐纳布·提阿非罗 Gramme, Zénobe Théophile 174

格雷，史蒂夫 Gray, Stephen 154

格里菲斯，弗里德 Griffith, Fred 219

格里克，奥托·冯 Guericke, Otto von 154, 157

格洛克，约瑟夫，冯，红色颜料 Gerlach, Joseph von, red dyeing agent 264

工业革命 industrial revolution 111, 126

功能磁共振成像 functional magnetic resonance imaging (fMRI) 270

古腾堡，约翰 Guttenberg, Johan 27

古希腊人 Greeks

关于死亡的信念 beliefs about death 236

精神，心灵 the psyches 234

骨骼，比较的 skeleton, comparative

光学 optics

牛顿与 Newton and 44

光学幻觉 optical illusions 269

硅谷（加州）Silicon Valley (California) 98

国际电子–技术博览会（法兰

克福，1891 年）International
Electro-Technical Exhibition
（Frankfurt 1891）179

H
哈伯，弗里茨 Haber, Fritz 85
哈勃，埃德温 Hubble, Edwin 49–
52
哈雷，埃德蒙 Halley, Edmond
43–44
哈里森，约翰，航海钟 Harrison,
John, chronometer 42, 153
哈马（叙利亚），水力 Hama
(Syria), water power 146
哈桑·阿尔-冉马哈，火药配方
Hasan al-Rammah, gunpowder
recipes 60
哈维，威廉 Harvey, William 192–
197, 192, 194, 200, 210
海王星 Neptune (planet) 48
海洋学 oceanography 137
氦 helium 87
汉密尔顿，艾玛女士 Hamilton,
Lady Emma 157
航海 navigation, at sea 42
航海钟 chronometer, marine 42,
153
豪克斯比，弗兰西斯 Hauksbee,
Francis 154, 156
合成产品 synthetic products 82–
85
荷尔蒙 hormones 204–207, 211
荷兰，风力带来的繁荣 The
Netherlands, prosperity
through windpower 147–149
荷兰东印度公司 Dutch East India
Company 148
核动力 nuclear power 94
核能 nuclear energy 183
核素，核蛋白 nuclein 216, 216–
217
赫顿，詹姆斯，地层与侵蚀

Hutton, James, strata and
erosion 120–122
赫顿不整合 Hutton's
Unconformity 120–121, 120–
121
赫歇尔，威廉 Herschel, William
48
赫胥黎，奥尔德斯《大胆的新世
界》Huxley, Aldous, Brave New
World 266, 267
赫兹，海因里希 Hertz, Heinrich
182
黑洞 black holes 52, 88
黑尔，乔治·埃勒里 Hale,
George Ellery 48–49
恒星 stars 17
中子星 neutron stars 88
洪堡，威廉·冯 Humboldt,
Wilhelm von 203
胡克，罗伯特 Hooke, Robert 43,
47, 72, 197, 208, 210
显微图谱 Micrographia 208
互联网，参见万维网 internet see
World Wide Web
华莱士，阿尔弗莱德·罗素
Wallace, Alfred Russel 132
华生，约翰 Watson, J.B. 266–
267
化肥 fertilizers, artificial 85
化石 fossils 110, 110, 111–114
大陆漂移与 continental drift and
136, 138
化学 chemistry
细胞中的 in cells 216
生命的秘密 secret of life？ 203–
207
参见炼金术 see also alchemy
化学品，工业的 chemicals,
industrial 82
皇家化学学院（伦敦）Royal
College of Chemistry (London)
82, 83

皇家内科医生学院 Royal College
of Physicians 195
皇家天文台（格林威治）Royal
Observatory (Greenwich) 42,
48
皇家外科医生学院 Royal College
of Surgeons 201
皇家学会 Royal Society 43, 44,
47, 105, 151, 154, 171, 197, 208,
209, 210, 246
黄体酮 progesterone 206
彗星 comets
冷却速度 rate of cooling 118
第谷的发现 Tycho's discovery 24
惠特斯通，查尔斯，电的
Wheatstone, Charles, electric
活体解剖，vivisection see
dissection
火柴 matches 64
火山 volcanoes 138
火星，在开普勒定律中 Mars
(planet), in Kepler's Laws 32
火药 gunpowder 60
霍尔-爱德华兹，大约翰 Hall-
Edwards, Major John 88
霍夫曼，阿尔伯特 Hoffman,
Albert 239
霍夫曼，奥格斯特·威廉·冯
Hofmann, August Wilhelm von
82, 83, 85
霍姆斯，戈登 Holmes, Gordon
266

J
基因 genes 220, 223, 227
激光 lasers 99
吉百利巧克力 Cadbury's
chocolate 105
吉尔伯特，威廉，《磁石研究》
Gilbert, William, De Magnete
154, 156, 156
几何学，开普勒的 geometry,

Keplerian 28-29

计算机 computers 99

加热杀菌法 pasteurization 213

钾 potassium 79, 80

健康之庙 Temple of Health (London) 157

胶子 gluons 58

教育 education

洪堡与 Humboldt and 203

洛克与 Locke and 250-251

解剖 dissection

动物 animals 189, 195, 197

人类 humans 187, 188, 236, 236, 246, 260-261

解剖学 anatomy 114, 187-197

比较的 comparative 114-115

金鸡纳树皮 cinchona bark 82-83

金星，伽利略的观察 Venus (planet), Galileo's observations 40

进化 evolution

布封与 Buffon and 129

钱伯斯的理论 Chambers 'theories 126-127

查尔斯·达尔文 Charles Darwin 130-133

伊拉莫斯·达尔文 Erasmus Darwin 129

拉马克主义 Lamarckism 129, 133

突变与 mutation and 227, 227

借助自然选择 by natural selection 132-133, 253

经度问题 longitude problem 42, 48, 153

经眼眶额叶切断术 lobotomy, transorbital 261

晶体管，参见半导体 transistors see semiconductors

精神外科 psychosurgery 261

居里，玛丽与皮埃尔 Curie, Marie and Pierre 90, 91, 180-181

居维叶，乔治斯 Cuvier, Georges 114-115, 114, 129

巨人 Colossus 94

锯木厂，风力 sawmills, wind powered 149

绝缘体与导体 insulators and conductors 154, 173

均变论 Uniformitarianism 122-123

君士坦丁堡 Constantinople 23, 38

K

卡尔西登的西洛菲罗斯 Herophilus of Chalcedon 236, 236

卡哈尔，圣地亚哥·拉曼 Cajal, Santiago Ramón y 264-265, 265

卡诺，尼古拉·莱昂纳尔·萨迪 Carnot, Nicholas Léonard Sadi 168, 168

卡文迪许，亨利，氢气球 Cavendish, Henry, hydrogen balloon 74-76

卡文迪许实验室（剑桥） Cavendish laboratories (Cambridge) 91, 95

开尔文，威廉，开尔文爵士 Kelvin, William, Lord Kelvin 168

开颅 trepanning 237

开颅术 craniotomy 237

开普勒，约翰内斯 Kepler, Johannes 25-26, 27-33, 117, 200

开普勒行星运动定律 Kepler's Laws of Planetary Motion 32-33, 47

柯勒律治，萨缪尔·泰勒 Coleridge, Samuel Taylor 81

科赫，弗雷德 Koch, Fred 205

科密里斯祖恩，科内利斯 Corneliszoon, Cornelis 149

可再生能源 renewable energy sources 183

克劳修斯，鲁道夫 Clausius, Rudolf 168

克里克，弗兰西斯 Crick, Francis 220-223, 222

克鲁克斯，威廉爵士 Crookes, Sir William 87-88, 180

克鲁克斯管 Crooke's tube 87-88, 87

库克，威廉·福瑟吉尔，电报系统 Cooke, William Fothergill, electric telegraph system 172

库克，詹姆斯船长 Cook, Captain James 153

库诺，尼古拉斯-约瑟夫 Cugnot, Nicholas-Joseph 161

夸克 quarks 58, 99

奎宁 quinine 82-83

昆虫，社会系统 insects, social systems 200

L

拉马克，让-巴蒂斯特 Lamarck, Jean-Baptiste

拉马克主义 Lamarckism 129, 132

拉姆斯蒂德，约翰 Flamsteed, John 47

拉瓦锡，安托万 Lavoisier, Antoine 68, 71-73, 72, 76, 78

化学元素 Elements of Chemistry 78, 81

拉瓦锡，玛丽-安 Lavoisier, Marie-Anne 70, 71

拉瓦锡的实验 Lavoisier's experiments 71-73, 193

来自煤 from coal 82

莱顿瓶 Leyden Jar 154-156, 154, 170, 201

莱伊尔，查尔斯 Lyell, Charles 122-125, 122, 129, 132

廊下派 Peripatetics 23

雷伊，约翰 Ray, John 108, 108

镭 radium 180

类固醇 steroids 206

李比希，尤斯图斯·冯 Liebig, Justus von 202, 203

力 Power 144-183

利伯谢，汉斯 Lippershey, Hans 37

沥青铀矿 pitchblende (uraninite) 91, 91

炼金术 alchemy 60-64, 62

参见化学 see also chemistry

量子理论 quantum theory 93, 99

量子力学 quantum mechanics 93-94

列奥纳多，达芬奇 Leonardo Da Vinci 188, 191

解剖学绘图 anatomical drawings 186, 188, *188*

列奥十世，教皇 Leo X, Pope 31

列文虎克，安东尼·范 Leeuwenhoek, Antonie van 208-209, 210

林奈，卡尔 Linnaeus, Carl 108-110

磷 phosphorus 63-64

卢瑟福，欧内斯特 Rutherford, Ernest 92-93, 95

颅相学 phrenology 260

鲁道夫二世，神圣罗马帝国皇帝 Rudolf II, Holy Roman Emperor 18, 25, 27-28, 30, 31

路德，马丁 Luther, Martin 27, 31

伦琴，威廉 Röntgen, William 88

洛克，约翰 Locke, John 230, 250-251, 266

氯气 chlorine gas 85

M

马尔萨斯，托马斯，《人口论》 Malthus, Thomas, " Principle of Population " 130-131

马赫，恩斯特 Mach, Ernst 87

马基雅维利，尼科洛 Machiavelli, Niccolò 65

马拉，让-保罗 Marat, Jean-Paul 78

马力 horsepower 162

马斯登，欧内斯特 Marsden, Ernest 92

马斯特林，迈克尔 Maestlin, Michael 24

迈恩德，戈特弗里德 Mind, Gottfried 249

麦角酸二乙基酰胺 LSD - lysergic acid diethylamide 239

麦角中毒 ergot poisoning 239

麦金托什，查尔斯，雨衣 Macintosh, Charles, raincoat 82

麦克斯韦，詹姆斯·克里克 Maxwell, James Clerk 182

梅第奇，科西莫二世，大公 Medici, Cosimo II, Grand Duke of

梅尔魏斯，伊格纳兹·菲利普 Semmelweis, Ignaz Philipp 211-213, 212

煤，工业革命 coal, industrial revolution 111

煤产品 coal products 82

煤焦油 coal-tar 82

人工合成 synthetics 83-85

酶 enzymes 209, 216

孟德尔，乔治 Mendel, Gregor 133

孟高尔费兄弟 Montgolfier brothers 74, 75

弥尔顿，约翰 Milton, John 250

米利都的阿那克西美尼 Anaximenes of Miletus 21

米森布鲁克，皮亚特·范 Musschenbroek, Pieter van 154-156, 170, 201

米歇尔，弗雷德里希 Miescher, Friedrich 216, 216

免疫系统 immune system 206, 209

面部表情 facial expressions 252-254, 252, 254-255

灭绝 extinctions 115, 138

冥王星 Pluto (planet) 48

摩尔，戈登 Moore, Gordon 95-98

摩尔，托马斯 Moore, Thomas 246

摩尔律 Moore 's Law 98

魔轮，（巴伐利亚）" magic wheel "(Bavaria) 150, 151

莫尔斯，萨缪尔 Morse, Samuel 172, 172

莫尔斯电码 Morse Code 172

默里、芬顿和伍德，蒸汽机 Murray, Fenton, and Wood, steam engine 158

木星，伽利略的观察 Jupiter (planet), Galileo 's observations 38-40, 39

穆齐，安东尼奥 Meucci, Antonio 173

N

拿破仑一世，皇帝 Napoleon I, Emperor 76

内分泌系统 endocrine system 205

内燃机 internal combustion engine 168

能量 Energy $E = mc^2$ 182-183

尼尔逊，霍瑞修海军上将 Nelson, Admiral Horatio 76, 157

尼亚加拉瀑布，电力资源 Niagara Falls, electric power source 176, 176-177, 179

牛顿，艾萨克爵士 Newton, Sir

Isaac 32, 44-47, 44, 50, 72, 117, 154, 156, 200

炼金术士 alchemist 61

运动定律 Laws of Motion 47-48

原理 the Principia 44, 47, 118

纽科门，托马斯 Newcomen, Thomas 159, 160

纽约历史学会 New York Historical Society 232

疟疾，寻找治疗方法 malaria, search for a cure 82-83

诺莱，神父 Nollet, Abbé 156

O

欧多克斯 Eudoxus 21, 22

欧洲粒子物理研究所 CERN 99, 99

P

帕多瓦大学医学院 Padua university Medical School 191-192, 192

泡沫 bubble 149

炮，加农炮 artillery, cannons 65

胚胎学 embryology 197

培根，罗杰 Bacon, Roger 60

佩鲁兹，马克斯，球蛋白 Perutz, Max, haemoglobin 196

佩品，丹尼斯，压力锅 Papin, Denis, pressure cooker 160

平方反比律 inverse square law 43, 44-47

珀金，威廉爵士，淡紫色颜料 Perkin, Sir William, mauve dye 83-85, 84

普莱费尔，约翰 Playfair, John 122

普里斯特利 Priestley 's discovery 67, 71, 193

普里斯特利，约瑟夫 Priestley, Joseph 66, 67-73, 156, 162

普鲁士，洪堡的教育 Prussia,
Humboldt 's education

Q

启蒙时代 Age of Enlightenment 153-154

气球 balloons

热气 hot air 72, 75

氢 hydrogen 74-77

气体 gases

道尔顿与 Dalton and 80

气压计的发明 barometer, invention of 157

汽车，参见小汽车 automobiles see cars

钱伯斯，罗伯特 Chambers, Robert 127, 127

潜艇 submarine, sweet air (1620) 72

潜意识，夏科与 subconscious, Charcot and 257

强子对撞机 Hadron Collider 58, 57-58, 99

乔治三世，大不列颠国王 George III, King of Great Britain 48

巧克力 chocolate 105

切尔西药用植物园 Chelsea Physic Garden 107

氢 hydrogen 74-77, 87

军事应用 military applications 76

氢弹 hydrogen bomb 182-183

R

RNA（核糖核酸）RNA (ribonucleic acid) 209

燃素，热素 phlogiston 73

染色体 chromosomes 223

热力学，定律 thermodynamics, laws 150, 168, 169, 183

人工智能 artificial intelligence 269

软饮料，含二氧化碳 soft drinks,
carbonated 67

S

萨尔佩特里埃医院 / 疯人院（巴黎）Saltpêtrière hospital/ asylum (Paris) 253, 256, 256, 257

萨弗里，托马斯，蒸汽机专利 Savery, Thomas, patent steam

萨摩斯岛上的阿里斯塔克斯 Aristarchus of Samos 22, 24

萨摩斯岛上的毕德哥拉斯 Pythagoras of Samos 21

塞拉皮斯，神庙（波佐利）Serapis, temple of (Pozzuoli) 122-123, 124-125

三十年战争 Thirty Years War (1618-1648) 31

山脉 mountain ranges 135, 137, 138

闪电 lightning 154

上帝，神，观念 God, ideas of 22, 23

身体 body 186-227

深时 Deep time 120-123, 129

神经科学 neuroscience 231-273, 266

神经系统 nervous system 211

疾病 diseases of 246

神经学，神经病学 neurology 256-258, 260-261

神经元 neurons 211, 265, 270, 270-271

神经元 neutrons 58

神经症，夏科与 nervous disorders, Charcot and 256-258

肾上腺素 adrenaline 204, 206

肾上腺系统 adrenal system 205, 205

生命 Life

电与 electricity and 201

我们如何走到现在? how did we get here? 103–141

板块结构与 plate tectonics and 138

秘密 the secret of 200–227

生物电 bioelectricity 201, 211

生物物质,能源 biomass, energy source 183

生物学 biology

DNA 与生物学比较 DNA and biological comparison 114

分子 molecular 99, 135

生物学比较应用 biological comparison using 114

圣安德烈亚斯断层 San Andreas Fault 137

圣安东尼之火(丹毒)St Anthony's Fire 239

圣奥古斯丁 St Augustine 23, 106

施博,卡尔 Bosch, Carl 85

施旺,泰奥多尔 Schwann, Theodor 211

施维普,约翰·雅各布 Schweppes, Johann Jacob 67

时空与引力 space-time and gravity 50, 52, 57, 182

时区 time zones 173

实验 experimentation 65–73

史密斯,埃德温,古代医学的 Smith, Edwin, ancient medical

史密斯,威廉,"史密斯地层" Smith, William "Strata Smith" 111–112, 113

世界大战 World Wars 86, 220, 265, 269

世俗性 secularism 266

收音机 radio 94, 172

数字处理器 digital processors 95–98

数字通讯 digital communications 172

水,元素的分离 water, division of elements 76

水车 water wheels 146

水车 waterwheels 150, 151

斯蒂文,西蒙 Stevin, Simon

永动机 perpetual motion 150

风力与排水 windpower and drainage 147–149

斯金纳,伯尔赫斯·弗雷德里克 Skinner, Burrhus Frederic 268, 269

斯隆,汉斯 Sloane, Hans 104–105, 104, 107, 130

斯坦森,尼尔斯 Stensen, Niels 248

斯韦登伯格,伊曼纽尔 Swedenborg, Emanuel 260

松果腺 pineal gland 242, 243–245, 244

索热尔,霍拉斯·贝内迪克特·德 Saussure, Horace-Bénédict de 116, 117

T

胎儿发育 foetal development 205–206, 206

太阳 Sun 17, 87, 91

太阳系 Solar System 48

泰森,爱德华 Tyson, Edward 114

碳 carbon 87

汤姆森,电子 Thomson, J.J., the electron 91

汤姆森,詹姆斯 Thomson, James 169

糖,牙买加 sugar, Jamaica 104

陶瓷,机械化 potteries, mechanization 111

特里维西克,理查德 Trevithick, Richard 166–167, 168

特斯拉,尼古拉 Tesla, Nikola 179

天体,和谐 spheres, harmony of 21

天王星 Uranus (planet) 48

天文学 astronomy

亚里士多德的 Aristotelian 22, 23–24

哥白尼的 Copernican 24–25, 28–29, 32, 40–41

铁路 railways 126

格林威治标准时间 Greenwich Mean Time 173

电报与 telegraph and 172–173

托勒密,克劳迪斯 Ptolemy, Claudius

天文学理论 astronomical theory 23–24, 26

伽利略的《对话》Galileo's Dialogo 41

通讯卫星 communications satellites 47–48

突变,DNA 与 mutation, DNA and 227, 227

突变与 mutation and 227, 227

图雷特,乔治斯·吉尔斯·德 la Tourette, Georges Gilles de 253

图灵,艾伦 Turing, Alan 269

托莱多的陷落 Toledo, fall of 23

托勒密,克劳迪斯 Ptolemy, Claudius

托勒密一世索特,埃及统治者 Ptolemy I Soter, ruler of Egypt 236

托里拆利,埃万杰利斯塔 Torricelli, Evangelista 157

W

瓦特,詹姆士 Watt, James 153, 158–163, 158

与博尔顿合作 partnership with Boulton 162–163

万维网 World Wide Web 99

望远镜 telescope

伽利略 Galileo 37, 38

胡克望远镜 Hooker Telescope 49

哈勃太空望远镜 Hubble Space Telescope 50–52, *50*, 53

利伯谢 Lippershey 37

望远镜 telescope 37–38

威尔金森，约翰 Wilkinson, John 153, 162, 163

威尔金斯，毛里斯 Wilkins, Maurice 220–223

威尔逊山天文台 Mount Wilson observatory 48

威利斯，托马斯 Willis, Thomas 246–248, *246*

大脑解剖 Cerebri Anatome *246*, 248

威洛比，弗兰西斯 Willoughby, Francis 108

鱼的自然史 natural history of fish 44, 108

威洛比板块构造 plate tectonics 136–139

威尼斯，慕拉诺岛的玻璃 Venice, Murano glass 38

威斯丁豪斯，乔治 Westinghouse, George 179

威斯利，约翰 Wesley, John 157

威治伍德，约书亚 Wedgwood, Josiah 111, 153

微波激射器 masers 99

微积分 calculus 44

微生物 animalcules 209–210

微生物 microbes 213, 216

韦罗基奥，安德烈亚 Verrocchio, Andrea del 188

维萨里，安德里亚斯 Vesalius, Andreas 189–192, *190*, 200

人体结构 De humani Corporis Fabrica *191*, 238

纬度 latitude 42

胃蛋白酶 pepsin 216

魏格纳，阿尔弗莱德 Wegener, Alfred 136

文艺复兴 Renaissance 38

沃尔什，上校约翰，电鳐 Walsh, Col. John, torpedo fish 170

沃伦，克里斯多夫爵士 Wren, Sir Christopher 43, 246, 247

沃森，詹姆士 Watson, James 220–223, *222*

乌尔班八世，教皇 Urban VIII, Pope 41

巫术，可能的解释 witchcraft, possible explanation 239

物质 matter 57–99

分裂物质 splitting matter 76

X

西印度群岛，自然史 West Indies, natural history 104–105

希波克拉底 Hippocrates 234, *234*

席令，帕维尔 Schilling, Pavel 172

戏法 conjuring tricks 269

细胞 cells 208–227, *209*

红血细胞 red blood cells 198–199, 210, 226

干细胞 stem cells 212

细菌理论 germ theory 213, 216

夏科，让－马丁 Charcot, Jean-Martin 253, 256–258, *256*, *259*

仙女座 Andromeda Nebula 49, 52–53

显微镜 microscopy 208–211, *208*, *210*

参见电子望远镜 see also electron microscopy

相对论，爱因斯坦的理论 relativity, Eistein's theory 50, 52, 182

橡胶，作为绝缘体 rubber, as insulator 173

肖克利，威廉 Shockley, William 94–98

硝酸盐，人造的 nitrates, artificial 85

小孩儿堤（荷兰），排水风车 Kinderdijk (Netherlands), water pumping windmills 148–149

小汽车 cars

蒸汽动力的 steam powered 160–161, *161*

风力的 wind powered 149

效率，维多利亚时代的 efficiency, Victorian 169

谢勒，卡尔 Scheele, Carl

氧 oxygen 73

磷 phosphorus 63

谢林顿，查尔斯·司各特 Sherrington, Charles Scott 266

心理学 psychology 250, 266

弗洛伊德 Freud 205, 258, *258*

巴甫洛夫 Pavlov 263

心灵 mind 231–273

新柏拉图主义者 Neoplatonists 23

星系 galaxies 16

行为主义 Behaviourism 266–269

行星轨道 planetary orbits

平方反比律，打赌 inverse square law, the "bet" 43, 44–47

开普勒与 Kepler and 32–33, 47

兴登堡（飞艇）Hindenberg (airship) 76, 77, *77*

学者症候群 Savant Syndrome 249

雪莱，玛丽，《弗兰肯斯坦》 Shelley, Mary, Frankenstein 80–81, 201

血液 blood

循环 circulation 192–197, 240–241

红血细胞 red blood cells 198–199, 210, 226

输血 transfusions 195, 197

Y

牙买加 Jamaica

动植物 flora and fauna 104–105

糖 sugar 104

亚里士多德 Aristotle 22-24,59,81,106,157,234,238,248,254

岩石，成层 rocks, stratification 111-112,113,120-121

岩石水成论者 Neptunists 117,122

颜料，苯胺颜料 dyes, aniline dyes 83-85

氧 oxygen

血液中的氧 in the blood 193

波义耳与氧 Boyle and 72

氧化汞，制氧 mercuric oxide, oxygen manufacture 67-72

药草 herbals 104-105

耶稣会士，伽利略与 Jesuits, Galileo and 40-41

冶金学 metallurgy 65

叶芝 Yeats, W.B. 205

伊格尔顿，弗兰西斯，布里奇沃特第三公爵 Egerton, Francis, 3rd Duke of Bridgewater 111,111

伊尼格玛密码机 Enigma Code 94,269

伊塔德，让-马克 Itard, Jean-Marc 253

医学，医药 medicine

达芬奇的见解 Da Vinci's insights 188

伊斯兰的 Islamic 193,239

分子 molecular 99

植物与 plants and 104-105,108

传统中国的 traditional Chinese 189

医院 hospitals

卫生 hygiene 212

伊斯兰的 Islamic 193

胰岛素 insulin 206

遗传工程 genetic engineering 99

遗传学，孟德尔定律 genetics, Mendel's Laws 133

意识 consciousness 231,245

银河系 Milky Way 49

引力 gravity 17,44-47,45,46

印刷，古腾堡与 printing, Guttenberg and 27,30

永动机 perpetual motion 150-151,169

幽默 humours 193,200

铀 uranium 91,180-181

宇宙 Universe

宇宙理论 Cosmos, the, theories of 16-53

郁金香，荷兰投资 tulips, Dutch investment

元素 elements 79-80,81,87

原子 atoms 58,87

原子弹 atomic bomb 86,94,183,220

远程通讯 telecommunications 94-98,172

月亮，月球 Moon 17

欧多克斯理论 Eudoxus theory 22

伽利略的观察 Galileo's observations 38,38

月亮会（18世纪）Lunar Society (18th century) 153,158,162,170

芸芸众生 chain of being 106

运动，牛顿定律 motion, Newton's Laws 47-48

运河狂热 canal mania 111,112

Z

灾变论 Catastrophism theory 115,122

炸药生产 ammonia production 85

战争与工业 warfare and industry 65

长颈鹿，拉马克与 giraffes, Lamarckism and 129

招魂术，克鲁克斯与 spiritualism, Crookes and 87

照明 lighting

街道电灯照明 electric street lighting 179

煤气灯 gas light 176

白炽灯泡 incandescent bulb 174,179

哲学会报 Philosophical Transactions 153

针灸 acupuncture 189

真空管 vacuum tubes 94

真空管 valves (radio) 94

真空与真空泵 vacuum and vacuum pump 157

蒸汽动力 steam power 158-168

蒸汽机，固定的 steam engines, stationary 158,159-63,159,166,168

蒸汽机车 steam locomotives 163,164-165,166-167,166

植物 plants 104-110

植物学 botany

林奈与 Linnaeus and 108-110

郁金香，tulips 149

纸莎草纸 papyrus 232,233

质子 protons 58

中风 strokes 234

中世纪动物寓言集 Bestiaries 102,103

周期表 Periodic Table 81,181

专利 patents

永动机 perpetual motion 169

萨弗里的蒸汽机专利 Savery's patent steam engine 160

电报 telegraph 172

电话 telephone 173

美国专利局 U.S. Patent Office 151

瓦特与 Watt and 162-163

自然史博物馆（伦敦）Natural History Museum(London) 107

自由尼亚加拉运动 Free Niagara Movement 176

宗教改革 Protestant Reformation 18,31

图片出处

top left, 104 top, 117, 122, 126, 130, 142 top centre, 143 top left, 143 top centre right, 143 top right, 147, 156 right, 161, 185 top left, 192, 193 top, 195 bottom, 196, 201, 210 right, 212 top, 216, 218, 221, 228 top right, 229 bottom right, 244 bottom, 246, 247, 256 top, 256 bottom, 261 top, 265 left, 265 right, 274 top right, 275 top left, 275 top right, 60 top, 78 top, 181 top, 191 right; /Steve Allen 54 background picture 5, 100 background picture 5, 142 background picture 5, 184 background picture 5, 228 background picture 5, 274 background picture 5; /American Institute of Physics 46, 91 top; /Anatomical Travelogue 205 left, 205 right; /A. Barrington Brown 222; /David Becker 264; /Juergen Berger 209; /George Bernard 11, 111, 114 right, 143 top centre, 144; /Paul Biddle & Tim Malyon 189 bottom; /Maximilien Brice, CERN 56; /Dr Jeremy Burgess 191 left, 242; /Caltech Archives 34; /CCI Archives 190 right, 228 top centre right; /J-L Charmet 168 top; /Russell Croman 152; /Custom Medical Stock Photo 213 top; /Dopamine 206; /John Durham 210; /Bernhard Edmaier 123; /Emilio Segre Visual Archives/ American Institute of Physics 55 top centre right, 96, 101 top centre left; /Equinox Graphics 134; /Prof. Peter Fowler 92, 101 top centre right; /Simon Fraser 200; / General Research Division/New York Public Library 118; /Steve Gschmeissner 226; /Tony Hallas 52; /Roger Harris 240; /Adam Hart-Davis 208 top right, 208 left, 229 top left; /Gary Hincks 136; /Keith Kent 155; /Gavin Kingcome 110 top; / James King-Holmes 2; /Mehau Kulyk 188, 190 left, 249; /Andrew Lambert Photography 80; / Patrick Landmann 135; /Library of Congress 146 top, 167, 172 top, 178; /Library of Congress/ New York Public Library 166 bottom; /Living Art Enterprises, LLC 91; /Medical RF.com 270; /Astrid & Hanns-Frieder Michler 91 bottom; / Mid-Manhattan Picture Collection/Glass/New York Public Library 169; /Cordelia Molloy 59 bottom, 173, 179 bottom, 185 bottom centre left, 185 bottom centre right; /NASA 6, 8 top, 39, 48 centre; /NASA/ESA/STSCI/L. Sromovsky, UW-Madison 48 left; /National Library of Medicine 258; /NOAA 33; /David Parker 99, 276 – 277;

/Pekka Parviainen 28; /Pasieka 72, 216, 229 centre, 244 top; /Photo Researchers 179 top, 185 top right, 208 bottom right, 228 bottom right, 229 top right, 274 top centre left; /Physics Today Collection/American Institute of Physics 90; / Philippe Plailly/Eurelios 140; /Maria Platt-Evans 108 top, 142 top right, 158 top, 185 top centre left; /Radiation Protection Division/Health Protection Agency 180; /Detlev Van Ravensswaay 19 bottom, 26 bottom left, 54 top left, 55 bottom left; /Royal Astronomical Society 21, 26 centre, 45, 55 background picture 2, 100 background picture 8, 142 background centre, 184 background centre , 229 background picture 1, 274 background centre; /Friedrich Saurer 32; /Jon Stokes 260 left, 275 bottom left; /Science, Industry & Business Library/New York Public Library 168 bottom; /Science Source 59 top, 64 top, 100 top left, 204, 220, 229 top centre right, 260 right; / Sovereign, ISM 230; /Sinclair Stammers 110 bottom; /St. Mary's Hospital Medical School 14; /Mark Sykes 64 bottom; /Sheila Terry 25, 36, 44, 54 top right, 55 top left, 55 top centre left, 78 bottom, 79, 79 bottom, 100 top centre, 100 top right, 116, 119, 129, 133, 143 top centre left, 171, 174 top, 182, 184 left, 185 top centre, 185 top centre right, 188 bottom, 188 top, 189 top, 194, 195 top, 197, 228 top left, 228 top centre left, 229 top centre left, 235, 237 bottom, 242 right, 250 right, 274 top centre, 274 top centre right, 274 bottom left; /G. Tomsich 193 bottom; /Michael W. Tweedie 227; /US Department of Energy 101 bottom right; /US Library of Congress 51, 55 top right; /US National Library of Medicine 101 background picture 1, 143 background picture 1, 185 background picture 1, 229 background picture 2, 261 Bottom, 275 background picture 1; /Charles D. Winters 76; /Ed Young 98.

The Natural History Museum, London 104 bottom, 105, 114 left, 142 top left, 142 bottom left. **TopFoto** 169 left; /Fortean 24; /The Granger Collection 38, 93.

Wellcome Library, London 237 top, 248, 253, 252, 254;

Richard Wheeler, Sir William Dunn School of Pathology, University of Oxford 224 – 225.

致谢

以本书为脚本的电视系列片，迈克尔是主播，约翰是执行制片人。一部科学史电视片是他们长久的目标。这个系列片的概念，起于 BBC 科学发展团队，特别是若斯·哈曼（Ros Homan）提出了以六个大问题作为概念框架。这套节目本身的成形和打造，归功于制片人艾丹·莱弗蒂（Aidan Laverty）启发人心的编辑领导力。爱丽丝·琼斯（Alice Jones）、瑙米·劳（Naomi Law）、利兹·凡居拉（Liz Vancura）和威尔·埃勒比（Will Ellerby）组成的研究团队，做的其实是包罗万象的历史，搜寻那些引人入胜的故事，导演杰里米·特纳（Jeremy Turner）、纳特·沙曼（Nat Sharman）、彼得·奥克斯利（Peter Oxley）、尼克拉·库克（Nicola Cook）、吉尔斯·哈里森（Giles Harrison）和奈吉尔·沃尔克（Nigel Walk）让这些故事栩栩如生；在制片经理吉赛尔·科贝特（Giselle Corbett）一贯明智的指导下，玛利亚·卡拉梅洛（Maria Caramelo）和萨拉·福斯特（Sarah Forster）为枝蔓的制片过程倾注了心血。

无数专家和贡献者，为这个电视系列付出了时间和努力，但是三位竭尽全力的学术顾问彼得罗·科尔西（Pietro Corsi）、吉姆·恩德斯比（Jim Endersby）和帕特丽夏·法拉（Patricia Fara）的专业造诣、智慧与慧眼，检阅了节目的全部脚本，指引着本片团队的道路。

就本书而言，我们多亏"见血封喉乔治娜"广播节目的编辑向导彼得·泰勒（Peter Taylor）和设计天才品恩·帕克（Pene Parker）、亚斯亚·威廉姆斯－利达姆（Yasia Williams-Leedham）、马克·坎（Mark Kan）身体力行的努力。特别的赞扬归于海莉·伯彻（Hayley Birch），感谢她的技巧，把我们粗陋的各章草稿都润色妥帖了，感谢她把我们常常不同的行文风格统一起来，感谢她一直睁大眼睛，防范那些令人尴尬的错误——虽然我们要为任何遗留的错误负责。我们也特别感谢迈克尔、尤恩·弗莱彻（Ewan Fletcher）的帮助，感谢约翰、劳伦斯不懈的努力。

最后，若无亲朋好友持之以恒的支持，要承担这种具有挑战性的项目断然不可能。若无克莱尔（Clare），迈克尔就不能做事。有了艾娃（Ewa）、克里斯多夫（Christopher）和托比（Toby），在那个艰苦的夏天与秋天，约翰一直幽默感十足。我们希望他们都觉得那是值得的。